SPRINGER
LABORMANUAL

Markus Stoeppler (Hrsg.)

Probennahme und Aufschluß

Basis der Spurenanalytik

Mit 47 Abbildungen

Springer-Verlag
Berlin Heidelberg New York London Paris
Tokyo Hong Kong Barcelona Budapest

Dr. Markus Stoeppler
Institut für Angewandte Physikalische Chemie (IPC)
Forschungszentrum Jülich (KFA)
D-52425 Jülich

ISBN-13:978-3-642-78670-9 e-ISBN-13:978-3-642-78669-3
DOI: 10.1007/978-3-642-78669-3

Die Deutsche Bibliothek - CIP-Einheitsaufnahme
Probennahme und Aufschluß: Basis der Spurenanalytik / Markus Stoeppler (Hrsg.) - Berlin; Heidelberg; New York; London; Paris; Tokyo; Hong Kong; Barcelona; Budapest: Springer, 1994
(Springer laboratory)

NE: Stoeppler, Markus [Hrsg.]

Softcover reprint of the hardcover 1st edition 1994

Satz: Elsner & Behrens GmbH, Oftersheim
Einbandgestaltung: Struve & Partner, Heidelberg
52/3130-5 4 3 2 1 0 - Gedruckt auf säurefreiem Papier

Vorwort

Moderne spurenanalytische Methoden zeichnen sich durch zunehmende Nachweisstärke bei einer Präzision im unteren Prozentbereich aus. Heute ist so die Bestimmung extrem niedriger Element- und Spezieskonzentrationen in biologischen und Umweltproben selbst in der Routine möglich. Dennoch werden häufig sowohl gravierende Abweichungen zwischen Laboratorien als auch vom „wahren" Gehalt beobachtet. Neben fehlerhaften Anwendungen der Bestimmungsmethoden, die sich u. a. durch sachgerechte Verwendung von Referenzmaterial und Laborvergleiche vermindern lassen, sind nach wie vor die Probennahme und die Probenvorbereitung Quellen von Fehlern, die bisweilen, vor allem bei der Probennahme, Größenordnungen betragen. Diese ersten und oft entscheidenden Schritte eines spurenanalytischen Verfahrens erfordern daher ein solides Basiswissen und viel Sorgfalt.

Seit einigen Jahren bemüht sich der Herausgeber im Rahmen des Seminarprogramms im Haus der Technik in Essen mit Hilfe anerkannter Fachleute den Bereich Probennahme und Probenvorbereitung mit Schwerpunkt Probenaufschluß aus der Praxis und für die Praxis darzustellen. Dieses Buch entstand in Anlehnung an diese Veranstaltung.

Im ersten Teil werden die Grundlagen der Probennahme für die Analytik von biologischem und Umweltmaterial beschrieben, wobei nicht nur Probennahmetechniken behandelt werden, sondern auch Strategien, die zur räumlichen und zeitlichen Auswahl repräsentativer Proben erforderlich sind. Beschrieben wird zunächst die Probennahme von Humanproben auf der Basis der im Rahmen der Umweltprobenbank der Bundesrepublik Deutschland erarbeiteten Standardvorschriften. Es folgen Techniken und Standortfragen für die Probennahme von Niederschlagsproben, Techniken der Meerwasserprobennahme bis zur Anreicherung und Analytik und die Probennahme von Böden, die durch die Vielzahl und oft Heterogenität der Matrices erschwert wird. Anschließend wird die möglichst repräsentative Probennahme von Abfall einschließlich statistischer Grundlagen behandelt. Marine biologische Proben werden auch im Rahmen der Umweltprobenbank, deren Organisation und Bedeutung kurz vorgestellt wird, nach detaillierten Vorschriften gesammelt, aufgearbeitet und gelagert. Die Probennahme von (terrestrischen) biologischen Umweltproben ist sehr komplex, sowohl was die Strategien als auch die Techniken betrifft, die ebenfalls zum Teil von der Umweltprobenbank beeinflußt wurden. Abschließend folgt als Beispiel aus der Industrie die Probennahme für die Bilanzierung eines Klinkerbrennprozesses.

Überleitend zum Bereich Aufschluß werden im zweiten Teil die Aufgaben eines Untersuchungsamtes bei der Probennahme, Probenvorbereitung und Analytik von Lebensmittelproben beschrieben. Es schließt sich, als generelle Einführung in die Problematik des Probenaufschlusses, eine Diskussion der möglichen Fehlerquellen und ihrer Verminderung an. Danach folgen eine detaillierte Darstellung des Grundprinzips und der Probleme beim Druckaufschluß einschließlich von Hinweisen zur praktischen Durchführung optimaler und sicherer Verfahren, eine praxisorientierte Beschreibung der derzeitigen Möglichkeiten des mikrowellen-unterstützten Druckaufschlusses auch im Vergleich zum „klassischen" Druckaufschluß und eine Übersicht über die bei der Anwendung elektrochemischer Verfahren zur Analytik von Umwelt- und biologischen Materialien besonders wichtigen Aufschlußverfahren. Im letzten Kapitel wird, am Beispiel des bereits behandelten Klinkerbrennprozesses, ein Überblick über in der Praxis bewährte Aufschlußverfahren für vorwiegend anorganische Proben gegeben.

Der Herausgeber hofft, daß dieses Buch dem Praktiker im analytischen Laboratorium nützliche Anregungen geben kann und daß die Literaturhinweise darüber hinaus zur weiteren, vertiefenden Beschäftigung mit der Materie anregen.

Jülich, Mai 1994 MARKUS STOEPPLER

Inhaltsverzeichnis

Adressenliste Autoren

Probennahme

1. Humanmaterial

Dr. Cornelia Müller und Dr. Rolf Eckard,
Westfälische Wilhelms-Universität, Umweltprobenbank für Human-Organproben, Umweltdatenbank, Domagkstraße 11, D-48129 Münster

2. Niederschläge - Regen und Schnee

Dr. Peter Ostapczuk, Institut für Angewandte Physikalische Chemie (IPC), Forschungszentrum Jülich (KFA), D-52425 Jülich

3. Meerwasser - Probennahme, Anreicherung und Analyse

Dr. Christa Pohl, Institut für Ostseeforschung Warnemünde (IOW) an der Universität Rostock, Sektion Meereschemie, Seestraße 15, D-18119 Rostock

4. Boden

Dr. Rainer Breder, Institut für angewandte Physikalische Chemie (IPC), Forschungszentrum Jülich (KFA), D-52425 Jülich

5. Abfall

Dr. Ulrich Osberghaus, Büro für Umwelt, Chemie Beratung Dr. Osberghaus, Malmedyer Straße 30, D-52066 Aachen

6. Marine Proben für die Umweltprobenbank

Dr. Johann-Diedrich Schladot und Dipl.-Ing. Friedrich Backhaus, Institut für Angewandte Physikalische Chemie (IPC), Forschungszentrum Jülich (KFA), D-52425 Jülich

7. Biologische Umweltproben

Dr. Gerhard Wagner, Zentrum für Umweltforschung, FR 6.6, Biogeographie, Umweltprobenbank, Universität des Saarlandes, Postfach 1150, D-66041 Saarbrücken

8. Probennahme für die Bilanzierung von Spurenelementen beim Klinkerbrennprozeß

Dr. WOLFRAM RECHENBERG und Dr. GEORG BACHMANN, Forschungsinstitut der Zementindustrie Düsseldorf, Tannenstraße 2, D-40476 Düsseldorf

9. Tierische und pflanzliche Lebensmittel – Probennahme, Probenvorbereitung, Analytik

L.M.-Chem. LOTHAR MATTER, Chemisches und Lebensmitteluntersuchungsamt, Wörthstraße 120, D-47053 Duisburg

Aufschluß

10. Fehlerquellen beim Aufschluß

Dr. PETER TSCHÖPEL, Max-Planck-Institut für Metallforschung, Institut für Werkstoffwissenschaft, Bunsen-Kirchhoff-Straße 11, D-44139 Dortmund

11. Der Druckaufschluß – apparative Möglichkeiten, Probleme und Anwendungen

Professor Dr. EWALD JACKWERTH, Ruhr-Universität, Lehrstuhl für Analytische Chemie, Universitätsstraße 150, D-44780 Bochum
Dr. MICHAEL WÜRFELS, DMT, Deutsche Montan Technologie, Energie, Umwelt, Franz-Fischer-Weg 61, D-45307 Essen

12. Mikrowellenaufschluß

Priv.-Doz. Dr. rer. nat. LOTHAR DUNEMANN, Medizinisches Institut für Umwelthygiene an der Heinrich-Heine-Universität Düsseldorf, Auf'm Hennekamp 50, D-40225 Düsseldorf

13. Aufschlußverfahren zur elektrochemischen Bestimmung von Metallen

Dr. PETER OSTAPCZUK, Institut für Angewandte Physikalische Chemie (IPC), Forschungszentrum Jülich (KFA), D-52425 Jülich

14. Aufschlußverfahren für Stoffe des Klinkerbrennprozesses

Dr. GEORG BACHMANN und Dr. WOLFRAM RECHENBERG, Forschungsinstitut der Zementindustrie Düsseldorf, Tannenstraße 2, D-40476 Düsseldorf

1 Humanmaterial

CORNELIA MÜLLER und ROLF ECKARD

1.1 Einleitung

Im Rahmen der Umweltprobenbank des Bundes (vgl. hierzu auch Kap. 4 und 6) werden im Teilvorhaben Umweltprobenbank für Human-Organproben Münster (UPB Münster) Gewebeproben aus Obduktionen (Unfalltote) und vom gesunden Lebenden gewonnen, charakterisiert und bei −85°C eingelagert[1]. Die Probennahme muß zwangsläufig auch heute unbekannte Fragestellungen berücksichtigen, so daß die derzeit einfachste kontaminationsarme, reproduzierbare und praktisch durchführbare Technik angewendet werden muß. Keine noch so gute Analytik kann eine schlechte Probennahme ausgleichen: „... unless the complete history of any sample is known with certainty, the analyst is well advised not to spend his time analyzing it" (Thiers, 1957). Die beiden wichtigsten Gefahrenpunkte sind [2–4]:

- die externe Kontamination z. B. durch das Probennahmebesteck (Edelstahlkanülen, Schere u. a.)
- Anwendung einer falschen Entnahmetechnik (z. B. bei der Blutplasmagewinnung: zu kleine Kanülen, zu spätes Abtrennen der Zellfraktion)

Element-Verluste durch Adsorption an Oberflächen spielen zunächst für die eigentliche Probennahme eine untergeordnete Rolle.

Aus diesen Gründen sind für die Belange der UPB Münster verbindliche „Standard Operation Procedures" (SOPs) sowohl für die Probennahme als auch die Analytik aller Matrices erarbeitet worden.

1.2 Probenmaterial

Exemplarisch werden aus dem Real-Time-Monitoring-Programm (halbjährliche Probennahme von einem definierten Studentenkollektiv) die klinisch und umwelttoxikologisch relevanten Matrices Vollblut, Blutplasma, Urin, Kopfhaar und Frauenmilch beschrieben.

---

[1] Dieses Projekt wird unterstützt durch das Umweltbundesamt und das Bundesministerium für Umwelt, Naturschutz und Reaktorsicherheit.

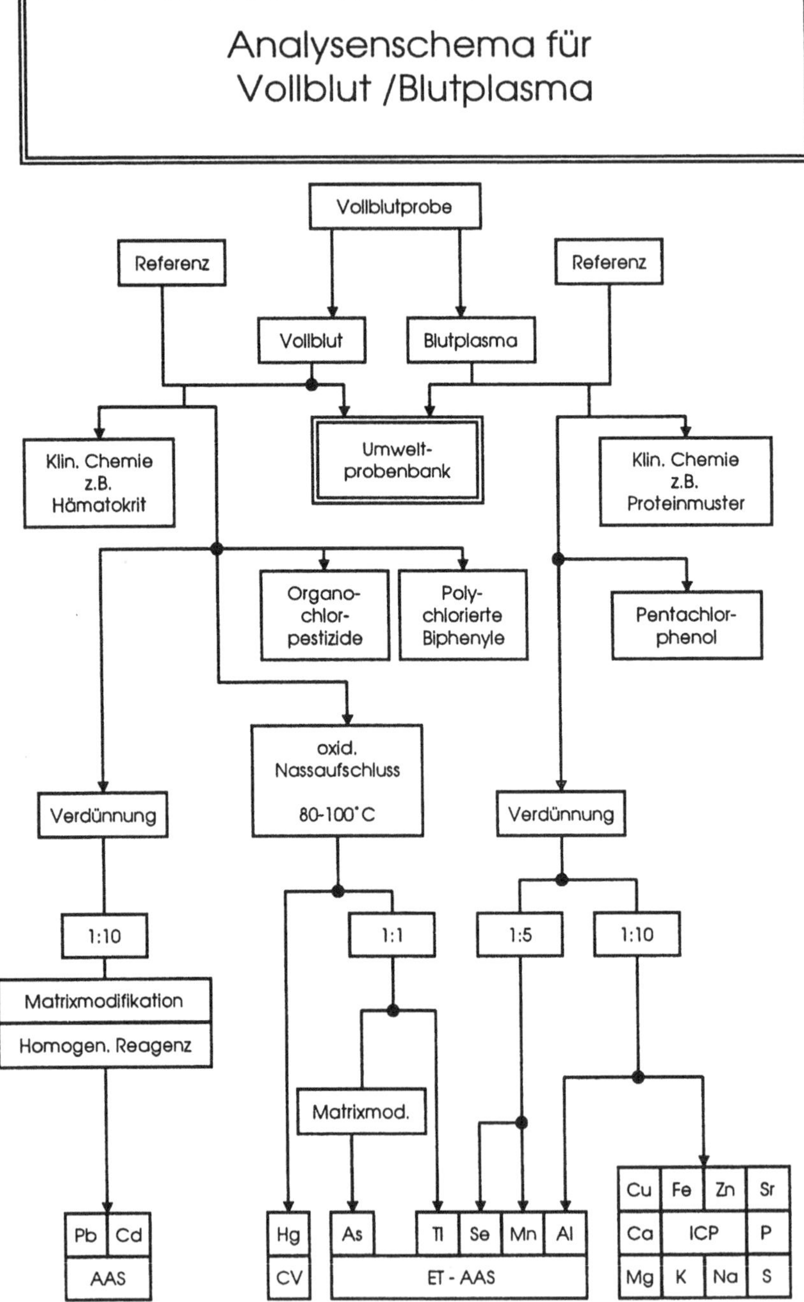

Abb. 1. Analysenschema Vollblut/Blutplasma

1.3 Charakterisierung

Wie bereits erwähnt, werden die Proben nach festgelegten Verfahren charakterisiert. Dazu gehören ein ausführlicher anamnestischer Fragebogen, eine organisch-analytische (Organochlorpestizide, Pentachlorphenol, Polychlorierte Biphenyle), eine klinisch-chemische (z. B. Kreatinin, Triglyceride) und eine anorganisch-analytische Charakterisierung (Bulk- und Spurenelemente). In Abb. 1 ist beispielhaft das integrierte Analysenschema für Vollblut gezeigt.

Die analytische Charakterisierung kann bei einer genügenden Anzahl von Einzelwerten zur Aufstellung von „Normbereichen" z. B. akzidenteller Spurenelemente in Humanmatrices führen.

1.4 Probennahmevorschriften

Die folgenden Angaben sind den obengenannten, in der Praxis bewährten Standard-Vorschriften (SOPs) entnommen. Für alle Matrices werden die Probengefäße grundsätzlich mit 8%iger Salpetersäure (hergestellt durch Verdünnung von 65%iger Salpetersäure p.a.) und bidestilliertem Wasser gereinigt. Für organisch-analytische Fragestellungen werden die Gefäße mit Petrolether (nanograde Qualität, Fa. Promochem) gespült. Das Trocknen der Gefäße erfolgt an einem Reinraumarbeitsplatz (Reinraumklasse 100).

Bei Frauenmilchproben werden beide Reinigungsschritte für alle Röhrchen und die mit der Milch in Berührung kommenden Materialien durchgeführt.

Die Probengefäße unterschiedlicher Größe (13,5/30/50 ml) sind aus Polypropylen, z. T. mit Schraubverschluß (Sarstedt 60.548/60.544/60.541500). Sie haben sich sowohl hinsichtlich der Lagerung bei −85 °C als auch der Oberflächenaktivität als inert herausgestellt. Alle nicht zu reinigenden Gegenstände (z. B. Mullkompressen, sterile Einmal-Spritzen) werden chargenmäßig auf mögliche Kontaminationen geprüft.

1.4.1 Vollblut/Blutplasma

Die Blutentnahme erfolgt grundsätzlich im Liegen, da im Stehen und Sitzen eine Volumen-Umverteilung der Blutkompartimente stattfinden kann [2]. Die Blutentnahme darf nur mit talk- und puderfreien Einmalhandschuhen durchgeführt werden.

Zunächst wird die Punktionsstelle mit einem Alkohol-Tupfer desinfiziert und gereinigt. Das Vollblut wird durch Punktion der Kubitalvene nach leichter Stauung gewonnen. Als Entnahmeinstrument hat sich ein Venenpunktionsbesteck (Butterfly-19) mit einer großlumigen Edelstahl-Kanüle bewährt. Damit ist eine gefäßschonende, ruhige Lage der Kanüle und eine zellzerstörungsfreie Entnahme gewährleistet. Insgesamt werden 80 ml Vollblut gewonnen, die in verschiedene, mit 1 bis 2 Tropfen Heparin (Liquemin 25000) präparierte Röhrchen subportioniert werden. Bis auf die Plasmagewinnung werden die Proben mit derselben 20-ml-Einmalspritze (z. B. Dahlhausen 88102) gezogen. Die Probengefäße werden jeweils sofort nach der Entnahme geschlossen und leicht geschwenkt, damit sich das Koagulans gleichmäßig verteilen kann. Ethylendiamintetraessigsäure (EDTA), das dem Blut häufig zur besseren Koagulation zugesetzt wird, hat sich bei der organischen Rückstandsanalytik als problematisch erwiesen. Zudem ist EDTA ein guter Komplexbildner und anfällig für anorganische Verunreinigungen. Die ersten 20 ml Vollblut werden für die organische Charakterisierung verwendet, für die anorganische Analytik stehen die nachfolgenden Proben zur Verfügung; eine Spurenelement-Kontamination durch die Edelstahlkanüle (Cr, Co, Ni, Mn), kann so weitgehend vermieden werden [4, 5]. Für die Plasmagewinnung wird das Vollblut direkt in das Probenröhrchen getropft. Spätestens nach 2 Stunden sollte die Probe zentrifugiert sein (bei 3000 U/min), um eine Verfälschung der Element-Gehalte durch Zellzerfall zu vermeiden [4]. Die essentiellen Spurenelemente Zink und Selen sind beispielsweise intrazellulär in höherer Konzentration vorhanden, als Indikator einer Spurenelement-Dysregulation gilt jedoch nur der extrazelluläre Anteil. Die Abtrennung des Blutplasmas wird mit Pipettenspitzen, die mit bidestilliertem Wasser gespült wurden, an einem Reinraumarbeitsplatz durchgeführt. Vorteile des Kompartiments Blutplasma gegenüber der Matrix Serum ist die besser reproduzierbare Proteinfraktion (noch keine Ausfällung von Fibrinogen).

1.4.2 Urin

Der Urin wird nach detaillierter Anweisung („der Mensch ist ggf. die schwerwiegendste Kontaminationsquelle ...“ [6]) über 24 Stunden in einem mit bidestilliertem Wasser gereinigten 2,5-l-Behälter (Sarstedt 77.576) gesammelt. Frauen sollten nicht während der Regelblutung sammeln, und Männer sollten auf die Zinkkontamination durch Spermareste in der Urethra hingewiesen werden. Ende der Sammlung und Abgabezeitpunkt sollten zeitlich nur wenig differieren, um die Stabilität des Urins zu garantieren. Eine Ansäuerung des Urins erfolgt aus Kontaminationsgründen nicht. Der Urin wird nach kräftigem Schütteln direkt in vorbereitete Röhrchen subportioniert und rasch eingefroren. Die Erfassung der Dichte und des Kreatiningehalts ermöglichen die Überprüfung der Angaben des Probanden.

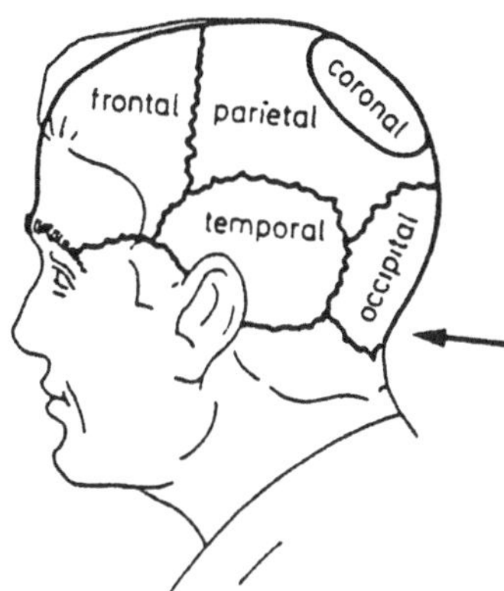

Abb. 2. Probennahmelokalisation Kopfhaar (nach [7] mit freundlicher Genehmigung des Verlags Gustav Fischer, Stuttgart)

1.4.3 Kopfhaar

Gegenüber den genannten Matrices sind die Literaturangaben über Probennahme und Probenvorbereitung bei Kopfhaar noch uneinheitlicher, so u. a. die Angaben zur Waschtechnik. Für die UPB Münster wurde folgende Standard-Vorschrift (SOP) erarbeitet:

Aus kosmetischen und physiologischen Gründen - die Haare wachsen regional unterschiedlich schnell - werden die Kopfhaare (ca. 0,5–1 g) in der Occipitalregion (Abb. 2) direkt an der Kopfhaut abgeschnitten. Anschließend werden sie in 2,5-cm-Segmente unterteilt. Verglichen wird nur der erste proximale (kopfhautnahe) Anteil, weil a) die Haarlänge individuell stark variiert und b) eine externe Belastung der mehr distalen Haaranteile kaum differenziert werden kann. Dagegen kann die Erfassung der Longitudinal-Verteilung von Spurenelementen die Geschichte des Haares und des betreffenden Individuums erzählen.

Da die Komponenten von Edelstahl als essentielle Spurenelemente für einen Elementstatus durchaus interessant sind, kann keine gewöhnliche Schere verwendet werden. Die Haare werden deshalb mit einer Zirkonium-Keramik-Schere (Fa. Fleischhacker) geschnitten. Es kann auch eine Schere aus hochreinem Titan (Fa. Kürner) verwendet werden. Diese ist allerdings wesentlich teurer und nicht besonders schneidscharf.

1.4.4 Frauenmilch

Die Entnahme von Frauenmilch wird in der Regel von einer geschulten Person beaufsichtigt. Die Brust der Probandin, hier insbesondere die Brustwarze und deren Umgebung, wird mit einer sterilen Kompresse und bidestilliertem Wasser gereinigt, um Kontaminantien wie Brustpflegemittel o. ä. zu entfernen. Die Probandin wird gebeten, jeglichen Kontakt der gereinigten Brust durch Kleidung und Hände zu vermeiden.

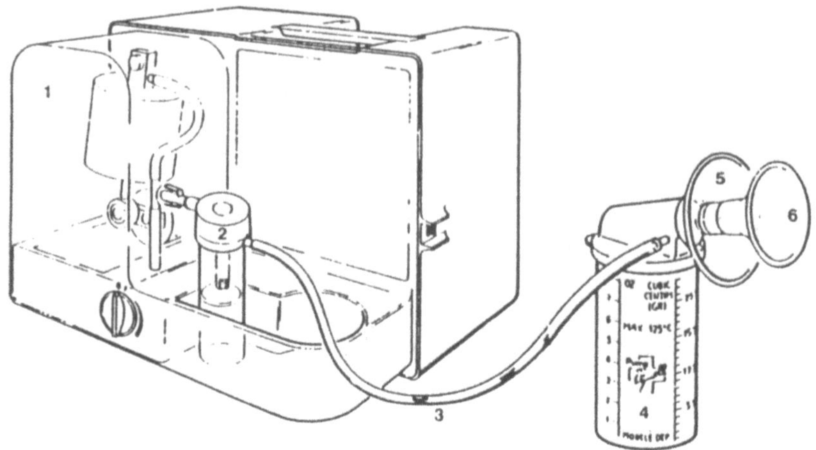

Abb. 3. Übersichtszeichnung Probennahmesystem für Frauenmilch. *1:* Milchpumpe; *2:* Überlaufgefäß; *3:* Verbindungsschlauch; *4:* Milchflasche; *5:* Brustglocke; *6:* Brustglockeneinsatz

Die Milchflasche mit der Brustglocke wird vom Probennehmer unmittelbar vor der Probennahme aus der Verpackung genommen und an die bereits installierte elektrische Milchpumpe (z. B. Fa. Egnell, Abb. 3) angeschlossen. Die Brustglocke wird auf die Brust gesetzt. Sie wird von der Probandin dann leicht angedrückt, so daß keine Luft angesaugt werden kann und sich ein leichtes Vakuum aufbaut. Die Pumpe wird eingeschaltet und die Stärke des Pumpens nach den Wünschen der Probandin eingestellt. Nach Erreichen des von der Probandin offerierten Probevolumens - normalerweise wird ein Volumen um 30 ml angestrebt - wird zuerst die Pumpe ausgeschaltet und anschließend die Milchflasche mit Brustglocke abgenommen.

Das folgende Umfüllen in die Probengefäße muß rasch vor sich gehen, damit der Luftkontakt der Probe möglichst gering bleibt. Falls die Brustseite zwischendurch gewechselt werden muß, ist sie ebenfalls nach dem o. g. Procedere zu reinigen, bevor die (gleiche) Brustglocke wieder aufgesetzt wird.

Falls kein Milchfluß zustande kommt, obwohl die Brust gefüllt ist, kann die Probandin ein nasales Oxytocin-Spray (z. B. Syntocinon) anwenden, das innerhalb weniger Minuten den Milchfluß anregt.

Literatur

1. Thiers RE (1957) Contamination in Trace Element Analysis and its Control. In: Glick E (ed) Methods of Biochemical Analysis. Interscience, New York, Vol 5
2. Behne D (1980) Problems of Sampling and Sample Preparation for Trace Element Analysis in the Health Sciences. In: Brätter P, Schramel P (eds) Trace Element Analytical Chemistry in Medicine and Biology. Walter de Gruyter, Berlin New York

3. Speecke A, Hoste J, Versieck J (1976) Sampling of Biological Material. In: LaFleur PD (ed) Accuracy in Trace Analysis: Sampling, Sample Handling, Analysis. U.S. Government Printing Office, Washington, Vol 1
4. Versieck J, Cornelis R (1989) Trace Elements in Human Plasma or Serum. CRC Press, Boca Raton
5. Brø S, Jørgensen PJ, Christensen JM, Hørder M (1988) J Trace Elem Health Dis 2:31–35
6. Stoeppler M, Nürnberg HW (1984) Analytik von Metallen und ihren Verbindungen. In: Merian E (Hrsg) Metalle in der Umwelt. Verlag Chemie, Weinheim, S 45–104
7. Pecoraro V, Astore JPL (1979) Messungen des Haarwachstums. In: Orfanos CE (Hrsg) Haar und Haarkrankheiten. Gustav Fischer Verlag, Stuttgart New York

2 Niederschläge - Regen und Schnee

PETER OSTAPCZUK

2.1 Einleitung

Die Entfernung von Spurenstoffen aus der Atmosphäre durch Niederschlag ist einer der wichtigsten Selbstreinigungsprozesse der Atmosphäre. Der Niederschlag stellt damit einen der Hauptfaktoren im Kreislauf der Spurenstoffe dar.

Die meßtechnische Erfassung der Naßdeposition scheint im Prinzip relativ einfach zu sein, benötigt man doch lediglich ein Sammelgefäß oder einen Trichter mit Sammelflasche, die in der regenfreien Zeit mit einem Deckel verschlossen sind. Ein Niederschlagssensor aktiviert den Öffnungsmechanismus bei einsetzendem Regen und verschließt die Sammelapparatur nach Regenende wieder.

Es stellt sich jedoch die Frage: Was ist Niederschlag?

Niederschlag umfaßt zunächst alles aus der Gasphase in die feste oder flüssige Phase umgewandelte und ausgeschiedene Wasser, das eine bestimmte Sedimentationsgeschwindigkeit besitzt. Sind die Tröpfchen zu klein, um eine nennenswerte Fallgeschwindigkeit zu erreichen, so spricht man von Nebel. Niederschläge mit Tröpfchendurchmessern $<0{,}5$ mm werden als Niesel- oder Sprühregen bezeichnet [1].

Die Dauer und Intensität von Niederschlagsereignissen ist sehr unterschiedlich. Die Intensität steigert sich von sehr leicht über leicht, mäßig, stark bis zu sehr stark. Es gibt also einen gleitenden Übergang von Trocken- über Feucht- zu Naßdeposition. Schnee kompliziert das Bild noch mehr. Neben Flocken, die gleichmäßig und ruhig fallen, gibt es feine, sehr leichte, trockene Flocken, die in der Luft tanzen und sich auf manchen Hindernissen nicht absetzen (Flugschnee, Pulverschnee).

2.2 Der Standort

Die Auswahl eines geeigneten Standortes ist sehr wichtig für die Bestimmung von Schadstoffen in Niederschlägen. Es müssen hier zwei Gesichtspunkte beachtet werden;

- wie kann durch die Standortgestaltung ein weitgehend vollständiges Sammeln der Niederschlagsmenge bewirkt werden:

- was ist erforderlich, um eine Veränderung der chemischen Zusammensetzung der Probe zu vermeiden bzw. so gering wie möglich zu halten.

Die Vollständigkeit des Sammelns wird vor allem durch die Windgeschwindigkeit beeinflußt, da die Tropfen (vor allem die kleinen Tröpfchen) vom Wind teilweise über die Auffangfläche, die parallel zum Boden ist, hinweggetragen werden. Eine Aufstellung des Regensammlers in völlig freiem Gelände oder unmittelbar im Windschatten eines Hindernisses ist daher zu vermeiden. Nach VDI sind Hecken und Büsche in der Nähe des Standorts günstig, da sie die Windgeschwindigkeit vermindern [2]. Die Entfernung zu den Hindernissen soll etwa die vierfache Hindernishöhe betragen. Bergkuppen oder -rücken sind meist stärker windexponiert und daher als Standort zu vermeiden. Auch am Hang ist die Aufstellung problematisch. In gegliedertem Gelände sollten daher flache Hänge mit Bewuchs zur Aufstellung bevorzugt werden. Entfernungen zu Steilhängen sollten groß sein, so daß hierdurch verursachte Auf- oder Abwinde den Regenfall nicht mehr stören.

Neben den Faktoren, die den Sammelvorgang physikalisch beeinflussen, kann die Probe auch durch standortbedingte chemische Störfaktoren in ihrer Zusammensetzung verändert werden. Hier sind die Störmöglichkeiten sehr viel häufiger. So müssen direkte Quellen wie Staubentwicklung von Feldern, Sandflächen oder durch das Umschlagen staubender Güter vermieden werden. Grasbewachsener Boden ist zu bevorzugen. Ebenso sind gasförmige Emissionen in der näheren Umgebung z. B. aus Tierhaltung, Kläranlagen und großen Feuerungsanlagen zu vermeiden.

Wichtige Standortkriterien sind auch die Zugänglichkeit, die Verfügbarkeit elektrischer Energie, das Vorhandensein von fachlich geeignetem und engagierten Bedienungspersonal usw. Die Verfügbarkeit eines analytischen Laboratoriums wird in den seltensten Fällen in der Nähe des Standorts gegeben sein [4, 5].

2.3 Probennahme

2.3.1 Grundsätzliches

Ein wichtiges Kriterium für einen Niederschlagssammler ist die Schwellenintensität des Niederschlags, ab welcher der Sammler öffnen soll. Aus sorgfältigen Untersuchungen hat sich ergeben, daß Sammler in der Lage sein sollten, auf Intensitäten von mindestens 0,1 mm/h anzusprechen, bzw. Ereignisse von 0,1 mm Ergiebigkeit zu erfassen, da mit dieser Ergiebigkeit mindestens 10% der Stoffdeposition verbunden ist. Beträgt die Auffangfläche des Sammlers z. B. 500 cm^2, was einem Durchmesser von etwa 25 cm entspricht, so erbringt ein Ereignis von 0,1 mm Niederschlagshöhe 5 ml Niederschlag. Berücksichtigt man, daß von dieser Menge ein Teil an den Gefäßwänden oder am Trichter haftet und dort bis zur Entnahme der Probe eindunstet, so muß bei abnehmender Ergiebigkeit mit einer zunehmenden Veränderung der Stoffkonzentration in der Probe gerechnet werden. Die zur Zeit kommerziell erhältlichen Niederschlagssammler sind zum korrekten Erfassen von Niederschlägen geringer Ergiebigkeit (<0,3 mm) ungeeignet, so daß die Entwicklung neuer Meßverfahren erforderlich ist. Vergleichende Untersuchungen von Niederschlagssammlern führten zu folgenden Erkenntnissen:

- Die Trockendeposition muß getrennt von der Naßposition gesammelt werden.
- Der Niederschlag darf nicht mit Glasteilen in Berührung kommen, wenn anorganische Ionen und nicht mit Kunststoffen, wenn organische Stoffe zu bestimmen sind.
- Proben können ohne Beeinträchtigung der chemischen Zusammensetzung bei 4°C für ca. 8 Monate gelagert werden, wenn der pH-Wert zwischen 3,5 und 4,5 liegt. Bei höheren pH-Werten ist die Lagerung bei −30°C notwendig.
- Die Probennahmedauer sollte maximal eine Woche betragen. Dabei ist eine Probennahme in kürzeren Zeitabständen (Minuten, Stunden, Tage) für wissenschaftliche Fragestellung von besonderer Bedeutung [6–8].

2.3.2 Probennahme im Winter

Niederschlagssammler mit einer Schmelzvorrichtung für Schnee können bei leichten Schneefällen zu Verlusten führen, da die Trichter beheizt sind. Der Benetzungsverlust steigt und damit auch der Memory-Effekt des Trichters. Schnee kann Spurengase bei niedrigen Temperaturen oberflächlich adsorbieren. Beim Schmelzen im Sammeltrichter werden die Gase wieder desorbiert. Gefriert geschmolzener Schnee wieder, z. B. nach dem Ablaufen aus dem Trichter in die Probenflasche, dann verbleiben die gelösten Stoffe zunächst in der flüssigen Phase, während fast reines Wasser ausfriert. In der flüssigen Phase werden hohe Konzentrationen der gelösten Stoffe erreicht, ehe auch diese Lösung vollständig gefriert. Ein solcher Konzentrationsanstieg in der Restlösung kann chemische Reaktionen bewirken oder Lösungsgleichgewichte ändern, die z. B. Ausfällungen zur Folge haben. Zur korrekten Bestimmung der Naßdeposition durch Schneesammler sind daher noch Untersuchungen zur Klärung einiger grundsätzlicher Fragen nötig.

Schneeproben aus alpinen und äußerst gering mit anthropogenen Spurenstoffen belasteten Gebieten wie Arktis oder Antarktis können nur manuell und von erfahrenem Personal entnommen werden, da hier der Mensch das größte Kontaminationsrisiko darstellt. Die Proben werden mit sorgfältig gereinigten Behältern und gegen den Wind entnommen. Dabei muß der Probennehmer Schutzhandschuhe, ggf. sogar Schutzkleidung tragen [9–11]. Proben zur Bestimmung anorganischer und organischer Stoffe müssen getrennt genommen werden. Für anorganische Stoffe ist hochgereinigtes Polyethylen (vgl. auch Kap. 3), für organische und metallorganische Stoffe (z. B. Methylquecksilber) ist Glas oder Quarzglas das geeignetste Material.

2.4 Der Niederschlagssammler

Abbildung 1 zeigt schematisch den automatischen Sammler für Regen und Schnee, der im Forschungszentrum Jülich im Institut für Angewandte Physikalische Chemie entwickelt und in kleinen Serien gebaut wurde. Er wird durch einen Feuchtigkeitssensor so gesteuert, daß er zu Beginn eines Niederschlagsereignisses mit Hilfe eines Elektromotors öffnet und bei Niederschlagsende innerhalb eines, je nach den meteorologischen Bedingungen einstellbaren Intervalls von 0,3–3 min, wieder schließt. So ist gewährleistet, daß nur die Naßdeposition erfaßt wird. Eine durch die Außentemperatur gesteuerte Heizung ermöglicht den Betrieb bis ca. $-30\,°C$.

Das Regenwasser, bzw. der geschmolzene Schnee, fließt durch einen Polyethylentrichter in eine Filtrationsanordnung, die mit einem Membranfilter von 0,45 µm Porenweite bestückt ist und die Schwebstoffe abtrennt. Das Filtrat wird in einem Polyethylenbehälter aufgefangen. Noch nicht gebrauchte Polyethylenteile und die ebenfalls aus Kunststoff bestehende Filtrationsanordnung müssen vor Gebrauch sehr sorgfältig gereinigt werden [12], um die erforderlichen äußerst geringen Metallblindwerte zu erreichen.

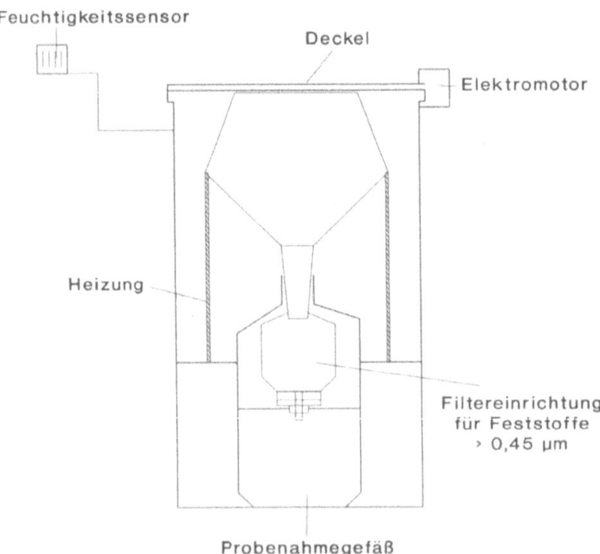

Abb. 1. Schemazeichnung des Niederschlagssammlers

Für jeden Sammler sollten zwei Polyethylengefäße mit Filtrationsanordnung vorbereitet und mit dem gesammelten Regenwasser konditioniert werden. Bei der wöchentlichen Probennahme wird der volle Polyethylenbehälter mit der Filtrationsanordnung entfernt und durch eine neue Kombination ersetzt. Um Kontaminationen zu vermeiden, werden der PE-Behälter und der Filter vor dem Transport in einen PE-Beutel verpackt.

2.5 Probenlagerung

Der tolerierbare Sammelzeitraum und die Lagerungsdauer ist von der Stabilität der Niederschlagsprobe, die von ihrer Zusammensetzung bestimmt wird, abhängig. Die Witterung ist ebenfalls sehr wichtig für den Sammelzeitraum. Bei feuchtem und kühlem Wetter kann ein längerer Sammelzeitraum toleriert werden als bei warmer und wenig regnerischer Witterung. Wenn die Probe nicht filtriert wird, muß sie innerhalb weniger Stunden weiterverarbeitet werden, da Schwebstoffe an den Gefäßwänden adsorbieren, was z. B. bei Blei zu Minderbefunden führen kann. Filtrierte Proben sind jedoch, wenn keine biologische Aktivität vorhanden ist, mehrere Tage stabil. Bei Lagerung über Wochen und Monate ist jedoch Tiefkühlung bei ca. −30°C zu empfehlen.

2.6 Probenvorbereitung und Analytik

2.6.1 UV-Aufschluß der wäßrigen Phase

Zur voltammetrischen Elementbestimmung, ggf. auch für die totalreflektierende Röntgenfluoreszenzanalyse (TXRF) ist der Aufschluß störender organischer Bestandteile notwendig, wozu eine UV-Bestrahlung, wie in Kap. 13 beschrieben, ausreicht.

2.6.2 Aufschluß der Filter

Die Membranfilter können relativ leicht aufgeschlossen werden, da sie aus Zellulose bestehen. Es werden vor allem zwei Aufschlußtechniken angewandt. Der Aufschluß in einem Sauerstoffplasma (vgl. Kap. 10) wird eingesetzt, wenn eine größere Anzahl von Filterproben gleichzeitig aufgeschlossen werden soll. Hierbei beträgt die Aufschlußdauer minimal 8 Stunden. Der Aufschluß wird daher normalerweise über Nacht durchgeführt. Der Aufschlußrückstand wird in 0,1 ml 65%iger Salpetersäure und Wasser gelöst und die Lösung in einem Meßkolben auf 10 ml aufgefüllt. Für Einzelfilter wird im Hochdruckverascher (HPA, vgl. Kap. 11 und 13) 1 h bei 290 °C aufgeschlossen, die resultierende Lösung im Quarztiegel zur Trockne gebracht, mit 0,1 ml Salpetersäure und Wasser wieder gelöst und in einem Meßkolben auf 10 ml aufgefüllt.

2.6.3 Analytik

In Abb. 2 sind als Fließschema die überwiegend in der Routine angewandten Methoden für die Anionen- und Elementenanalytik in Niederschlags-Teilproben dargestellt. Zur Direktbestimmung in flüssigen Proben mit Potentiometrie (vgl. Kap. 13) genügt Ansäuern mit HCl (Suprapur, Merck), für ICP-AES und ICP-MS mit HNO_3. Aufschlüsse sind, wie oben erwähnt, für die Voltammetrie – bestimmbare Elemente Cd, Co, Cu, Ni, Pb und Zn – und die nicht in Abb. 2 dargestellte TXRF, sowie für sämtliche Methoden in Filterproben erforderlich.

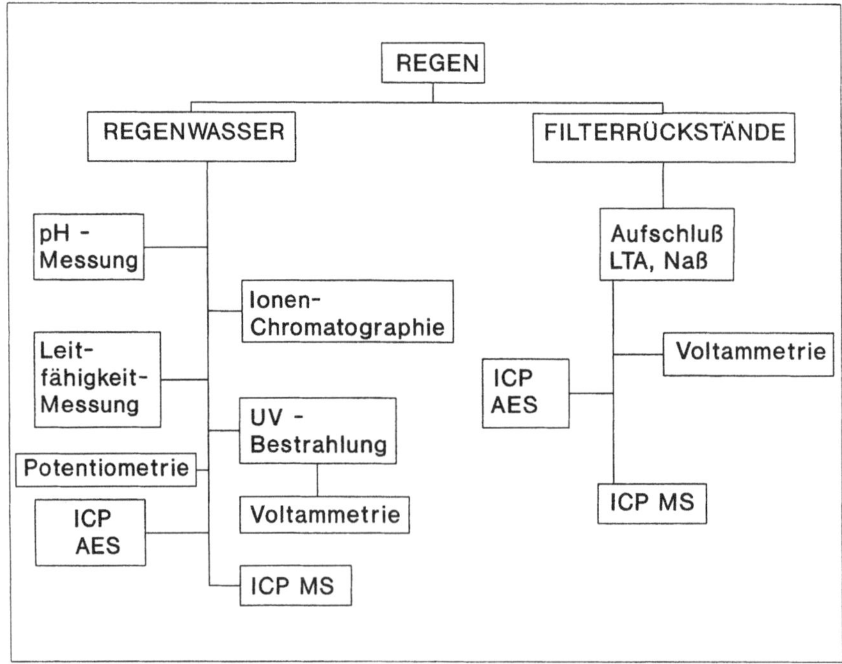

Abb. 2. Fließschema: Anorganische Analytik in Niederschlagsproben

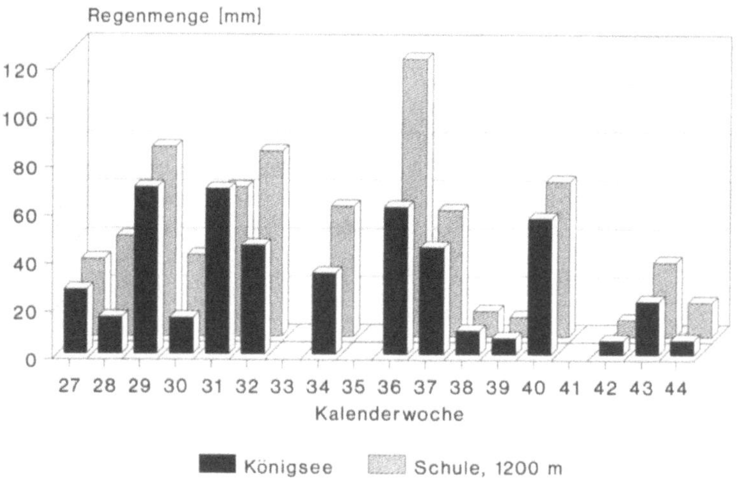

Abb. 3. Vergleich zwischen zwei Niederschlagssammlern: Regenwassermenge am Königssee und auf 1200 m Höhe (Schule)

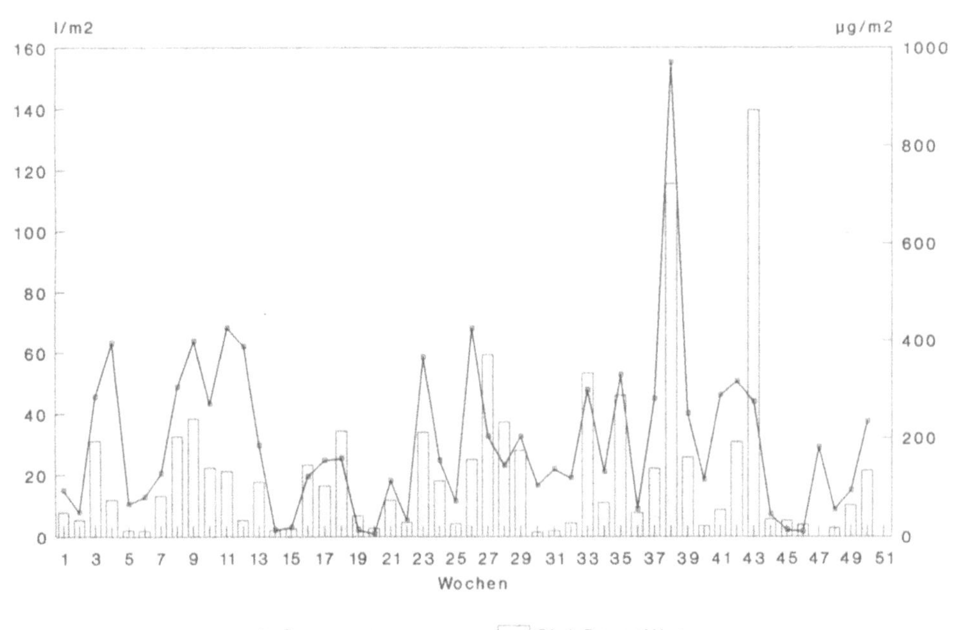

Abb. 4. Einfluß der Niederschlagsmenge auf die Bleideposition in Berchtesgaden

2.7 Ergebnisse

Detaillierte Untersuchungen haben gezeigt, daß es sehr schwierig ist, verschiedene Regensammler miteinander zu vergleichen [14, 15]. Abb. 3 zeigt die Ergebnisse von zwei Regensammlern gleichen Typs, die in Berchtesgaden nur ca. 2 km Luftlinie voneinander entfernt, aber auf verschiedenen Höhen aufgestellt worden waren. Bei wöchentlichen Proben-

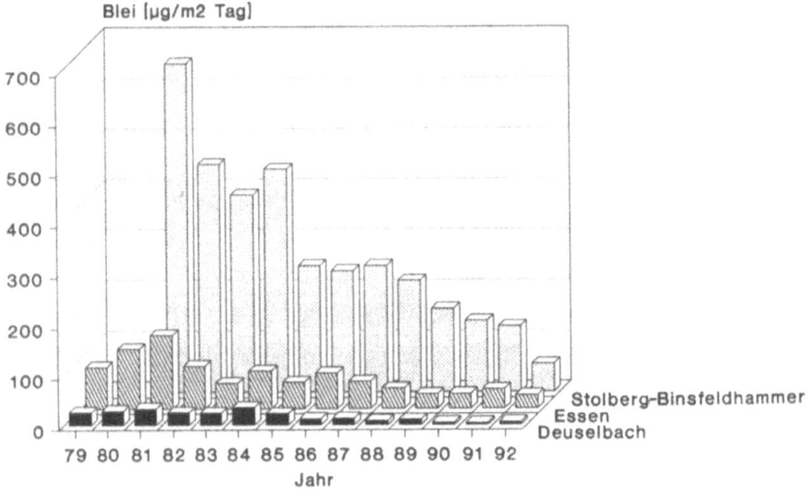

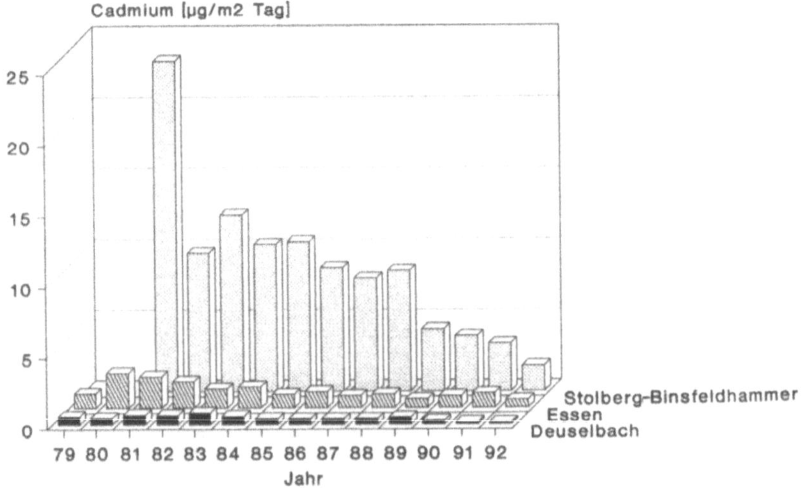

Abb. 5. Langzeittrend der Naßdeposition von Cadmium und Blei an drei unterschiedlich belasteten Standorten in der Bundesrepublik Deutschland

nahmen ergaben sich teilweise Unterschiede in der Niederschlagsmenge von bis zu 100%. Daß diese Unterschiede jedoch im wesentlichen auf der Höhendifferenz beruhen, zeigte ein Vergleich zwischen drei identischen Niederschlagssammlern, die in geringem Abstand in einer ländlichen Gegend aufgestellt worden waren. Hier ergaben sich wesentlich geringere Schwankungen von maximal ± 15%.

Abbildung 4 zeigt den Zusammenhang zwischen Regenmenge und Bleideposition im Raum Berchtesgaden. Es ist deutlich zu erkennen, daß die Deposition mit der Regenmenge zunimmt.

Aus Abb. 5 ist der zeitliche Trend der Blei- und Cadmiumdeposition von 1979 bis 1992 an drei Standorten in der Bundesrepublik Deutschland - Stolberg-Binsfeldhammer: in der Nähe einer Blei-Zink-Hütte, Essen: Großstadt und Deuselbach: ländliches Gebiet - dargestellt. Der allgemeine Trend zu abnehmender Deposition ist gut erkennbar; allerdings sind die Ursachen unterschiedlich. In Stolberg ist es die Einführung verbesserter Verfahren mit reduzierten Schwermetall-Emissionen. In Essen und Deuselbach ist die Abnahme der Bleideposition eindeutig auf das Benzin-Blei-Gesetz zurückzuführen. In den letzten Jahren ist hier eine im Rahmen der normalen Schwankungen nahezu konstante Blei- und Cadmium-Naßdeposition zu beobachten.

Literatur

1. Wagner F (1989) Ber. der Kernforschungsanlage Jülich, Jül 2290, D82 (Diss. T.H. Aachen)
2. VDI-Richtlinie 3786, Blatt 7
3. Klockow D (1987) Fresenius Z Anal Chem 326:5–24
4. Nürnberg HW, Valenta P, Nguyen VD (1983) Proc. Int. Conf. Heavy Metals in the Environment. Springer, Heidelberg, Vol 1, S 70–73
5. Nürnberg HW, Nguyen VD, Valenta P (1985) Bielefelder Ökol Beitr 1:85–101
6. Nürnberg HW (1984) Anal Chim Acta 164:1–21
7. Salina J, Möls JJ, Baard JH, van der Sloot HA, von Raaphorst JG, Asman W (1979) Intern J Environ Anal Chem 7:161–176
8. Vos L, Komy Z, Reggers G, Roekens R, van Grieken R (1986) Anal Chim Acta 184:271–280
9. Mart L, Nürnberg HW, Dyrssen D (1983) In: Wong CS, Boyle E, Bruland KW, Goldberg ED (Hrsg) Trace Metals in Sea Water. Plenum Press, New York London, S 113–130
10. Boutron CF (1979) Anal Chim Acta 106:127–130
11. Boutron CF (1986) In: Nriagu JO, Davidson CI (Hrsg) Toxic Metals in the Atmosphere. John Wiley & Sons, New York, S 467–505
12. Mart L (1979) Fresenius Z Anal Chem 296:350–357
13. Prange A (1989) Spectrochim Acta 44B:437–452
14. Winkler P, Jobst S, Harder C (1989) Meteorolog. Prüfung und Beurteilung von Sammelgeräten für die nasse Deposition. GSF München, ISSN 0176–0777
15. Winkler P, Schulz M, Dannecker W (1991) Fresenius J Anal Chem 340:575–579

3 Meerwasser - Probennahme, Anreicherung und Analytik

CHRISTA POHL

3.1 Einleitung

Grundlage für das Studium von Spurenmetallkreisläufen im Meerwasser und für die Abschätzung der Stofflüsse von Spurenmetallen zwischen Atmosphäre, Hydrosphäre und den Sedimenten sind analytisch richtige Messungen ihrer Konzentrationen in den einzelnen Kompartimenten. Seit Anfang der 80er Jahre werden in der Nordsee, der Ostsee, im Atlantik und Pazifik wesentlich niedrigere Spurenmetallkonzentrationen gemessen, als es noch Mitte der 70er Jahre der Fall war (Abb. 1).

Diese „Abnahme" ist allerdings nicht auf einen verminderten Eintrag an Spurenmetallen oder einen Säuberungsprozeß der Meere zurückzuführen. Seit Ende der 70er Jahre weiß man, daß nur eine sorgfältige, kontaminationskontrollierte Probennahme sowie eine Verbesserung der Analysentech-

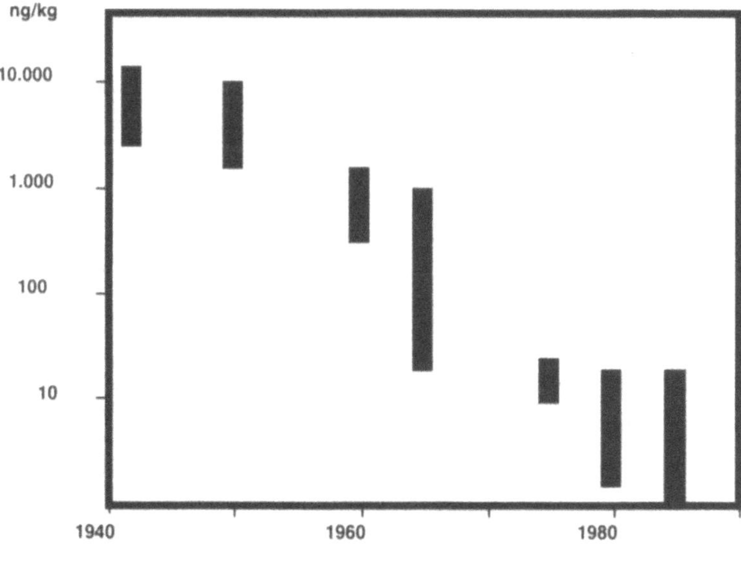

Abb. 1. Bleikonzentrationen in den Ozeanen seit 1940 unter Berücksichtigung verbesserter Probennahme- und Meßmethoden

nik zu annähernd „richtigen“ Spurenmetallkonzentrationsmessungen im Meerwasser führen können [1–6]. Es wurden daher Techniken entwickelt, um die Kontamination bei der Probennahme auf ein kontrollierbares Minimum einzuschränken. Das setzt natürlich voraus, daß man die möglichen Kontaminationsquellen kennt.

Es wird zwischen direkten und indirekten Kontaminationen unterschieden. Indirekte Kontaminationen können z. B. durch falsche Handhabung der Probengefäße verursacht werden, wobei gerade auf Schiffen Vorsicht geboten ist. Das Abstützen mit der Hand am Schanzkleid oder das Anfassen des Drahtes und der anschließende Griff an den Hals der Probenflasche kann die Probe erheblich kontaminieren. Probenflaschen dürfen nicht offen stehengelassen werden. Staubteilchen sowie der Abrieb von laufenden Drähten führen zu den sogenannten Partikelkontaminationen. Deshalb werden die Probenflaschen am besten doppelt in Polyethylenbeuteln verpackt und erst unmittelbar vor der Probennahme geöffnet. Das Tragen von Schutzhandschuhen ist ebenfalls von Vorteil. Noch besser ist es, den Abfüllvorgang in oder unter einer partikelfreien Zone oder in einem Reinraumcontainer vorzunehmen. In Abb. 2 sind die kritischen Momente während der Probenaufarbeitung graphisch dargestellt.

Direkte Kontaminationen hingegen können durch das Material der Probenflasche, des Probennehmers sowie durch Säuren, Chemikalien oder Filter hervorgerufen werden. Dieses läßt sich jedoch weitestgehend ein-

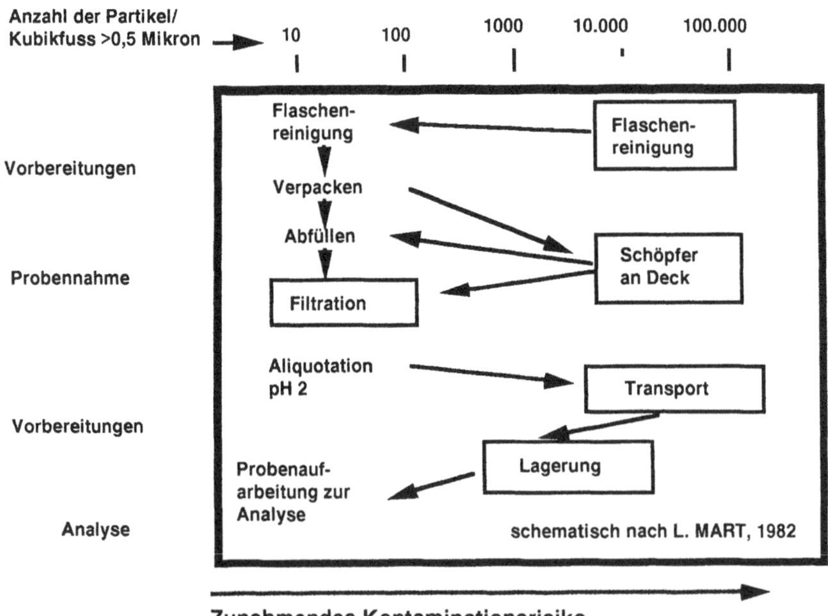

Abb. 2. Kritische Momente während der Probennahme, Vorbereitung und Aufarbeitung

schränken, wenn man Gefäße und Chemikalien einer sorgfältigen Reinigung unterzieht, die erstmalig von Patterson und Settle [7] beschrieben wurde.

3.2 Kontaminationsfreie Probennahme von Meerwasser unter Schiffsbedingungen

Voraussetzung für die Messung von extrem niedrigen Spurenmetallkonzentrationen im Meerwasser ist eine einwandfreie Probennahme, um Kontaminationen, die durch das Schiff verursacht werden können, weitestgehend zu vermeiden. Besondere Vorsicht ist bei den Metallen Kupfer und Zinn gegeben, welche häufig in den Antifoulingfarben für den Schiffsrumpf enthalten sind, bei dem Element Blei, das in der Bleimennige enthalten ist, und bei dem Element Zink, welches zum einen für die Schiffsanoden verwendet wird, um einer Korrosion entgegenzuwirken, und andererseits auch in vielen Hautsalben (Handcremes) enthalten ist.

Um diese Kontaminationen zu umgehen, wurde von Mart ein einfaches, aber sehr wirkungsvolles Gerät entwickelt, welches sich vor allem bei Schlauchbooteinsätzen zur Probennahme von Oberflächenwasser sehr bewährt hat: das Flaschenteleskop. Bei der Probennahme mit diesem Gerät sollte die Flasche durch das Wasser bewegt werden, so daß eine „dynamische“ Probennahme erfolgt und verhindert wird, daß Kontaminationen durch das Gerät selbst in das Probenwasser gelangen.

Für Oberflächenwasser eignet sich der Mercoswasserschöpfer (Hydrobios, Kiel), der vom Bugausleger 10–12 m vor dem Schiff mit einer Handwinde an einem Kevlarseil gefahren werden kann. Der besondere Vorteil dieser Probennahme ist die direkte Füllung der gereinigten Probenflaschen. Nachteilig ist, daß das Schiff stoppen muß, was mit einem Zeitverlust und erheblichen Kostenaufwand verbunden ist.

Eine kontinuierliche Probennahme vom fahrenden Schiff kann über ein Schnorchelrohr erfolgen, welches im hydrographischen Schacht des Schiffes verankert wird. Der Ansaugstutzen befindet sich ca. 3 m unter dem Schiffsrumpf, um Kontaminationen durch den Rumpf zu vermeiden. Über einen PTFE-Schlauch wird mittels einer PTFE-Membranpumpe das Wasser kontinuierlich durch einen Reinraumcontainer gepumpt. Hier kann in bestimmten Zeitabständen die Probennahme erfolgen (Kieler Pumpensystem).

Für Tiefenprofile werden sogenannte „close open close“-Schöpfer der Fa. General Oceanics benutzt. Am besten eignen sich die Schöpfer mit großen Volumina (30 l), um die Kontaminationen durch den Schöpfer möglichst gering zu halten. Die Schöpfer werden geschlossen an einem mit Hostalen ummantelten Draht durch die Wasseroberfläche gefahren, öffnen sich bei ca. 10 m durch den hydrostatischen Druck und werden dann bei den entsprechenden Tiefen mittels Fallgewicht geschlossen. Die Reinigung und das Handling dieser Schöpfer ist jedoch schwierig.

3.3 Filtration und Konservierung von Meerwasserproben

Die so gewonnene Meerwasserprobe wird, sofern sie aus küstennahen Gebieten entnommen wurde, über ein gereinigtes 0,45 µm/47 mm Polycarbonatfilter (SN 11107; Fa. Nuclepore) mittels einer Sartoriusfiltrationseinheit zur Druckfiltration filtriert. Die Druckfiltration hat sich als besonders sensibler Schritt innerhalb der Probennahme erwiesen und sollte auf dem Schiff unter einer Reinraumzone der Klasse 100 mit Stickstoff (Druckgas) durchgeführt werden. Im offenen Ozean ist der partikuläre Anteil vernachlässigbar, so daß die Meerwasserprobe (1 l), um Kontamination durch Filtration zu vermeiden, direkt mit 1 ml HNO_3 suprapur auf einen pH-Wert von < 2 angesäuert wird. Der partikuläre Anteil für die Metalle, Zn, Cd, Cu oder Ni liegt um 5% und niedriger. Durch die Säurekonservierung wird eine Absorption der Metalle an die Gefäßwand vermieden. Weiterhin werden organisch komplexierte gelöste Metallverbindungen zerstört.

3.4 Anreicherung der Metalle

3.4.1 Allgemeine Grundlagen - Methodenprinzip

Die Direktbestimmungen der Spurenmetalle im Meerwasser mit Hilfe der AAS ist wegen der geringen Konzentrationen und der hohen Salzmatrix auf wenige Elemente beschränkt. Metalle wie Co, Pb, Cd, Cu, Fe, Ni und Zn müssen zunächst von den Hauptbestandteilen des Meerwassers getrennt und gleichzeitig angereichert werden, um eine einwandfreie Konzentrationsbestimmung zu ermöglichen. Eine solche chemische Trennung kann in Anlehnung an eine Methode von Danielsson et al. [8] unter anderem durch Flüssig-flüssig-Extraktion vorgenommen werden. Voraussetzung dafür ist die Komplexierung der Spurenmetalle mittels eines Chelatbildners und die Extraktion dieser Komplexe mit einem geeigneten organischen Lösungsmittel. Etwas stabilere Chelate (pH-Bereich von 3–7) bilden die Derivate der Dithiocarbaminsäure

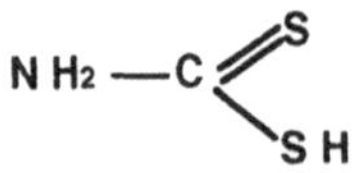

$$NH_2-C\begin{matrix}\nearrow S \\ \searrow SH\end{matrix}$$

wie z. B. das Ammoniumsalz der Pyrrolidindithiocarbonsäure (APDC), dessen Cu-Komplex die folgende Struktur aufweist:

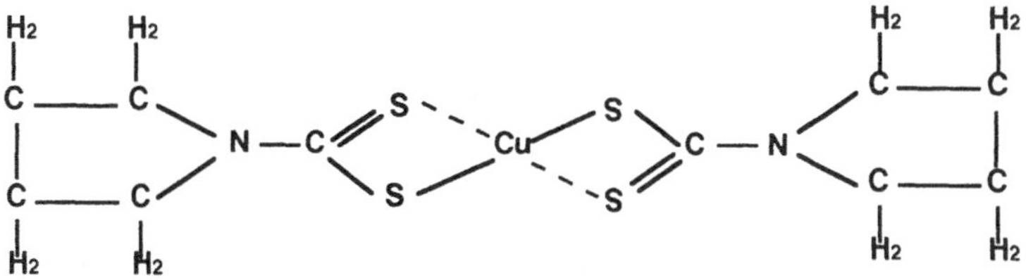

oder Diäthylammonium-N,N-diäthyldithiocarbamat (DDDC).

Zur Komplexierung der o. g. Metalle wird ein Gemisch beider Reagenzien verwendet. Da die Metallcarbamate nur eine geringe Löslichkeit in Wasser haben, lassen sie sich durch ein geeignetes Lösungsmittel, welches nicht mischbar mit Wasser ist, extrahieren. Als Extraktionsmittel kann z. B. Freon TF (1,1,2-Trichlor-1,2,2 trifluoräthan) verwendet werden, weil es eine sehr geringe Löslichkeit in Wasser besitzt (0,017 Gew.% bei 21 °C), einen niedrigen Metallblindwert hat und eine schnelle Trennung von der wäßrigen Phase erlaubt.

Tabelle 1. Stabilität der verschiedenen Metallkomplexe in der org. Phase nach [8]

Metall	Zeit (h)					
	6	19	48	72	144	192
Cd	100	100	100	100	<1	<1
Co	100	100	100	100	100	100
Cu	100	100	100	100	100	100
Fe	100	100	100	100	89	71
Ni	100	100	100	100	90	85
Pb	100	100	100	100	87	41
Zn	100	100	61	18	2	<1

Nachteilig ist, daß die organischen Metallchelatkomplexe instabil sind. Dieses Problem wird durch eine Rückextraktion der Metalle in eine saure Phase behoben. Diese sauren Extrakte können z. B. in gut verschließbaren PTFE-Zentrifugenröhrchen einige Tage bis zur Messung aufbewahrt werden. Der Anreicherungsfaktor beträgt für Atlantikwasserproben ca. 1:200, für Wasserproben aus Nord- und Ostsee ca. 1:50. Der prozentuale Metallanteil, der nach x Stunden in der organischen Phase angetroffen wird, ist in Tabelle 1 dargestellt.

3.4.2 Reinigung von Probengefäßen und Reagenzien

Wie in der Einleitung erwähnt, ist die Reinigung von Probengefäßen und Reagenzien die wichtigste Voraussetzung für das kontaminationsfreie Arbeiten. Hierzu im folgenden einige praktische Anleitungen.

Es sollten nur PTFE- oder Quarzglasgefäße benutzt werden. Die Gefäße sollten für die Grundreinigung mindestens 1 Woche in einer alkalischen Reinigungslösung (Mucasol) aufbewahrt werden. Als nächstes sollte eine Reinigung mit $HCl_{konz.}/H_2O$ (1:1) erfolgen. Auch hier müssen die Gefäße mindestens 1 Woche im Reinigungsbad liegen. Dann werden die Gefäße mit Reinstwasser (Fa. Millipore) gespült und 1 M HNO_3 suprapur aufbewahrt. Für die von uns verwendeten PTFE-Probenflaschen (Mercosschöpfer) wird eine Ausdämpfapparatur von der Fa. Hydrobios, Kiel, angeboten.

- *Nalgene-Scheidetrichter* (100 und 250 ml), Reinigung s. oben.
- *Pipettenspitzen* werden vor der Benutzung mit APDC/DDDC-Lösung in einem PTFE-Scheidetrichter ausgeschüttelt, mit Reinstwasser gespült und unter der Cleanbench getrocknet.
- *Reinigung der Filter:* Die Polycarbonatfilter (Durchmesser 47 mm; Porenweite 0,45 µm) werden zunächst mit Milli-Q-Wasser gespült und anschließend mindestens 5 Wochen in verdünnter Salzsäure suprapur (pH 2) aufbewahrt.
- *APDC/DDDC-Lösung (4%):* Je 1 g APDC (Ammoniumssalz der Pyrrolidindithiocarbonsäure-1) und DDDC (Diäthylammonium-N,N-diäthyldithiocarbamat) werden in 50 ml Reinstwasser gelöst und zweimal mit je 10 ml Freon in einem 100 ml Teflonscheidetrichter extrahiert (Reinigungsprozeß). Die Freonphasen werden verworfen, die Komplexlösung wird in einem PTFE-Kolben bei 4°C aufbewahrt.
- *Freon TF:* Das handelsübliche Freon bzw. Frigen 113, Fa. Dupont, wird destilliert und in Quarzkolben aufbewahrt. Das Lösungsmittel darf keinen Blindwert mehr für die zu untersuchenden Metalle ergeben.
- *Citrat-Pufferlösung (10%):* Diammoniumhydrogencitrat wird in Reinstwasser gelöst, 100 ml werden mit 1 ml der APDC/DDDC-Lösung versetzt und in einem 250 ml PTFE-Scheidetrichter mit 2×20 ml Freon extrahiert (Reinigungsprozeß). Die Freonphasen werden verworfen, und die Pufferlösung wird in einem Quarzkolben oder einer PTFE-Flasche aufbewahrt.
- *Salpetersäure:* Konz. HNO_3 (p.A. Merck) wird mittels einer Quarzdestille zur Oberflächenverdampfung (Fa. Kürner) gereinigt und in einer Quarzflasche aufbewahrt. Die benötigte 1 M HNO_3 wird durch entsprechende Verdünnung mit Reinstwasser hergestellt und ebenfalls in einem Quarzgefäß aufbewahrt.

- *Ammoniaklösung (1:10 verd.):* Ammoniaklösung suprapur, Fa. Merck.
- *Metall-Eichlösungen:* Es werden Standardlösungen der Fa. Merck/Titrisol verwendet. Der Arbeitsstandard sollte in 1 M HNO_3 angesetzt werden. Zu empfehlende Konzentrationen sind:
  Zn, Cd $= 2 \cdot 10^{-6}$ g $\cdot$ kg^{-1}
  Cu, Co $= 2 \cdot 10^{-5}$ g $\cdot$ kg^{-1}
  Pb, Fe, Ni $= 4 \cdot 10^{-5}$ g $\cdot$ kg^{-1}
- *NASS-2:* Northern Atlantic Seawater Standard; Reference Material for Trace Metals. Adresse: Marine Analytical Chemistry Standards Programm; Division of Chemistry; National Research Council; Montreal Road; Ottawa, Canada; K1A0R6; Telefax: (613) 993-2451

3.5 Analyse der Proben

3.5.1 Komplexierung und Extraktion

In 4 Nalgene-Scheidetrichter (250 ml) werden 100 g der angesäuerten Meerwasserprobe eingewogen, mit 1 ml Citrapuffer versetzt und mit der erforderlichen Menge NH_3-Lösung (1:10 verd.) auf einen pH-Wert von genau 4,5 gebracht. In einem Vorversuch mit 50 g Probenmenge und 0,5 ml Citratpuffer wird festgestellt, wieviel NH_3-Lsg. (1:10) erforderlich ist, um die Probe (100 g) auf den gewünschten pH-Wert von 4,5 einzustellen. Mit einer Mikropipette erfolgt die Zugabe von 0/1/2 und 3 ml des Arbeitsstandards in die einzelnen Scheidetrichter und die Zugabe von 1 ml 4%iger APDC/DDDC-Lösung (Standard-Additionsmethode). Nach kurzem Schütteln erfolgt per „Dosimat" der Zusatz von je 20 ml Freon. Scheidetrichter gut verschließen und 2 min kräftig schütteln. Zur Phasentrennung läßt man die Scheidetrichter ca. 5 min stehen. Die Freonphasen werden in vier weitere Scheidetrichter abgefüllt, wobei darauf zu achten ist, daß kein Meerwasser aus der oberen Schicht überführt wird (sehr wichtig, da sonst Interferenzen bei der AAS-Messung auftreten!). Um eine vollständige Ausschüttung der Metallkomplexe zu gewährleisten, erfolgt eine nochmalige Extraktion der Wasserproben wie oben beschrieben.

3.5.2 Rückextraktion

Durch eine Rückextraktion in Salpetersäure erfolgt die Anreicherung. Dazu werden die gesammelten Freonphasen mit je 0,5 ml konz. HNO_3 versetzt, 2 min geschüttelt und 15 min stehengelassen (Zersetzung der Metallcarbamate). Nach Zugabe von 3,5 ml Reinstwasser erfolgt die Rückextraktion der Metalle in die salpetersaure Lösung durch 2 min Schütteln. Nach einer

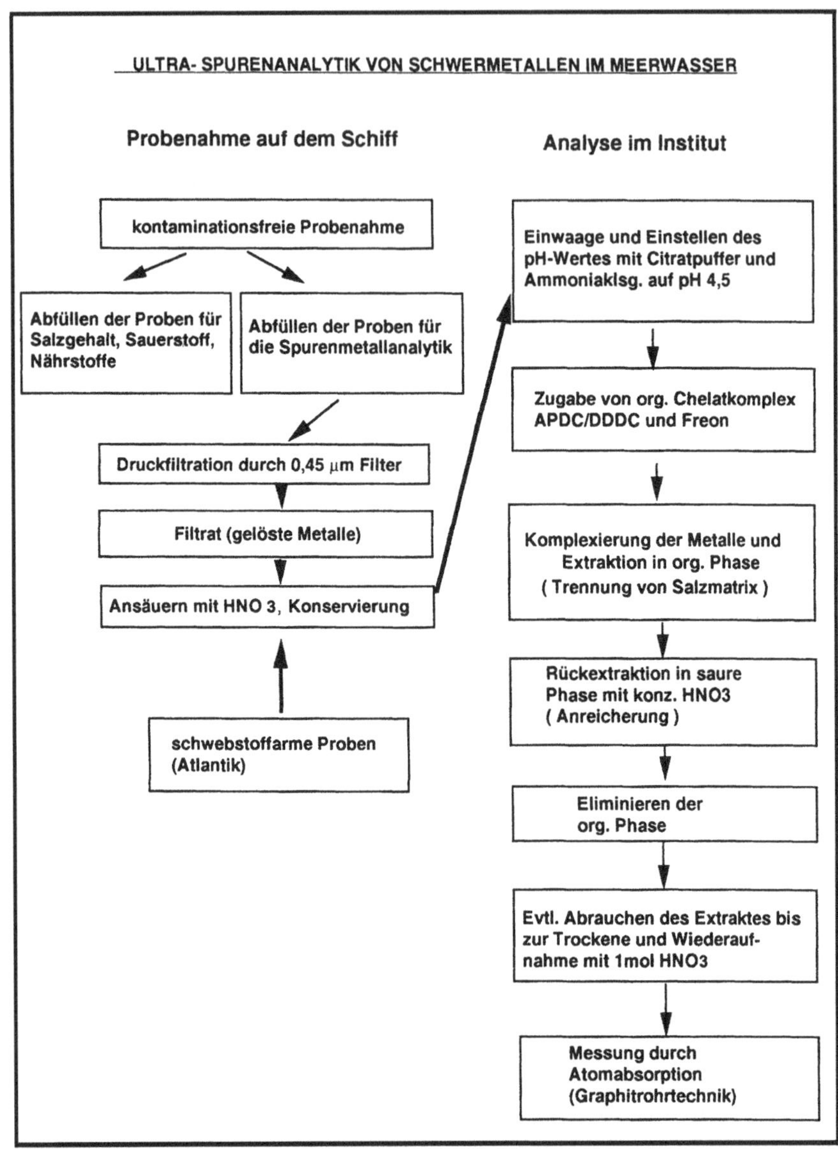

Abb. 3. Schematische Darstellung der einzelnen Arbeitsschritte

Phasentrennung von 5 min wird die Freonphase, die nun metallfrei ist, abgezogen. Dieses Freon kann zur erneuten Destillation gesammelt und wiederverwendet werden.

Die salpetersauren Extrakte werden in PTFE-Becher überführt, zur Trockne eingedampft und mit einem definierten Volumen (2 ml) 1 M HNO_3 aufgenommen. Jetzt können die Proben mit der AAS gemessen werden. Alle

Arbeiten sollten in einem „Clean-Lab“ durchgeführt werden, auf das Tragen von PE-Handschuhen, PE-Kopfhauben und fusselfreier Laborkleidung wird hingewiesen.

Die einzelnen Arbeitsschritte sind in Abb. 3 dargestellt. Sehr wichtig ist die Methodenabsicherung mit einem international anerkannten Referenz-Meerwasser wie z. B. NASS-2 oder die Teilnahme an Ringversuchen.

3.5.3 Herstellung einer Blindwertprobe

Die Vorbereitung einer Blindwertprobe für dieses Verfahren geschieht auf folgende Weise: Nach Beendigung des „Extraktions-Schrittes“ verbleibt eine fast metallfreie Meerwasserprobe im Scheidetrichter. Zu einer dieser „Proben“ werden nochmals alle Reagenzien gegeben, die bei der Komplexierung und Extraktion verwendet worden sind (APDC/DDDC, NH_3-Lsg, Citratpuffer, Freon und HNO_3). Dann werden alle Arbeitsgänge in genau der gleichen Weise wiederholt wie oben bei der Probenbehandlung beschrieben.

3.6 Messung und Auswertung

In Tabelle 2 sind die empfohlenen Temperaturprogramme für die einzelnen Elemente dargestellt, folgende Punkte sollten unbedingt beachtet werden.

- Es sollten Graphitrohre mit Plattform benutzt werden.
- Der Argon-Gasstrom sollte während der Atomisierungsstufe unterbrochen werden (GAS-STOP).
- Das Absorptionssignal sollte über die Peak-Integration (Peak area) ausgewertet werden.

Die Auswertung der Probe erfolgt z. B. nach der Standard-Additionsmethode. Hierbei können Fehler, die während der Atomisierungsstufe durch

Tabelle 2. Temperaturprogramme für die Messung mit einem PE-3030 oder 5000/HGA 500/600

Element	Wellenlänge	Meßvol. (µl)	Veraschung	Atomisierung
Cd	228,8	20–40	350 °C/40 s	1600 °C/6 s
Pb	283,3	20–40	500 °C/40 s	1600 °C/6 s
Cu	324,7	20–40	1200 °C/40 s	2400 °C/6 s
Ni	232,0	20–40	1300 °C/40 s	2600 °C/6 s
Zn	213,9	20–40	330 °C/40 s	1800 °C/6 s
Co	242,5	20–40	1300 °C/40 s	2600 °C/6 s
Fe	248,3	20–40	1200 °C/40 s	2500 °C/6 s

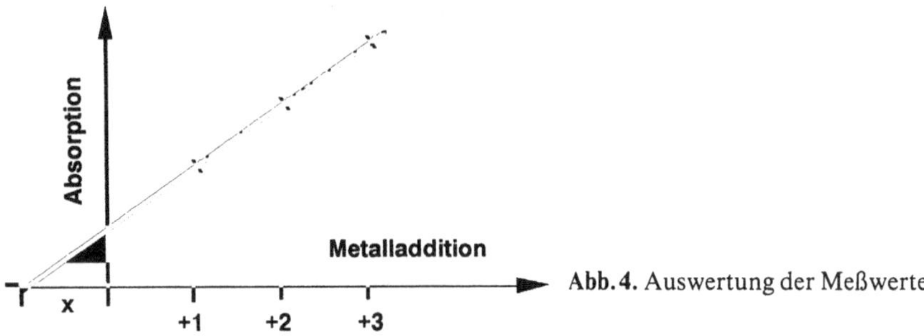

Abb. 4. Auswertung der Meßwerte

Interferenzen und sonstige Matrixeffekte entstehen, eliminiert werden. Die Meßwerte werden mit dem Blindwert korrigiert. Dabei werden die einzelnen Absorptionswerte auf der Ordinate und die addierten Standardkonzentrationen auf der Abzisse aufgetragen. Über die lineare Regressionsgerade erhält man dann den Metallgehalt der Probe, er ist proportional dem negativen x-Achsenabschnitt (Abb. 4).

Eine weitere Möglichkeit ist die Auswertung über eine Eichkurve. Die Metallkonzentration C in der Probe wird folgendermaßen berechnet:

$$C(g \cdot kg^{-1}) = \frac{a_{St} \cdot A_{Pr} \cdot V_{Pr} \cdot 1000}{A_{St} \cdot V_i \cdot w}$$

a_{St} = Gehalt des injizierten Standards (g)
A_{St} = Absorption des Standards (Blindwert korrigiert)
A_{Pr} = Absorption der Probe (Blindwert korrigiert)
V_i = Volumen des injizierten Probenextraktes (ml)
V_{Pr} = Gesamtvolumen des Probenextraktes (ml)
w = Gewicht der eingewogenen Meerwasserprobe (g)

Einen Eindruck über die gelösten Metallkonzentrationen im Oberflächenwasser des Nordatlantiks geben die nachfolgenden Richtwerte, die als sogenannte „Baseline-Konzentrationen“ zugrunde gelegt werden.

Cadmium (Frühjahr)	–24–78	$pmol \cdot kg^{-1}$	[9]
Cadmium (Sommer)	– 6–35	$pmol \cdot kg^{-1}$	[9]
Kupfer	– 1,2	$nmol \cdot kg^{-1}$	[9]
Nickel	– 2,4	$nmol \cdot kg^{-1}$	[9]
Zink	– 2,4	$nmol \cdot kg^{-1}$	[10]
Blei	– 0,048–0,075	$nmol \cdot kg^{-1}$	[11]

Literatur

1. Boyle EA, Edmond JM (1977) Anal Chim Acta 91:189–197
2. Bruland KW, Knauer GA, Martin JH (1978) Limnol Oceanogr 23:618–625
3. Bruland KW, Knauer GA, Martin JH (1978) Nature 271:741–743
4. Grasshoff K, Ehrhardt M, Kremling K (1983) Verlag Chemie, Weinheim, 419 pp
5. Mart L (1982) Talanta 29:1035–1040
6. Schaule B (1979) Zur Geochemie des Bleis. Inaugural Dissertation der Ruprecht-Karl-Universität, Heidelberg, 165 pp
7. Patterson CC, Settle D (1976) In: Lafleur P (ed) Accuracy in Trace Analysis, Sampling, Sample Handling, Analysis. National bureau of standards special publication 422:321–351
8. Danielsson L-G, Magnusson B, Westerlund S (1978) Anal Chim Acta 98:47–57
9. Kremling K, Pohl C (1989) Mar Chem 27:43–60
10. Bruland KW, Franks RP (1983) In: Wong CS, Boyle E, Bruland KW, Burton JD, Goldberg ED (eds) Trace Metals in Sea Water. Plenum Press, New York, S 395–414
11. Wallace GT, Dudek N, Dulmage K, Mahoney O (1983) Can J Fish Aquat Sci 40 (Suppl 2):183–191

4 Boden

RAINER BREDER

4.1 Einleitung

Seit langem wird die Bodenprobennahme zur Festellung des Nährstoffgehaltes und eventuellen Düngemittelbedarfs vorgenommen. Die Zunahme der Bodenbelastungen und der diesbezüglichen Kenntnisse haben heute dazu geführt, daß Böden auch auf ihren Schadstoffgehalt untersucht werden, denn Böden dienen als Speichermedium für Umweltchemikalien [1].

Die Extrapolation der Untersuchungsergebnisse weniger Proben zur Beschreibung eines Standorts ist jedoch nicht selten ein fehlerhaftes Verfahren. Eine Voraussetzung für eine zuverlässige, repräsentative Probennahme ist die Berücksichtigung statistischer Kriterien [2]. Ihre Anwendung dient dem Ziel, einer Identität von Probe und zu prüfendem Material möglichst nahe zu kommen. Dazu sollte z. B. die Probenauswahl zufallsbedingt erfolgen, d. h. es dürfen keine einzelnen Partien bevorzugt werden. Gute Annäherung in der Zusammensetzung von Probe und Prüfgut wird um so eher erreicht, je größer der Umfang der Stichprobe ist. Außerdem hängt die Größe der Stichprobe von den erwarteten Konzentrationen der zu bestimmenden Elemente und von dem Verteilungszustand des Materials ab.

In der Praxis sind der Stichprobengröße allerdings deutliche Grenzen gesetzt. Ob letztlich in dem Endprodukt der Probennahme und der Probenvorbereitung, der Analysenprobe, die Bezugsmasse nahezu stoffrichtig wiedergegeben ist, kann an der Übereinstimmung von Merkmalen, zu denen z. B. die Korngröße gehört, überprüft werden. Auf detaillierte statistische Erläuterungen kann an dieser Stelle nicht eingegangen werden, es soll aber noch eine wesentliche Beziehung zwischen dem Vertrauensintervall $\delta\bar{x}$ nach der t-Verteilung und dem Stichprobenumfang n erwähnt werden. Für den Mittelwert $\bar{x}$ gilt:

$$\bar{x} \pm \frac{t(P,f)\cdot s}{\sqrt{n}} = \bar{x} \pm \delta\bar{x}, \qquad (4\text{-}1)$$

wobei s die Standardabweichung ist.

Dabei ist die zugrunde gelegte statistische Sicherheit P ausdrücklich zu benennen: 90%, 95%, 99%. Die benötigte Werte für $t(P,f)$ können Tabellen entnommen werden. Der Vertrauensbereich verkleinert sich also mit steigendem Stichprobenumfang und mit sinkender statistischer Sicherheit P. Andererseits läßt sich aus einem gewählten Vertrauenbereich der Stichprobenumfang folgern. Dabei sind dem zu beprobenden Material Inkremente eines bestimmten, stets gleichen Gewichts zu entnehmen. Um dieses Gewicht bei Vorgabe der statistischen Sicherheit und einer gewünschten Standardabweichung exakt zu berechnen, wären die Verteilungsfunktion der Teilchengrößen und auch die Teilchenformen zu berücksichtigen. Letzteres ist bei Bodenproben praktisch unmöglich. Wenn man im Falle einer Abstraktion von Quadern zu Ellipsoiden übergeht, reduziert sich z. B. die notwendige Probenmenge auf fast die Hälfte [3].

Derzeit sind Normen zur Bodenprobennahme in Vorbereitung, und zwar vom Deutschen Institut für Normung e.V. (DIN) und der International Organization for Standardization (ISO-TC 190/SC2). Übersichtsartikel und detaillierte Arbeiten zu speziellen Problemen der Probennahme sind unter den Literaturzitaten [4–11] zu finden.

4.2 Materialien

Die Probennahmegeräte und ihre Behandlung sind nach Art und Verwendungsbereich zu definieren. Die Auswahl der Geräte richtet sich z. B. nach dem Bodentyp und der benötigten Probenmenge. Zum Ausheben von Profilgruben wird ein Spaten aus Edelstahl verwendet. Für Bohrungen steht eine Vielzahl von Geräten zur Verfügung. Genormte Geräte für den Landeskulturbau finden sich in DIN 19671. Beispiele sind u. a. der Rillen- und der Rohrbohrer. Der Rillenbohrer (Pürkhauer-Bohrer) eignet sich eher für diagnostische Zwecke, d. h. zur schnellen Bodenansprache bis etwa 2 m Tiefe. Die entnehmbare Probenmenge ist aber aufgrund eines Innendurchmessers von 17–22 mm gering. Rohrbohrer werden zur Entnahme von Analysenmaterial und von Proben für die feldmäßige Bestimmung des Bodengefüges, Profilaufbaus und der Wurzelverteilung verwendet. Die Bohrer können drehend, rammend, drückend oder schlagend in den Boden eingetrieben werden. Die am besten geeignete Bohrstockart richtet sich einerseits nach dem Bodentyp und andererseits nach dem Vortriebsgerät (z. B. Schlag- oder Hydraulikwerkzeuge). Für die Probennahme im Hinblick auf Spurenelementbestimmungen ist es günstiger, wenn der Bodenkern in einen Schlauch oder in ein Rohr aus Kunststoff im Innern des Kernrohrs gelangt. Weitere Erdbohrgeräte sind nach DIN 19671 Gestänge, Flügelbohrer, Bohrschappe, Marschenlöffel und Spiralbohrer. Auch ihre Handhabung ist in der DIN-Vorschrift beschrieben. Außerdem werden Stechrahmen oder Stechzylinder verwendet, mit denen ein ungestörtes Profil erhalten werden kann. Dann hat der ausgestochene Bodenabschnitt ein definiertes Volumen, das z. B. zur Bestimmung der Dichte und des Porenvolumens verwendet werden kann.

Zu den in der Regel benutzten Probennahmematerialien und Geräten gehören ferner vorgereinigte Probenbehälter aus Kunststoff oder Glas, Polyethylenbeutel (alle Probenbehältnisse sollten so gefüllt werden, daß der restliche Luftraum möglichst gering ist), ein Kunststoffhammer und ein passendes Holzstück zum Eintreiben kleinerer Stechzylinder, Messer, Spatel, Pinzetten, Kunststoff-Löffel, -Schaber, entionisiertes Wasser in einer Spritzflasche und in einem Vorratsbehälter, Zellstofftücher, Meßbänder, Zollstock und ein Maßstab mit sich farblich unterscheidenden Abschnitten. Ein Meßtischblatt und geologische bzw. bodenkundliche Karten, sowie evtl. Vegetationskarten, Flächennutzungskarten usw., die Farbkarten von Munsell [1], Thermometer und ein Fotoapparat sowie eine mobile Kühlbox (12 V), ein pH-Meter und eine Waage (2–3 kg Bereich) jeweils mit Batteriestrom-Versorgung sollten mitgeführt werden.

4.3 Aspekte der Bodenprobennahme und Empfehlungen zur Durchführung

Fehler bei der Probennahme sind selbstverständlich im weiteren Untersuchungsverlauf nicht mehr korrigierbar, und deshalb ist die Probennahme der wichtigste Teilschritt im Gesamtuntersuchungsverlauf. Die englische Bezeichnung „Sampling" beinhaltet auch außer der in der deutschen Regelung implizierten Probenlagerung die Probenvorbereitung. Die hier behandelten Teilschritte sind in der Tabelle 1 angegeben.

Die Bodenprobennahme wird mit dem Ziel durchgeführt, Aussagen zur Bodenbeschaffenheit, Bodenkartierung und Beweissicherung zu erhalten. Dabei spielt die Strategie, d. h. vor allem die Frage, wieviele Proben an welchen Stellen genommen werden sollen, eine bedeutende Rolle, um repräsentative Ergebnisse zu erlangen. Meistens sind leider bei der Probennahmestrategie wirtschaftliche Gründe limitierend. Generell werden chemische Untersuchungen vorgenommen, um z. B. folgende Kriterien zu ermitteln:

- den Einfluß von aktuellen oder vorausgegangenen Chemikalieneinträgen, Altlasten und Klärschlamm,
- die Wirkungen von atmosphärischen Belastungen,
- die Brauchbarkeit eines Bodens im Hinblick auf eine beabsichtigte Nutzung und
- das Vorliegen von Verlagerungen.

Als erstes ist ein Probennahmeplan aufzustellen. Danach darf kein Arbeitsschritt dem Zufall überlassen sein. Während man bei natürlich gewachsenen Böden von einer relativ homogenen Verteilung von Metallspurenstoffen ausgehen kann, ist bei der Probennahme stärker anthropogen belasteter Böden (z. B. urbane oder industrielle Bereiche) mit einer sehr heterogenen Verteilung zu rechnen. Zur Geschichte des Standorts können Grundbücher eingesehen oder andere Archive studiert und Anwohner befragt werden. Das

Tabelle 1. Probennahmeteilschritte

Teilschritt:	Beispiele für Überlegungen/Untersuchungen
1. Planung	Definition der Untersuchungsziele, Probenumfang, Methodenauswahl
2. Vorbereitung der Probennahme	Zusammenstellung der logistischen und technischen Hilfsmittel, Reinigung der Behälter und Geräte
3. Probennahme	Zufällige oder systematische Auswahl der Probennahmestellen, Bohrung oder Profilgrube, Charakterisierung des Standorts und der Probe
4. Probenlagerung	Lagerdauer, -ort und -temperatur

anzufertigende Protokoll sollte außerdem enthalten (z. T. nach ISO/TC 190/SC2):

- Name der probennehmenden Person,
- Datum der Probennahme,
- Proben-Nr.,
- Entnahmetiefe (Bodenhorizont),
- Probentyp (Einzel- oder Mischprobe),
- Masse und evtl. Volumen der Probe,
- Entnahmegerät/Werkzeuge,
- Bodentyp,
- Landnutzung (Acker, Grünland, Garten, Wald, usw.),
- Homogenität der Probe,
- vorhandene Fremdkörper,
- Farbe (Bestimmungen mittels der Farbkarten von Munsell),
- pH-Wert (H_2O, $CaCl_2$, evtl. KCl),
- Geruch sowie
- Angaben zur Probenkonservierung und Lagerung.

Unterschiedliche Nutzungsarten sollten entsprechend ihrem Flächenanteil bei der Auswahl der Beprobungsstellen berücksichtigt werden. Weiterhin sind Angaben zum Rechts- und Hochwert (auf topographischen Karten/Meßtischblättern nach Gauß-Krüger), der Inklination, zur Witterungsvorgeschichte (insbesondere der Tag des letzten Niederschlags) und dem aktuellen Witterungsverlauf während der Probennahme nötig. Horizontmächtigkeiten und -ausprägungen sind zu benennen. Nach Art der Gliederung der Horizonte, die durch eine ca. 0,5–2 m tiefe Bohrung zu erkennen ist, kann der Bodentyp festgestellt werden. Der Innendurchmesser des Bohrers ist anzugeben. Für agrikulturchemische Fragestellungen kann eine Entnahmetiefe von 30 cm ausreichen. Vorhandene Emittenten in der näheren und evtl. auch weiteren Umgebung sind zu registrieren.

Bei einer sinnvollen Probennahme unterhalb der obersten Bodenschicht ist unbedingt die natürliche Horizontfolge zu berücksichtigen. Man denke

u. a. an Stoffverlagerungen, wie sie für verschiedene Bodentypen, z. B. der Parabraunerde und dem Podsol charakteristisch sind. Im folgenden seien beispielhaft vier wichtige Bodentypen Mitteleuropas erwähnt [12], da u. a., wie bereits angemerkt, die Auswahl von Probennahmegeräten auch auf den Bodentyp abzustimmen ist.

Die Haupthorizonte werden mit A: Oberboden, B: Unterboden und C: Ausgangsmaterial bezeichnet. Haupthorizonte werden durch kleine Zusatzbuchstaben näher definiert, z. B. Anreicherung von Ton im Unterboden: B_t (bei der Parabraunerde).

Die Parabraunerde ist relativ weit verbreitet. Alle Kulturpflanzen Mitteleuropas sind auf ihr anzutreffen. Die Tonverlagerung wird auch Lessivierung genannt (Oberboden mit A_l-(lessivé)-Horizont). Bei saurer Bodenreaktion kann ein anderer Verlagerungsvorgang stattfinden, von dem gelöste organische Stoffe zusammen mit Eisen betroffen sind. Der nach einer solchen Stoffwanderung im humiden, relativ kühlen Klima auf basen- und nährstoffarmen Ausgangsmaterialien entstandene Bodentyp wird als Podsol bezeichnet. Er ist typisch für den Norden Deutschlands (z. B. Lüneburger Heide). Der Oberboden unter einer dünnen Humusschicht bleicht aus und färbt sich blaßgrau: A_e-(eluvial)-Horizont. Die Eisenverbindungen können in der Lage darunter (Illuvial-Horizont, B_{hs}) harten Ortstein bilden, den die Pflanzenwurzeln nicht durchstoßen können. Solche Ortstein- oder Tonschichten sind auch bei der Probennahme Anlaß für besondere Vorkehrungen. Wenn sich z. B. auf diesen Schichten Schadstoffe angesammelt haben, dann muß ein Bohrloch an der undurchlässigen Schicht sicher abgedeckt werden. Andernfalls werden die Schadstoffe z. B. bei Regen in das tiefere Erdreich gespült und können das Grundwasser verseuchen. Ggf. ist bereits beim Bohren ein Mantel aus z. B. Bentonit um den Bohrer an der Durchbruchstelle zu legen.

Neben dem typischen Podsol gibt es Übergänge zu anderen Bodentypen, wie z. B. zur (sauren) Braunerde mit einem A_h (humos) – B_v-(verbraunt)-C-Profil. Speziell die saure Braunerde entsteht aus Silikatgesteinen wie Schiefer, Grauwacken, Gneis etc. In Abhängigkeit von dem Ausgangsgestein, der Vegetation und dem Versauerungsgrad variieren die Eigenschaften der Braunerden stark.

In Tälern und Niederungen mit relativ hohem, wenig schwankendem Grundwasserspiegel sind Gleye anzutreffen. Im Berührungsbereich Grundwasser – Luft werden wäßrig gelöstes, zweiwertiges Eisen und Mangan in höhere Oxidationsstufen überführt, wodurch der charakteristische rostgelb oder braun und grau gefleckte G_o-(oxidiert)-Horizont entsteht. Im ständigen Grundwasserbereich, d. h. im sauerstoffarmen Milieu, bildet sich der Reduktionshorizont G_r, der grau, grünlich oder bläulich gefärbt ist (A_h-G_o-G_r-Profil). Gleye sind natürliche Grünlandstandorte. Die Probennahme von Gleyen erfordert spezielle Rückhaltevorrichtungen an Bohrern, die ein „Auslaufen" des Kerns verhindern.

Da eine Profilgrube den relativ stärksten Eingriff in einen Boden verursacht und den größten Arbeitsaufwand erfordert, sollte sie nach

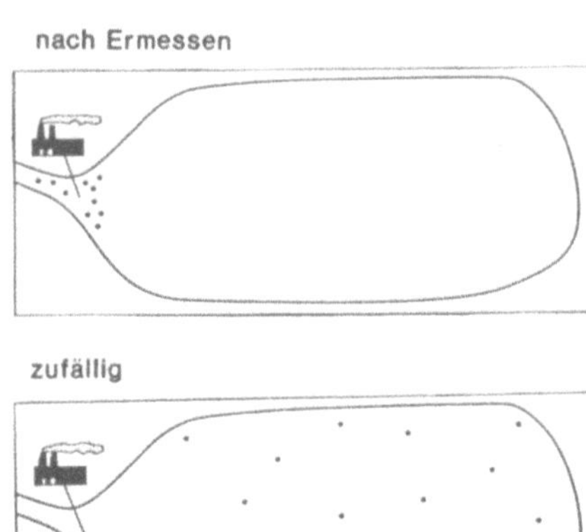

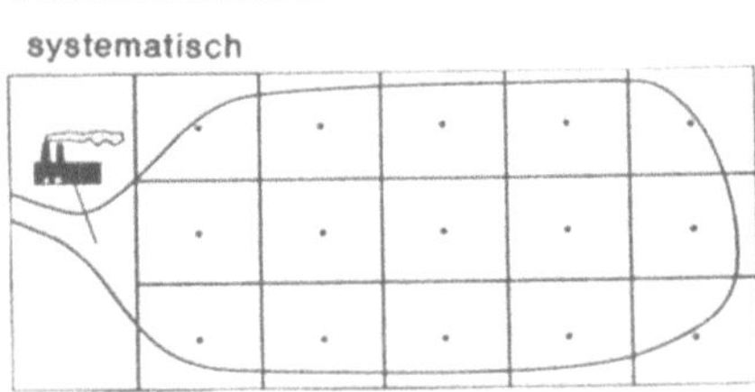

Abb. 1. Anordnung der Probennahmestellen (nach [11])

Vorproben an besonders aussagekräftiger Stelle angelegt werden. Tiefer als ca. 1,2 m sollte allerdings nur in Ausnahmefällen gegraben werden, da sonst aus Sicherheitsgründen eine Abböschung eingerichtet werden muß, die mit zunehmender Tiefe viel Platz benötigt. Beim Verfüllen einer Profilgrube ist vermutlich belastetes Material stets mit unbelastetem Boden abzudecken. Wenn eine Wiederholung der Probennahme geplant ist, muß die Stelle dauerhaft gekennzeichet werden. Für die sogenannte „Ansprache" des Bodenprofils sollte ein Bodenkundler an der Probennahme beteiligt sein.

Die Zahl und Entfernung der lateralen Proben richtet sich nach der Größe der zu untersuchenden Fläche und z. B. nach dem Ausmaß sowie der Schwere einer Belastung. Grundsätzlich können die Probennahmestellen nach Ermessen, wenn z. B. eine belastete Fläche direkt erkennbar ist, zufällig oder – zur Flächenbeprobung – in einem quadratischen oder andersartigen systematischen Raster (z. B. gleichseitige Dreiecke) angeordnet sein (Abb. 1). Der Gitterabstand des Rasters wird entsprechend dem gewünschten Informationsgehalt oder der verlangten Aussagesicherheit gewählt.

Wenn eine Belastung aufgespürt werden soll, kann man mit weniger Probennahmepunkten auskommen, indem man diese X- oder W-förmig anordnet. Im Fall einer Punktquelle und unbekannter Verbreitung der Belastung liegt die Verteilung der Entnahmestellen auf konzentrischen Kreisen nahe (polares Raster). Bezogen auf die Gesamtfläche sind im Inneren eines solchen Rasters mehr Probennahmestellen.

Während Proben von verschiedenen Punkten, aber aus gleichen Horizonten vereinigt werden können, sollten Proben von verschiedenen Horizonten nicht vermischt werden. Mischproben eignen sich generell nur bei überwiegend homogenem Material. Sie kommen für eine erste Bestandsaufnahme in Frage und können in Kunststoffwannen vorhomogenisiert werden. Davon können Teilproben entnommen werden. Die Anzahl der einzelnen Entnahmestellen und die beprobte Fläche, für die die Meßwerte repräsentativ sein sollen, sind zu vermerken.

Die Probenmenge hängt von der Art und Anzahl der angestrebten Meßwerte (Unterproben) sowie der Größe der Bodenteilchen ab und sollte zur Homogenisierung ausreichen. Für Bestimmungen von Schwermetallen und evtl. begleitenden Parametern genügt bei feinkörnigen, tonreichen Böden 1 kg feldfrisches Material, eine Menge, die allerdings im Fall von Einzelproben bei Bohrungen nur mit großem Innendurchmesser zu erreichen ist. Sandige Böden sowie Eluatuntersuchungen können einen größeren Anteil erfordern. Steine sollten nicht zur Probe gehören. Nach der Klärschlammverordnung werden trockene Bodenproben durch 2 mm Maschenweite gesiebt. Der Anteil der Fraktion größer als 2 mm sollte aber angegeben werden.

Als Poren- oder Bodenwasser bezeichnet man den Anteil, der durch Trocknung bei 105 °C aus der Bodenprobe entfernt wird. Falls keine Abtrennung des Bodenwassers zur speziellen Untersuchung gefordert ist, werden die Elementgehalte in den Porengewässern der Gesamtbodenprobe zugerechnet. Eine Probennahme von Porenwässern wird hier nicht beschrieben, da es sich um einen speziellen Bereich handelt, der besondere Geräte und Verfahren erfordert.

Zur Vermeidung einer Kontamination bei der Entnahme von Bodenproben mit Rohrbohrern kann der Bodenkern, wie erwähnt, in einen Schlauch oder in ein Rohr aus Kunststoff im Innern des Kernrohrs eingetrieben und der Schlauch bzw. das Rohr nach dem Öffnen des Kernrohrs vollständig in das Labor transportiert oder zur schichtspezifischen Probennahme vor Ort geöffnet werden. Wird kein Kunststoffeinsatz verwendet, sollte der Bodenkern z. B. mit einem Kunststoffschaber „abgeschält" werden. Das gilt entsprechend auch für mit einem Spaten ausgehobene Profilgruben. Verschleppungen von Probe zu Probe werden vermieden, indem man nach jeder Probennahme die Wandungen der Probennahmegeräte von anhaftenden Bodenresten befreit und, wie vor der Probennahme, mit destilliertem Wasser spült sowie mit möglichst reißfesten Zellstofftüchern trocknet. Generell dürfen alle zur Probennahme und -aufbereitung benutzten Geräte und Behälter die zu bestimmenden Elemente nicht in meßbaren Mengen an die Probe abgeben.

Während mit zertifizierten Referenzmaterialien die Richtigkeit und Reproduzierbarkeit des Analysenverfahrens einschließlich des Aufschlusses untersucht werden kann, können mit feldfrischen Proben, denen bekannte Mengen des zu bestimmenden Metalls zugesetzt worden sind, auch Transport-, Lagerungs- und Matrixeffekte getestet werden.

Im folgenden Schema sind die wesentlichen Angaben aus dem Mindestdatensatz Bodenuntersuchungen des Bodenschutzzentrums des Landes Nordrhein-Westfalen [13] wiedergegeben. Dieser Mindestdatensatz gilt unabhängig von der jeweiligen Ziel- bzw. Aufgabenstellung für alle Bodenuntersuchungen und kann in Frage kommen, wenn Zeit- oder Geldmangel die beschriebene umfangreiche Datenerfassung verhindern:

Mindestdatensatz Bodenuntersuchungen (Probennahme/Probenlagerung) des Bodenschutzzentrums des Landes Nordrhein-Westfalen [13]

Titeldaten
Probenbezeichnung
- datenliefernde Stelle
- individuelle Probennummer der datenliefernden Stelle

Probennahmedaten
- tagesgenaue Angaben

Standortdaten
Rechts- und Hochwert nach Gauß-Krüger
Nutzungsart
- Es wird die derzeitige Nutzung angegeben

Probennahme
Schürfgrube ( )
Aufschluß ( )
Bohrung ( ) Innendurchmesser des Bohrers . . . . . cm

Art der Entnahme
Tiefenangaben unterhalb ( )/oberhalb ( ) der Mineralbodenoberfläche
- Horizontobergrenze . . . . . cm
- Horizontuntergrenze . . . . . cm
  ( ) Einzelprobe
  ( ) Mischprobe (Anzahl der Entnahmepunkte und beprobte Fläche, für welche der Meßwert repräsentativ sein soll)

Entnahmetiefe unten . . . . . . cm
oben . . . . . . cm

Stechzylinder ( )
Durchmesser . . . . . cm Höhe . . . . . cm und/oder
Volumen . . . . . . cm^3
Anzahl von Parallelentnahmen . . . . . (bei Entnahme mehrerer Stechzylinderproben für die oben bezeichnete Probe)

Stechrahmen ( )
(Angaben ähnlich Stechzylinder)

Volumenbezogene Probe ( ) Nicht volumenbezogene Probe ( )

Probentransport und -lagerung
Gefäßmaterial:
Glas ( )
Edelstahl ( )
Polyethylen ( )
sonstiger Kunststoff ( )
Sonstiges: . . . .

Transportbedingungen:
Kühlbehältnis ( )
Gefriertruhe/-Schrank ( )
ungekühlt ( )

Transportdauer . . . . Std./Tage
Zwischenlagerung ( ) Keine Zwischenlagerung ( )
Lagerdauer . . . . Tage/Wochen
Lagertemperatur . . . . . °C

4.4 Probenlagerung

Die Proben sollten im Hinblick auf Totalmetallbestimmungen sofort nach der Entnahme bei 4°C gekühlt, oder wenn die Trocknung nicht an den folgenden Tagen durchgeführt werden kann, bei mindestens −18°C gelagert werden. Kühlen und Einfrieren dienen u.a. dazu, die Aktivität von Bakterien zu verringern. Wenn die chemische Form von Elementen oder ihr Verteilungszustand untersucht werden soll, ist wie in der Umweltprobenbank die Lagerung in der Gasphase über flüssigem Stickstoff unter −150°C anzuwenden. Bei Zimmertemperatur können Bodenproben nur im trockenen Zustand aufbewahrt werden, der am besten durch Gefriertrocknung erzielt wird. Lufttrockener Boden enthält etwa 3–5% Wasser, gefriergetrockneter Boden unter 3%. Die trockenen, durch ein 2-mm-Kunststoffsieb abgetrennten und ggf. in Achatgefäßen gemahlenen Bodenproben werden in mit verdünnter Salpetersäure und entionisiertem Wasser gereinigten, trockenen Glasflaschen kühl, dunkel und trocken gelagert.

4.5 Arbeitssicherheit

Die Probennahme von stark belasteten Böden und der Umgang mit solchen Proben erfordert die Beachtung von Arbeitsschutzvorschriften, d.h. es sollten z.B. Gummihandschuhe und Staubschutz- bzw. Atemschutzmasken getragen werden. Bei vorhandenen Glasscherben und Nägeln sind Sicherheitsschuhe gegenüber Stiefeln zu bevorzugen. Ein Verbandskasten ist mitzuführen. Besondere Vorkehrungen sind bei der Probennahme von Böden auf Deponien (z. B. Freisetzung von Methangas, das zur Bildung von explosiven Gasgemischen führen kann, oder Schwefelwasserstoff mit zusätzlicher Vergiftungsgefährdung) und bei der Gegenwart von Rüstungsaltlasten zu treffen.

Literatur

1. Scheffer F, Schachtschabel P (1989) Lehrbuch der Bodenkunde. Ferdinand Enke, Stuttgart
2. Doerffel K (1987) Statistik in der Analytischen Chemie. Verlag Chemie Weinheim
3. Brands G (1983) Fresenius Z Anal Chem 314:6–12
4. Hoffmann P (1992) Nachr Chem Tech Lab 40:M1–M32
5. Blume H-P (1990) Handbuch des Bodenschutzes. Ecomed, Landsberg/Lech
6. Landesamt für Wasser und Abfall Nordrhein-Westfalen (1989) Probennahme bei Altlasten. LWA Materialien 3/89, Düsseldorf
7. Kratochvil B, Wallace D, Taylor JK (1984) Anal Chem 56:113R
8. Gomez A, Lechber R, Hermite PL (1986) Sampling Problems for the Chemical Analysis of Sludge, Soils and Plants. Elsevier Applied Science Publishers, London, New York
9. Berrow ML (1988) Anal Proc 25:116–118
10. Melcher RG, Peters TL, Emmel HW (1986) Sampling and Sample Preparation of Environmental Material. In: Topics in Current Chemistry. Springer, Berlin Heidelberg New York
11. Keith LH (1990) Environ Sci Technol 24:610–617
12. Mückenhausen E (1985) Die Bodenkunde und ihre geologischen, geomorphologischen, mineralogischen und petrologischen Grundlagen. DLG-Verlag, Frankfurt am Main
13. Bodenschutzzentrum des Landes Nordrhein-Westfalen (1991) Mindestdatensatz Bodenuntersuchungen, 46047 Oberhausen, Essener Str. 57

5 Abfall

ULRICH OSBERGHAUS

5.1 Einleitung

Das Abfallgesetz [1] definiert Abfälle als „bewegliche Sachen, deren sich der Besitzer entledigen will oder deren geordnete Entsorgung zur Wahrung des Wohls der Allgemeinheit, insbesondere des Schutzes der Umwelt, geboten ist". Der Abfallbegriff ist umfassend. Er schließt Produktionsabfälle, Siedlungsabfälle (Hausmüll), Bauschutt, Erdaushub, Altöl, Autowracks, Granulat aus Shredderanlagen, Altreifen, verbrauchte Galvanikbäder, Schlamm aus der Abwasserreinigung (Klärschlamm) und viele andere Stoffe ein.

Abfälle können fest und flüssig sein, mit allen dazwischenliegenden Konsistenzen stichfester und nicht stichfester Schlämme. Hausmüll ist ein besonders heterogener fester Abfallstoff.

Abfälle können kontinuierlich in Abfallströmen (Transportbänder o. ä.) oder diskontinuierlich in Transportfahrzeugen bewegt werden. Sie können in Gebinden oder Behältern vorliegen.

An bestimmten Abfällen kann u. U. ein Verwertungsinteresse bestehen; sie können zu neuen Produkten aufbereitet oder als Heizmaterial verbrannt werden. Der Gesetzgeber spricht in diesem Fall von „überwachungsbedürftigen Reststoffen" (§ 2 Abs. 3 AbfG).

Die Untersuchung von Abfall bezweckt,

- die Eignung für die Verwertung zu prüfen,
- den Abfall bestimmten Entsorgungsverfahren und -anlagen zuzuordnen,
- die geeignete Deponie zu ermitteln,
- den Brennwert zu bestimmen und
- grundsätzliche Erkenntnisse über Abfallart und -zusammensetzung zu gewinnen.

Die Untersuchung von Klärschlamm bezweckt darüber hinaus,

- die Eignung für die landwirtschaftliche Verwertung zu prüfen,
- persistente Stoffe aus Indirekteinleitungen zu erkennen,
- den Erfolg kommunaler oder betrieblicher Anstrengungen zur Abwasserentfrachtung zu kontrollieren und
- den Betriebszustand der Abwasserreinigungsanlage zu überprüfen.

Die Untersuchung von Abfall im allgemeinen und von Klärschlamm im besonderen setzt zwingend die fachgerechte Probennahme voraus. Analysenergebnisse, unter hohem Einsatz an Zeit und Geld erzeugt, sind wertlos, solange nicht bekannt ist, welche Grundgesamtheit die Probe mit welcher Sicherheit repräsentiert.

5.2 Theoretische Überlegungen zur Probennahme

5.2.1 Allgemeine Begriffe

Die Begriffe werden in Anlehnung an Kraft [2] gewählt. Der Grundgesamtheit werden Einzelproben entnommen, die zusammen die Rohprobe liefern. Hieraus entsteht durch wiederholtes Mahlen, Sieben und Teilen die Analysenprobe (Abb. 1). Folgende Forderungen sind zu stellen:

- Die Analysenprobe soll die Rohprobe repräsentieren.
- Die Rohprobe soll die Grundgesamtheit repräsentieren.

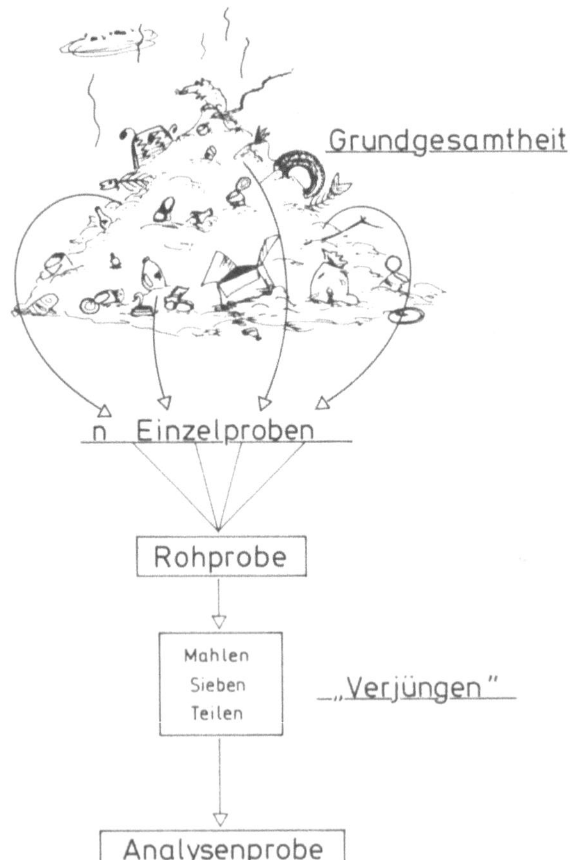

Abb. 1. Probennahme an festen Stoffen (mit freundlicher Genehmigung von Frau Dipl.-Geol. H. Weyers, Aachen)

5.2.2 Ableitung eines Kriteriums der Repräsentanz

Der betrachtete Analysenwert der Grundgesamtheit sei normalverteilt. Der Grundgesamtheit können damit der Mittelwert μ und die Standardabweichung σ des betrachteten Analysenwertes zugeordnet werden. Aus einer begrenzten Zahl von n Einzelproben - der Rohprobe - werde eine ebenso große Zahl von Analysen erstellt. Es resultiert eine Häufigkeitsverteilung mit den charakteristischen Größen Mittelwert $\bar{x}$ und Standardabweichung s der Analysenwerte x der Einzelproben.

Von der Probe, die man einer Grundgesamtheit entnommen hat, erwartet man, daß sie diese Grundgesamtheit hinsichtlich der interessierenden Eigenschaft repräsentiert. Der Gütemaßstab für die Repräsentanz der Probe ist im allgemeinen der Grad der Annäherung und die Sicherheit der Annäherung des gefundenen Mittelwertes $\bar{x}$ an den wahren Mittelwert μ der Grundgesamtheit (siehe z. B. [3]).

Der aus der Student t-Verteilung abzuleitende Vertrauensbereich $\bar{x} \pm d$ mit:

$$d = \frac{t_{n-1;P} \cdot s}{\sqrt{n}} \tag{5-1}$$

umschließt den wahren Mittelwert μ der Grundgesamtheit mit der gewählten statistischen Sicherheit P (siehe z. B. [4]). Für P werden üblicherweise Werte von 90%, 95% oder 99% angenommen. Der Faktor $t_{n-1;P}$, dessen Werte tabelliert sind, wird mit wachsendem Stichprobenumfang n und mit sinkender statistischer Sicherheit P schmaler; im selben Sinne verändert sich der Vertrauensbereich.

5.2.3 Zum Verhältnis von Probennahme- und Analysenfehler

Die Streuung des Analysenwertes x aufgrund der Fehler der Probennahme und des Analysenverfahrens, ausgedrückt als relative Standardabweichungen $s_P/\bar{x}_P$ und $s_A/\bar{x}_A$ bzw. (jeweils multipliziert mit 100) als Variationskoeffizienten, ergeben zusammen die Gesamtstreuung des Analysenwertes, $s/\bar{x}$. Beide Fehler gehen nach

$$(s/\bar{x})^2 = (s_P/\bar{x}_P)^2 + (s_A/\bar{x}_A)^2 \tag{5-2}$$

in den Gesamtfehler ein (siehe z. B. [5]). Bei Feststoffproben, insbesondere festen Abfällen, übertrifft der Probennahmefehler den Analysefehler normalerweise deutlich. Die Repräsentanz einer Probe ist nur im Zusammenhang mit der Zufallsstreuung des angewandten Analysenverfahrens zu beurteilen.

5.2.4 Abschätzung des Probennahmefehlers

Nach Wilson [6] läßt sich für ein binäres Gemenge von zwei gekörnten Komponenten 1 und 2 mit einem mittleren Gehalt $\bar{x}$ des Gemenges an Komponente 1 der relative Probennahmefehler $s_P/\bar{x}$ abschätzen nach

$$\frac{s_P}{\bar{x}} = \sqrt{\frac{(1-\bar{x})}{\bar{x}} \frac{\varrho_1 \cdot \varrho_2}{\bar{\varrho}^2} \frac{\bar{V}}{V_P}} \tag{5-3}$$

mit $\bar{V}$, mittleres Volumen eines Korns
V_P, Volumen der Probe
ϱ_1, ϱ_2 Dichte der Komponente 1 und 2
$\bar{\varrho}$, mittlere Dichte des Materials
s_P, Standardabweichung der Gehalte x in n Einzelproben

Nimmt man an, daß sich die Dichten der Komponenten 1 und 2 nur unwesentlich unterscheiden, so folgt nach Einführung der mittleren Masse eines Korns, $\bar{m}$, und der Gesamtmasse der Probe, m_P, für den relativen Probennahmefehler:

$$\frac{s_P}{\bar{x}} = \sqrt{\frac{(1-\bar{x})}{\bar{x}} \cdot \frac{\bar{m}}{m_P}} \tag{5-4}$$

Der Probennahmefehler wächst demnach

- mit abnehmendem Gehalt des Gemenges an Komponente 1, $\bar{x}$,
- mit abnehmender Probenmasse m_P bzw. abnehmendem Probenvolumen V_P,
- mit wachsender mittlerer Kornmasse $\bar{m}$

Setzt man $V \approx a^3$, wobei a die Kantenlänge des Korns ist, so folgt aus Gl. (5-3) und (5-4) nach Quadrieren

$$\left(\frac{s_P}{\bar{x}}\right)^2 \approx \frac{(1-\bar{x})\,a^3}{\bar{x}\,m_P} \tag{5-5}$$

oder

$$m_P\left(\frac{s_P}{\bar{x}}\right)^2 \approx \frac{(1-\bar{x})\,a^3}{\bar{x}} \tag{5-6}$$

Die Funktionen $s_P/\bar{x} = f(a)$ für $m_P = \text{const.}$ bzw. $m_P = f(a)$ für $s_P/\bar{x} = \text{const.}$ liefern im doppelt logarithmischen Koordinatensystem eine Gerade. In der Praxis werden Scharen paralleler Geraden beobachtet (Abb. 2 und 3).

Bei gegebener Korngrößenverteilung des zu untersuchenden Materials folgen hieraus für den Analytiker zwei Alternativen, nämlich

- den Probenumfang vorzugeben (z. B. 1 kg) und damit in Kauf zu nehmen, daß der Probennahmefehler eine beliebige und nicht bekannte Größe erreicht, oder

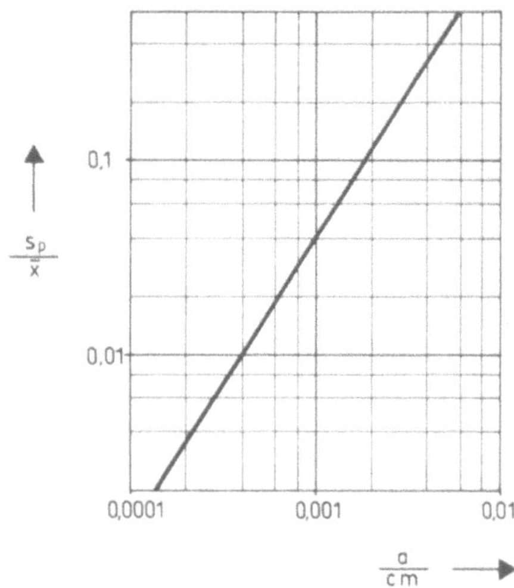

Abb. 2. Probennahmefehler in Abhängigkeit vom Korndurchmesser nach Baule und Benedetti-Pichler am Beispiel von Zinnerz, Einwaage 5 mg (modifiziert nach [3] mit freundlicher Genehmigung des Deutschen Verlags für Grundstoffindustrie, Leipzig)

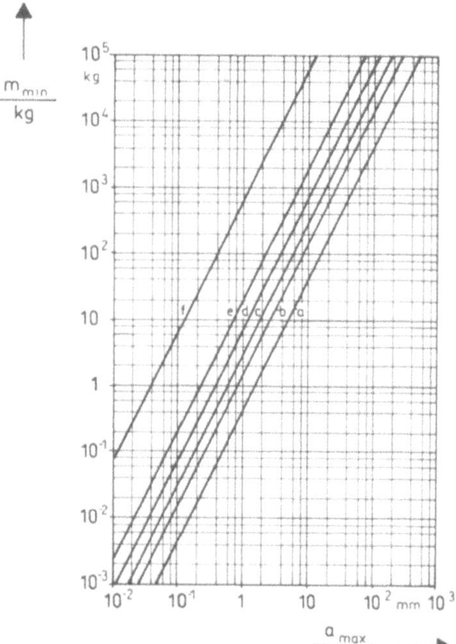

Abb. 3. Mindestmasse der Durchschnittsprobe in Abhängigkeit von der Korngröße des größten Korns nach Taggart (entnommen aus [2]) a–f, Homogenitätsparameter

- einen maximalen Fehler der Probennahme zuzulassen (z. B. 10%, 25%) und den Probenumfang entsprechend anzupassen.

Vorherrschende Praxis der gegenwärtigen Umweltanalytik ist die erstgenannte Alternative. Die qualifizierte Probennahme und -teilung ist nur selten Bestandteil eines Ausschreibungstextes öffentlicher oder privater Auftraggeber. Die Folgekosten fehlerhafter, d. h. nicht repräsentativer Untersuchungsergebnisse äußern sich im günstigsten Fall als „Nachuntersuchungen", die mit entsprechendem Zeit- und Kostenaufwand verknüpft sind.

5.2.5 Abschätzung der Zahl der erforderlichen Einzelproben

Die Größe des Vertrauensbereichs, der den wahren Mittelwert μ eines (normal verteilten) Analysenwertes x umschließt, hängt nach Gl. (5-1) ab von

- der gewählten Anzahl n der Einzelproben
- der gewählten statistischen Sicherheit P, die die Größe $t_{n-1,P}$ maßgeblich mitbestimmt, sowie
- der experimentell ermittelten Streuung des Analysenwertes x, ausdrückt durch die Standardabweichung s, die sich, wie erwähnt, aus Probennahme- und Analysenfehler zusammensetzt.

Umstellen von Gl. 5-1 liefert

$$n = \left(\frac{t_{n-1;P} \cdot s}{d} \right)^2 \qquad (5\text{-}7)$$

Gibt man nun die geringste tolerierbare Repräsentanz, d. h. das größte tolerierbare Vertrauensintervall $(\bar{x} - d) \ldots (\bar{x} + d)$ vor, so folgt hieraus die Zahl der erforderlichen Einzelproben n. Dieser Ansatz findet auch als Grundlage von Probennahmeprogrammen für Oberflächenwasser Verwendung [7, 8].

5.3 Materialien

Entsprechend vielfältig wie die Abfallarten sind auch die Entnahmegeräte und die Behältnisse, in denen die Proben gesammelt werden [9, 11]. Feste, oberflächennah gelegene, schüttfähige Abfälle können im einfachsten Fall mit der Schaufel oder einem Spatel gezogen werden. Liegt der Abfall in größerer Schichtdicke bzw. Tiefe vor, müssen Probenstecher, Probenbohrer oder schweres Gerät (Bagger o. ä.) eingesetzt werden. Auch Pürckhauer-Bohrer, Schlitzsonden und andere aus geologischen Untersuchungen bekannte Geräte werden eingesetzt.

Für Flüssigkeiten und nicht stichfeste Schlämme werden bei oberflächennaher Probennahme Schöpfgeräte verwendet. Gut geeignet sind Schöpfbecher, die an einer Stange befestigt sind und gut geführt werden können. Stechheber sind zylindrische Entnahmegeräte unterschiedlicher Länge, mit denen die Probennahme über ein Profil der gewünschten Tiefe erfolgen kann. Schlammgreifer, Tauchbomben und Tauchflaschen werden nur an einem Zugseil gehalten; sie dienen zur Entnahme flüssiger Proben aus beliebiger Tiefe.

Salbenartige Stoffe, aber auch stichfeste Schlämme können mit dem Probenstecher gezogen werden. Je nach Verwendungszweck ist der schrauben-, rinnen- oder hülsenförmige Probenstecher vorzuziehen.

Weitere Informationen zu Entnahmegeräten sind u. a. in der LAGA-Richtlinie PN 2/78 K [11] und im Zusammengang mit entsprechend genormten Verfahren [9] zu finden.

Als Behälter dienen verschließbare Gefäße ausreichender Größe mit weiter Öffnung. Das Behältermaterial und die Werkstoffe der Entnahmegeräte sollen keine in der nachfolgenden Untersuchung erfaßten Stoffe an die Probe abgeben, aber auch keine solchen Stoffe aufnehmen; sie sollen im Verlauf der Probennahme und Probenlagerung nicht korrodieren.

Die Problematik der Wandeffekte kann angesichts ihrer Vielfalt hier nur gestreift werden. So ist beispielsweise bei Gefäßen aus Kunststoff zu bedenken, daß die innere Wandung beträchtliche Mengen an Ölen und Fetten aufzunehmen vermag; eine in einem solchen Gefäß gelagerte, ölhaltige Wasserprobe wird nach kurzer Zeit einen Teil ihrer Ölfracht verloren haben. Umgekehrt ist bei Lagerung einer Ölprobe in einem Kunststoffgefäß mit einem Übertritt des Weichmachers aus der Wandung in die Ölphase zu rechnen. Glasgefäße sind für die Mehrzahl der möglichen Proben zwar gut geeignet, lassen aber i. a. das Einfrieren einer wäßrigen Probe, z. B. eines Schlammes, nicht zu. Metallbehälter, z. B. aus Aluminium, ermöglichen das Einfrieren des Probengutes und dessen bruchsicheren Transport, sind aber gegen korrosive Flüssigkeiten nicht beständig.

5.4 Gesetzliche Anforderungen, Normen und Merkblätter

Das Abfallgesetz (§ 4 Abs. 5 AbfG) [1] ist Grundlage der Technischen Anleitung Abfall (TA Abfall), deren erster Teil nunmehr rechtsgültig geworden ist [10]. Die TA Abfall legt in Anhang D Kriterien fest, nach denen Abfälle deponiert, verbrannt oder chemisch-physikalisch bzw. biologisch behandelt werden sollen. Bei diesen Kriterien handelt es sich zumeist um die Ergebnisse analytisch-chemischer Untersuchungen – vom Glühverlust über den Gehalt an wassereluierbarem Cadmium bis zum Gehalt an wassereluierbarem Cyanid werden insgesamt 25 Untersuchungsparameter mit den entsprechenden Zuordnungswerten genannt. Als Probennahmeverfahren nennt die TA Abfall in Anhang B zwei Richtlinien der Länderarbeitsgemeinschaft Abfall (LAGA) [11]:

- PN 2/78 K: Grundregeln für die Entnahme von Abfällen und abgelagerten Stoffe (Stand: 12/83);
- PN 2/78: Entnahme und Vorbereitung von Proben aus festen, schlammigen und flüssigen Abfällen (Stand: 12/83).

Die Richtlinien führen mehrere, praktisch relativ leicht umzusetzende Probennahmeregeln ein. Sie betreffen feste und flüssige Abfälle, stichfeste Schlämme, Rückstände aus der Hausmüllverbrennung und andere Stoffe. Die Hinweise der Richtlinien beziehen sich auch auf große Abfallmengen und richten sich an den Praktiker und Entscheidungsträger vor Ort.

Siedlungsabfälle nehmen hinsichtlich ihrer Heterogenität und Korngrößenverteilung eine Sonderstellung ein. Zur Gewinnung repräsentativer Proben muß ein erheblicher Aufwand getrieben werden. Jäger [12] geht davon aus, daß eine repräsentative Rohprobe etwa 1% der Grundgesamtheit umfassen soll. Eine valide Untersuchung der Zusammensetzung von Hausmüll soll sich auf einen Probennahmezeitraum von 1 Woche stützen. Jäger geht von einer Wochendurchschnittsprobe von 7500 kg aus, mit der ca. 1500 Einwohner erfaßt werden und damit rund 150000 Einwohner repräsentiert werden können.

Merkblatt M4 „Müllanalysen" des Verbandes Kommunaler Fuhrpark- und Stadtreinigungsbetriebe (VKF) und der Arbeitsgemeinschaft für kommunale Abfallwirtschaft (AKA) [13] sieht zur „Gewinnung einer durchschnittlichen Müllprobe" ein Müllfahrzeug vor, das nach einem zuvor ausgearbeiteten Probennahmeplan mehrere Stadtbezirke abfährt und in jedem Bezirk eine zuvor festgelegte Zahl von Müllbehältern leert. Die Größe der gesammelten Müllprobe „soll mindestens 1000 kg" betragen.

Nur in wenigen Fällen interessiert die Untersuchung der gesamten - nicht sortierten - Probe. Ein solches Interesse kann z. B. vorliegen, wenn Wassergehalt, Glühverlust oder Heizwert zu bestimmen sind. In den meisten Fällen wird auf die Probennahme eine Siebanalyse folgen, in der die Rohprobe in unterschiedliche Kornfraktionen aufgeteilt wird. Merkblatt M4 schlägt die Fraktionierung in

- Feinmüll (< 8 mm),
- Mittelmüll (8-40 mm),
- Grobmüll (40-120 mm) und den
- Siebrest (> 120 mm)

vor. Die Grobfraktionen, die von verschiedenen Autoren nicht einheitlich definiert werden [11, 12, 14], werden in Handarbeit nachsortiert und in die Klassen Papier, Glas, Kunststoffe, Metalle, Vegetabilien und andere separiert. Sieb- bzw. Sortierfraktionen werden getrennt aufbereitet und analysiert.

Die Klärschlammverordnung [15] regelt das Aufbringen von Klärschlamm auf landwirtschaftlich oder gärtnerisch genutzte Böden (§ 1 Abs. 1 AbfKlärV). Nach Anhang 1 der Klärschlammverordnung sollen Klärschlammproben entsprechend DIN 38414-S1 [16] entnommen werden. Das Problem der Gewinnung repräsentativer Analysenergebnisse wird durchaus gesehen: In Ergänzung zu DIN 38414-S1 schreibt Anhang 1 AbfKlärV vor, daß „von mindestens fünf verschiedenen Klärschlammabgaben jeweils fünf Liter Schlamm zu entnehmen und in einem geeigneten Behälter (z. B. aus Aluminium) zur Sammelprobe zu vereinigen (sind). Die Probennahmen sollen nach Möglichkeit mehrere Tage auseinanderliegen". Weiter soll aus der Sammelprobe eine Teilprobe entnommen und diese der Untersuchungsstelle zugestellt werden.

5.5 Beispiele aus eigenen Untersuchungen

Am Beispiel des Klärschlamms als vergleichsweise homogenem Abfall sollen die diskutierten Aspekte der Probennahme verdeutlicht werden. Im Rahmen einer umfassenden Untersuchung für die Umweltprobenbank in Jülich waren die Bedingungen zur Entnahme repräsentativer Klärschlammproben am Beispiel von 9 Kläranlagen unterschiedlicher Ausbaugröße in Nordrhein-Westfalen zu klären [17]. In diesem Zusammenhang waren die reproduzierbare Probennahme und bestmögliche Repräsentanz der gewonnenen Proben gefordert.

Vor Beginn der Untersuchung wurden der Entnahmepunkt innerhalb der Kläranlage und alle weiteren Einzelheiten der Probennahme detailliert und schriftlich festgelegt. Die Schlammproben wurden durch eine qualifizierte Mitarbeiterin nach festgelegten Verfahren in 12 aufeinanderfolgenden Monaten über ein Jahr entnommen. Zum Untersuchungsumfang gehörten u. a. die Gehalte an Schwermetallen, die in der Klärschlammvordnung [15] genannt werden, sowie an Polycyclischen Aromatischen Kohlenwasserstoffen.

Die Ergebnisse für die Untersuchungsparameter Cadmium und Blei – wobei in diesem Fall ausschließlich die Streuungen (Variationskoeffi-

Tabelle 1. Untersuchung von Klärschlamm nach monatlicher Probennahme ($n = 12$) über ein Jahr. Streuung von Meßwerten am Beispiel Cadmium und Blei

Kläranlage	Variationskoeffizient s_{rel} in %	
	Cadmium	Blei
DUS	34	23
ERK	18	20
MON	33	12
NEU	29	20[a]
ROE	8,3	5,1
SEN	19	22[a,b]
SET	13[a]	32
SOE	30	14
STA	33[c]	20[c]
Mittelwert s_{rel}; %	24,1	18,7

[a] 1 hochsignifikanter Ausreißer eliminiert,
[b] $n = 10$ Proben entnommen,
[c] $n - 11$ Proben entnommen.

Tabelle 2. Ergebnisse der Untersuchung von Standard-Referenzmaterial (SRM) am Beispiel der Elemente Cadmium und Blei (n Wiederholanalysen über 30 Monate)

SRM Nr.	Element	Zertifizierter Gehalt[a] mg/kg	Gefunden			
			$\bar{x}$ mg/kg	s_A mg/kg	$s_{A,rel}$ %	n
BCR 144	Cd	3,41 ± 0,25	3,48	0,23	6,6	17
	Pb	495 ± 19	474	21,5	4,5	17
BCR 146	Cd	77,7 ± 2,6	77,3	5,1	6,6	15
	Pb	1270 ± 28	1254	61,7	4,9	14

[a] mit 95% - Vertrauensintervall.

zient s_{rel}) und nicht die Absolutwerte interessieren sollen – sind in Tabellen 1 und 2 zu sehen. Die relativen Standardabweichungen der einzelnen Entnahmeorte wurden nach Prüfung ihrer Homogenität (F-Test nach Hartley; s. z. B. [18] gemittelt.

Repräsentanz der entnommenen Proben: Abb. 4 zeigt Konzentrations-Zeit-Verläufe für die Schwermetalle Cadmium und Blei in einer der beprobten Kläranlagen (Kurzbezeichnung STA) über ein Jahr. Die oberen und unteren Vertrauensgrenzen x_o und x_u auf der Basis einer statistischen Sicherheit von

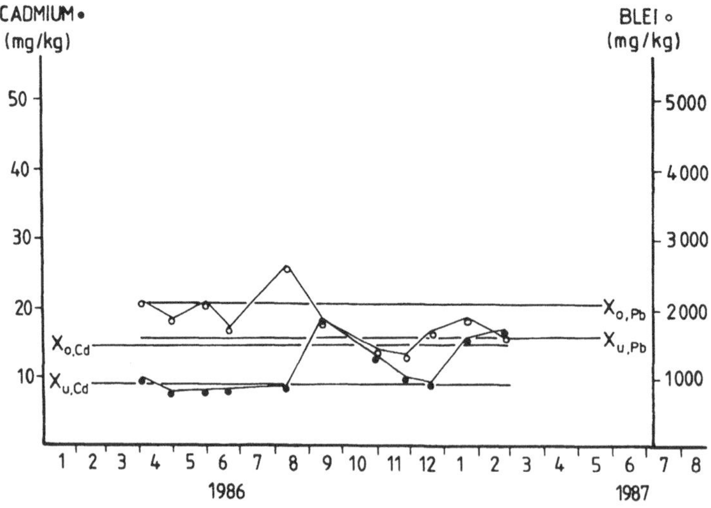

Abb. 4. Konzentrations-Zeit-Verlauf der Schwermetalle Cadmium und Blei im Klärschlamm der Kläranlage STA bei monatlicher Probennahme (n = 11) über ein Jahr. *Cadmium:* $\bar{x}$ = 11,7 mg/kg, s = 3,88 mg/kg, d = 2,61 mg/kg für P = 95%; *Blei:* $\bar{x}$ = 1820 mg/kg, s = 357 mg/kg, d = 240 mg/kg für P = 95%

P = 95%, errechnet nach Gl. (5-1), sind eingezeichnet. Dieses Ergebnis ist am Beispiel Blei wie folgt zu interpretieren.

Das Konzentrationsintervall 1580...2060 mg/kg repräsentiert den wahren mittleren Bleigehalt des Naßschlamms der Kläranlage STA im Zeitraum März 1986 bis Februar 1987 mit 95%iger statistischer Sicherheit.

Zahl der erforderlichen Einzelproben: Anders als bei der Frage nach der Repräsentanz einer vorgegebenen Zahl entnommener Proben ist hier die Frage zu stellen: Wieviele Einzelproben müssen der zu untersuchenden Grundgesamtheit entnommen werden, um den wahren Mittelwert mit der gewählten statistischen Sicherheit in einem Vertrauensintervall wiederzufinden?

Diesmal soll der Cadmiumgehalt des Klärschlamms der Kläranlage STA als Beispiel dienen. Der Variationskoeffizient s_{rel} wurde in diesem Fall zu 33,2% ermittelt. Die Vorgabe sei ein Vertrauensbereich von nicht mehr als 10% um den gefundenen Konzentrations-Mittelwert; d. h. $d_{rel} = 10\%$. Aus Gleichung (5–7) folgt mit $t(P = 95\%;\ n - 1 = 10) = 2{,}228$ eine erforderliche Probenzahl von $n = 54{,}6$.

Rund 55 Proben sind also erforderlich, um den wahren mittleren Cadmiumgehalt eines Jahres des Klärschlamms der Kläranlage STA im engen Vertrauensintervall von ± 10% um den gefundenen Mittelwert zu repräsentieren, sofern eine statistische Sicherheit von 95% gewählt wird. Begnügt man sich mit einem deutlich größeren Vertrauensintervall von z. B. ± 20% und einer statistischen Sicherheit von nicht mehr als 90%, so folgt mit $t(P = 90\%;\ n - 1 = 10) = 1{,}81$ eine erforderliche Probenzahl von $n = 9{,}0$. Unter den weniger strengen Vorgaben sind also nur noch 9 Einzelentnahmen im Repräsentationszeitraum erforderlich.

Verhältnis von Probennahme- und Analysenfehler: Wie bereits aufgeführt, beruht die Streuung des Analysenwertes x auf Zufallseinflüssen der Probennahme und des Analysenverfahrens. Die langfristige Streuung des Analysenverfahrens ist aus der Untersuchung von zertifiziertem Referenzmaterial im gleichen Zusammenhang gut bekannt. 30 Monate lang waren zwei Referenz-Klärschlammproben (BCR 144, BCR 146) des Referenzbüros der Europäischen Gemeinschaft durch die mit Probennahme und Analyse betrauten Mitarbeiterinnen wiederholt analysiert worden. Die für Cadmium und Blei ermittelten Werte sind in Tabelle 2 zusammengestellt. Die dort genannten und für die nachfolgende Betrachtung gemittelten Variationskoeffizienten $s_{A,rel}$ spiegeln ausschließlich die langfristige Streuung des Analysenverfahrens wieder. Zusammen mit der mittleren Streuung der Analysenwerte von 9 verschiedenen Kläranlagen (Tabelle 1) ist mit Hilfe von Gleichung (5-2) die mittlere, allein auf der Probennahme beruhende Analysenwertstreuung $s_{P,rel}$ zu errechnen. Die Ergebnisse, wieder für die Parameter Cadmium und Blei, sind in Tabelle 3 zusammengefaßt. Es ist zu erkennen, daß sich Probennahmefehler und Gesamtfehler nur unwesentlich unterscheiden.

Hier wird deutlich, daß die im Repräsentationszeitraum durch die Probennahme hervorgerufene Streuung selbst für einen relativ homogenen

Tabelle 3. Mittlere Streuung (s_{rel}) gemessener Cadmium- und Bleigehalte aufgrund der Einflüsse des Analysenverfahrens (Index A) und der Probennahme (Index P)

	Cadmium	Blei
Analysenfehler[a] $s_{A,rel}$%	4,7	6,6
Probennahmefehler[b] $s_{P,rel}$%	23,6	17,5
Gesamtfehler[a] s_{rel}%	24,1	18,7

[a] Experimentell gefundene Werte.
[b] Errechnete Werte.

Abfallstoff wie Klärschlamm die Streuung der Analysenwerte deutlich übertrifft. Eine Verbesserung des Analysenverfahrens im Sinne einer Verringerung der Streuung $s_{A,rel}$ hat so gut wie keinen Einfluß auf die Gesamtstreuung.

Danksagung: Der Autor dankt Herrn Dr. Henning Rolfs, Düsseldorf, für die kritische Durchsicht des Manuskripts.

Literatur

1. Gesetz über die Vermeidung und Entsorgung von Abfällen (Abfallgesetz - AbfG) von 27. August 1986 (BGBl. I S. 1410), zuletzt geändert durch das Einigungsvertragsgesetz vom 18. September 1990 (BGBl. II S. 885, 1990)
2. Kraft G (1980) Probenahme an festen Stoffen. In: Kienitz H, Bock R, Fresenius W, Huber W, Tölg G (Hrsg) Analytiker Taschenbuch. Springer, Berlin
3. Doerffel K (1984) Statistik in der analytischen Chemie. Verlag Chemie, Weinheim
4. Kreyszig E (1979) Statistische Methoden und ihre Anwendungen. Verlag Vandenhoeck und Ruprecht, Göttingen
5. Doerffel K, Eckschlager K (1981) Optimale Strategien in der Analytik. Verlag Harri Deutsch, Thun, Frankfurt a. M.
6. Wilson D (1964) Analyst 89:18
7. Craenenbroeck Van W, Smits A, Baadolf B, Meijers A (1985) Die statistische Ermittlung der für die Beschreibung der Wasserqualität erforderlichen Probennahmehäufigkeit. Das Gas- und Wasserfach 126:486–492
8. Internationale Norm ISO 5667/1 (1981) Wasserbeschaffenheit - Probennahme - Teil 1: Richtlinien zur Aufstellung von Probennahmeprogrammen. In: Vom Wasser 56:288–312
9. DIN 51 750 (1990, 19991) Prüfung von Mineralölen/Probennahme, Teil 1, Allgemeines, Dezember 1990, Teil 2, Flüssige Stoffe, Dezember 1990, Teil 3, Salbenartigkonsistente und feste Stoffe, Februar 1991. Normenausschuß Materialprüfung im Deutschen Institut für Normung e. V.
10. Gesamtfassung der Zweiten allgemeinen Verwaltungsvorschrift zum Abfallgesetz (TA Abfall). Teil 1: Technische Anleitung zur Lagerung, chemisch/physikalischen, biologischen Behandlung, Verbrennung und Ablagerung von besonders überwachungsbedürftigen Abfällen vom 12. März 1991 (GMBl S. 139, 1991)

11. Hösel G, Schenkel W, Schnurer H (1984) Müll-Handbuch, Lieferung 2/1984, Kennziffer 1859/1860/1861. Erich Schmidt, Berlin
12. Jäger B (1988) Bestimmung der Zusammensetzung fester Abfälle. In: Straub H, Hösel G, Schenkel W (Hrsg) Müll- und Abfallbeseitigung, Lieferung 3/1988, Kennziffer 1720. Erich Schmidt, Berlin
13. Hösel G, Schenkel W, Schnurer H (1988) Müll-Handbuch, Lieferung 3/1988, Kennziffer 1710/1720. Erich Schmidt, Berlin
14. Gorbauch H, Rump HH, Schneider W (1986) In: Spillmann P (Hrsg) Wasser- und Stoffhaushalt in Abfalldeponien und deren Wirkungen auf Gewässer. Verlag Chemie, Weinheim
15. Klärschlammverordnung (AbfKlärV) vom 15. April 1992 (BGBl. I S. 912, 1992)
16. DIN 38414-S1 (Nov. 1986) Deutsche Einheitsverfahren zur Wasser-, Abwasser- und Schlammuntersuchung/Schlamm und Sedimente/Probennahme von Schlämmen Normenausschuß Wasserwesen im Deutschen Institut für Normung e. V.
17. Osberghaus U, Stoeppler M, Grimmer G (1992) Untersuchung des Konzentrations-Zeit-Profils ausgewählter Stoffe in Klärschlämmen - Ableitung einer Strategie zur Probennahme von Klärschlämmen definierter Repräsentanz. In: Beiträge zur Umweltprobenbank Nr. 8. „Berichte des Forschungszentrums Jülich", Jül-2691
18. Arbeitsgruppe „Statistik in der Wasseranalytik" der Fachgruppe Wasserchemie (1979) Anwendung statistischer Methoden zur Beurteilung von Analysenergebnissen in der Wasseranalytik. In: Deutsche Einheitsverfahren zur Wasser-, Abwasser- und Schlammanalytik, 8. Lieferung 1979.

6 Marine Proben für die Umweltprobenbank

JOHANN-DIEDRICH SCHLADOT und FRIEDRICH BACKHAUS

6.1 Einleitung

Die laufende Überwachung von Schadstoffen in den Medien Wasser, Boden und Luft sowie in den verschiedenen Stufen wichtiger Nahrungsketten (Pflanzen, Tiere), die letztendlich zum Menschen führen, ist eine der vordringlichsten Aufgaben der Umweltvorsorge-Politik. Diese Erhebungen dürfen sich jedoch nicht nur auf die Ermittlung stationärer Schadstoffbelastungen beschränken, sondern erfordern in besonderem Maße Informationen über das Verhalten dieser Stoffe in der Umwelt, wobei vorrangig folgende Fragen zu beantworten sind:

- Wo verbleiben diese Stoffe, und wo reichern sie sich ggf. an?
- Welche Kurz- oder Langzeitwirkung haben sie auf Mensch und Umwelt?
- Wann und wo treten in der Umwelt neue Schadstoffe auf?
- Zu welchen neuen Stoffen werden Umweltchemikalien umgewandelt und in welcher Zeit?
- Können hierbei auch – möglicherweise toxische – Substanzen entstehen, und wie stabil sind diese?
- In welcher chemischen Form liegen sie vor?
- Wie mobil sind sie in der Umwelt?

Die Akkumulation von Schadstoffen in terrestrischem und pflanzlichem Gewebe erlaubt durch Auswahl geeigneter Probenarten die Erfassung von Änderungen in der Belastungssituation. Diese haben somit eine Indikatorfunktion im Sinne der Früherkennung von Chemikalien in der Umwelt (Abb. 1).

Mit dem bisherigen Wissen und den verfügbaren Methoden sind mögliche Einflüsse und Wirkungen der von Menschen produzierten und absichtlich oder unbeabsichtigt in die Umwelt entlassenen Umweltchemikalien auf natürliche oder naturnahe Ökosysteme sowie auf die Lebensgrundlagen und die Gesundheit des Menschen nur unzureichend zu prognostizieren oder in ihrem Gefährdungspotential abzuschätzen [1].

Nach der „European Inventory of Existing Commercial Substances" EINECS (nach GDCh/BUA) [2] existieren derzeit ca. 100000 verschiedene chemische Stoffe, deren Verhalten und Wirkung in der Umwelt noch immer weithin unbekannt sind [3]. Umso wichtiger ist es daher, auch kleinste Veränderungen in der Umwelt bis hin zum Menschen durch gezielte Beobachtung und Überwachung (Monitoring) frühzeitig zu erkennen, ihre

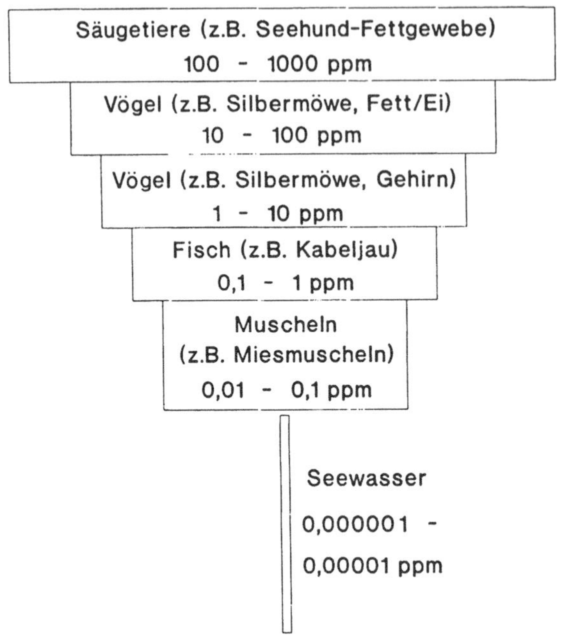

PCB Lebensmittelgrenzwert in den USA in Fischen:
< 2ppm

Abb. 1. Anreicherung von polychlorierten Biphenylen (PCB) in Organismen der marinen Umwelt

Ursachen aufzuklären und ggf. ihrem Fortgang entgegenzuwirken. Dabei steht besonders der Schutz des Menschen und seiner Umwelt vor anthropogenen und geogenen Schadstoffen und deren systematische und kontinuierliche Erfassung in Boden, Wasser, Luft, sowie in ausgewählten biologischen Proben der Nahrungskette im Vordergrund.

6.2 Aufgaben der Umweltprobenbank

Mit der Charakterisierung und Bewertung von Umwelt- und Humanproben – in ihrem Ist-Zustand, aber auch in ihrer Entwicklung – werden wichtige Voraussetzungen geschaffen, um frühzeitig

- sich anbahnende Fehlentwicklungen zu erkennen,
- Art und Umfang eingetretener Fehlentwicklungen und ihrer Folgen abzuschätzen,
- Erkenntnisse für die Prioritätensetzung politischer Maßnahmen zu gewinnen und

- Grundlagen für die Vorsorgepolitik der Bundesregierung im Bereich des Natur- und Umweltschutzes sowie für die Gesundheit des Menschen zu erarbeiten.

Diese Zielsetzungen führten 1976 zu analytischen Vorstudien; zwischen 1979 und 1984 wurden mit einem vom BMFT geförderten Pilotprojekt „Umweltprobenbank" die logistischen und technischen Voraussetzungen für die Realisierbarkeit einer Umweltprobenbank (UPB) erarbeitet [4].

6.3 Beteiligte Institutionen

Seit dem 1. 1. 1985 ist die UPB als eine Dauereinrichtung im Geschäftsbereich des BMI (später Bundesministerium für Umwelt, Naturschutz und Reaktorsicherheit BMU) eingerichtet. Unter dem Oberbegriff Umweltprobenbank des Bundes sind zwei Probenbanken zusammengefaßt:

- die Probenbank für Umweltproben - am Institut für Angewandte Physikalische Chemie des Forschungszentrum Jülich (KFA) und
- die Probenbank für Humanorganproben - am Institut für Pharmakologie und Toxikologie an der Universität Münster (vgl. Kap. 1).

Weitere Institutionen - Lehrstuhl für Biographie, Universität des Saarlandes, Institut für ökologische Chemie, GSF Neuherberg und Biochemisches Institut für Umweltcarcinogene, Großhansdorf - unterstützen die Arbeit der Umweltprobenbank.

6.4 Repräsentative Ökosysteme

Mit dem Betrieb der Umweltprobenbank des Bundes [5-7] als Teil der im Aufbau befindlichen ökologischen Umweltbeobachtung werden neben der bereits vorhandenen Überwachung von Luft und Wasser nunmehr auch bevorzugt biologische Objekte in ihrem ökosystemaren Zusammenhang einer regelmäßigen Beobachtung unterzogen.

Für die UPB wurde von einer Experten-Kommission unter Federführung des BMU ein Gesamtkonzept mit unterschiedlichen Ökosystemtypen ausgewählt; diese Gebiete, in denen seit 1985 die Probennahme in einem zweijährigen Zyklus durchgeführt wird, sind in Abb. 2 wiedergegeben. Es ist geplant, den zweijährigen Probennahmezyklus in dem bis zum Jahre 2000 aufzubauenden Gesamtkonzept in eine einjährige Probennahmefrequenz umzuwandeln, damit die Daten der Eingangscharakterisierung effektiver für ein Monitoring genutzt werden können. Seit der Wiedervereinigung 1989

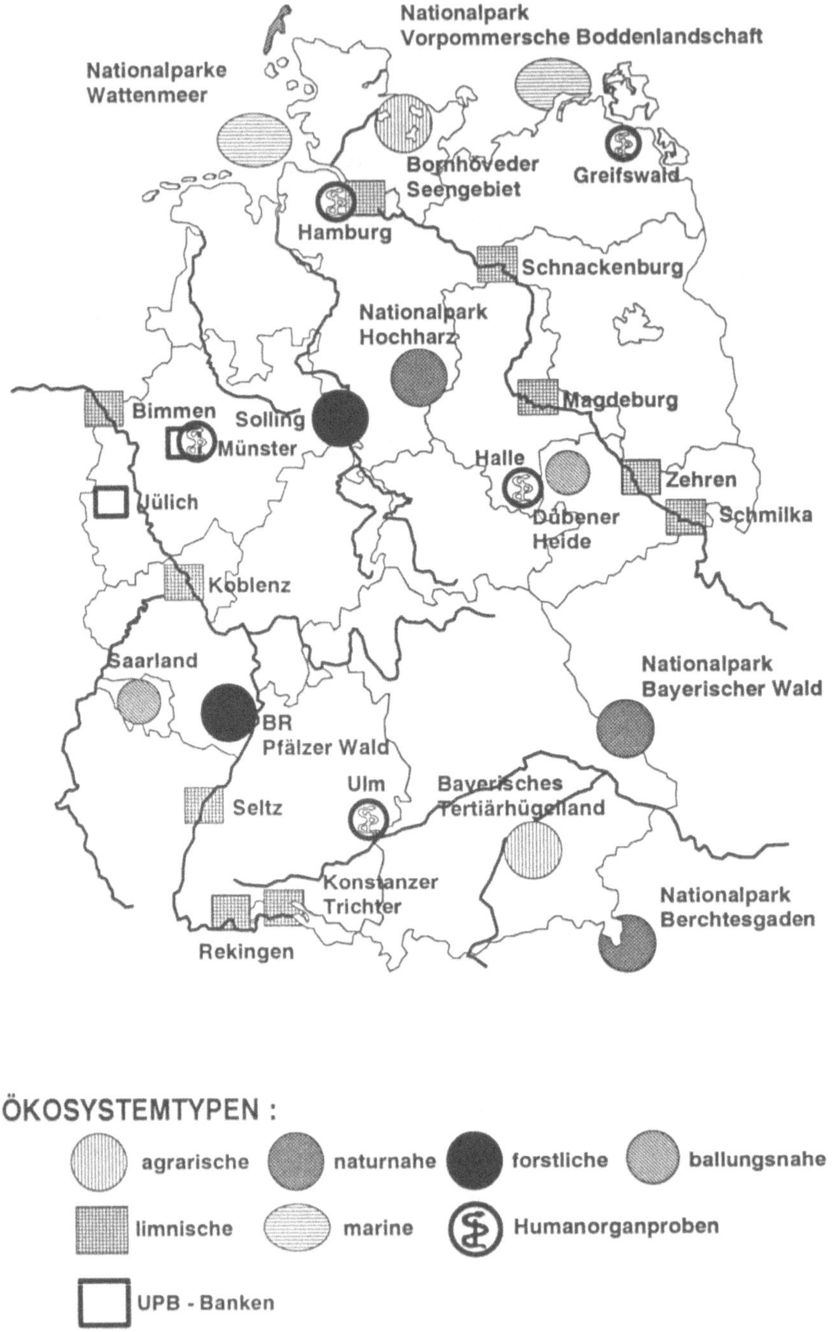

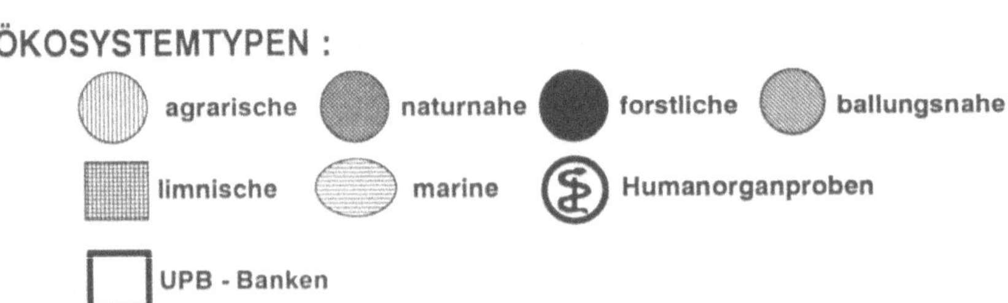

Abb. 2. Karte der ausgewählten Probennahmegebiete für die Umweltprobenbank der Bundesrepublik Deutschland

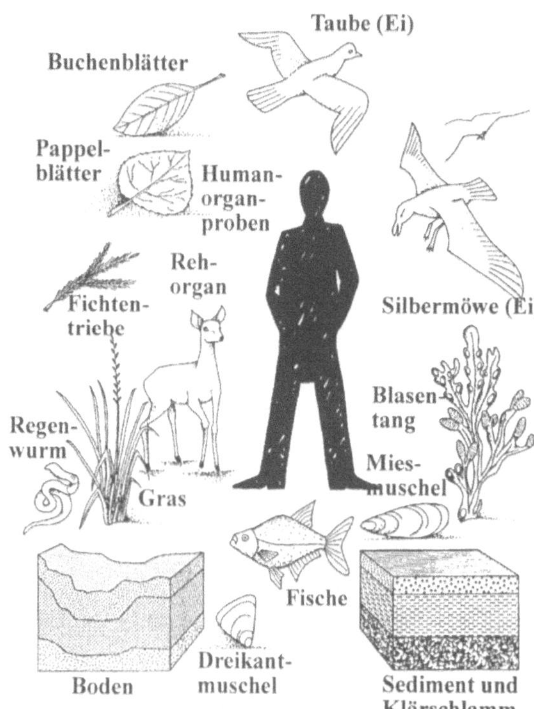

Abb. 3. Verschiedene ausgewählte Probenarten aus unterschiedlichen Bereichen der Umwelt

wird die Probennahme verstärkt in den „neuen" Bundesländern mit Unterstützung dort ansässiger Institutionen durchgeführt.

In den Probennahmegebieten wird eine Auswahl repräsentativer Probenarten aus der terrestrischen, limnischen und marinen Umwelt, sowie dem Humanbereich selbst gewonnen. Zu den Probenarten gehören:

- Bodenproben, Baumproben (Blätter und Triebe), Tierproben (Taubeneier, Rehleber und Regenwürmer) im terrestrischen Bereich;
- Sediment, Fisch (Muskulatur und Leber) und Dreikantmuscheln im limnischen Bereich;
- Sediment, Algen, Muscheln, Fisch (Muskulatur und Leber) und Seevogeleier (s. Abb. 3) aus der marinen Umwelt.
- Proben aus dem Humanbereich zur Untersuchung auf anorganische und organische Stoffe (vgl. Kap. 1).

Die Nutzung der Proben für retrospektive Analysen ist möglich, da sie bereits bei der Probennahme bei Temperaturen von $< -150\,°C$ tiefgefroren werden. Dadurch werden mögliche chemische Zustandsänderungen verringert bzw. völlig unterbunden [8, 9].

Für die Probennahme sowie für die weiteren Bearbeitungsschritte und die Analytik wurden spezielle Richtlinien (Standard Operating Procedures „SOP") entwickelt [10]. Die weitere Probenbehandlung (Aufarbeitung,

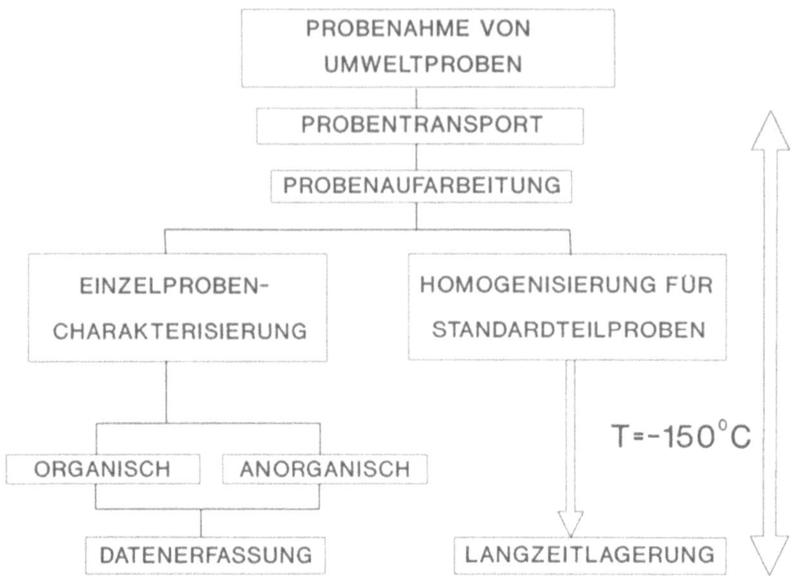

Abb. 4. Fließschema der Probenbehandlung von Umweltproben

Homogenisierung und Portionierung von standardisierten Teilproben) (Abb. 4) erfolgt unter ständiger Kontrolle im o. g. Temperaturbereich.

6.5 Probennahme

Der erste und äußerst wichtige Schritt bei der Durchführung chemischer, physikalischer und biologischer Untersuchungen ist die Probennahme. Daher kommt ihr eine besondere Bedeutung zu. Fehler, die bei der Probennahme gemacht werden, sind durch noch so aufwendige Maßnahmen bei den folgenden Schritten nicht mehr korrigierbar.

Daher muß sich der Analytiker voll auf eine kontaminationsarme, vollständig dokumentierte Probennahme durch den Probennehmer verlassen. Ursprünglich war es selbstverständlich, daß der Analytiker von der Probennahme bis zur Analyse und Bewertung alles selbst durchführte oder zumindest überwachte. Die Spezialisierung in der Analytik macht dies heute jedoch fast unmöglich. Außerdem ist es oft so, daß eine Probe in verschiedenen Laboratorien untersucht wird. Dies trifft insbesondere auf die Umweltprobenbank-Aktivitäten zu, da hier von vornherein nicht feststeht, welche Substanzen irgendwann einmal in der Probe untersucht werden sollen. Z. Zt. werden als Eingangscharakterisierung in den Proben der Umweltprobenbank essentielle und nichtessentielle Elemente, metallorganische Verbindungen, chlorierte Kohlenwasserstoffe (CKW) und ggf. polychlorierte Biphenyle (PCB) sowie polycyclische aromatische Kohlenwasserstoffe (PAH) bestimmt.

Deshalb muß bei der Probennahme von Anfang an besonders auf mögliche Kontaminationen durch Spurenelemente und organische Substanzen geachtet werden. Dies schließt z. B. den Gebrauch bestimmter Kunststoff- bzw. Metallgeräte aus. Es werden je nach Probenarten z. B. PTFE- bzw. Edelstahlgeräte und in speziellen Fällen Titan- und Quarzglasgeräte eingesetzt.

Häufig werden große Summen für neue Analysengeräte ausgegeben, um die Nachweisgrenzen weiter zu senken. Im Bereich der Probennahme und Probenaufarbeitung ist es jedoch oft schwierig, Bruchteile dieser finanziellen Aufwendungen zur Verbesserung der Technik einzusetzen. Hier besteht eine große Diskrepanz. Es muß das Bewußtsein für eine bessere finanzielle Unterstützung der Probennahme-Aktivitäten und Probenaufarbeitung geweckt werden.

Zur Sicherung einer zuverlässigen Probennahme sind im Rahmen der UPB-Aktivitäten, aber nicht nur hier, hohe Anforderungen zu stellen:

- Einsatz von erfahrenem Personal;
- regelmäßige Schulung des Probennahmepersonals;
- Bereitstellung einer qualifizierten, dem Stand der Technik entsprechenden, apparativen gerätetechnischen Ausrüstung;
- Erstellung und Bereitstellung von ausführlichen, dem neuesten Stand entsprechenden schriftlichen Richtlinien (Anweisungen). Für die Umweltprobenbank wurden entsprechende Richtlinien - Standard Operating Procedures „SOP" - für verschiedene Probenarten, Probenaufarbeitung und Lagerung sowie für die Analytik erstellt und vom Umweltbundesamt (UBA) Berlin veröffentlicht [11];
- Erstellung von lückenlosen Probennahmeprotokollen, die alle Merkmale der Probennahmeflächen erkennen lassen, wie z. B. alle Witterungsbedingungen, Probennahmedaten und eventuelle Abweichungen von der SOP.
- Regelmäßige Kommunikation zwischen Probennehmer und Analytiker, entsprechend dem HACCP-Konzept (HACCP = Hazardous Analysis Critical Control Point).

Dem letzten Punkt kommt eine Schlüsselstellung zu, daher soll im folgenden näher auf das Konzept der HACCP eingegangen werden: Der Analytiker muß dem Probennehmer rechtzeitig die bezüglich der örtlichen und zeitlichen Repräsentanz anzuwendende Methodik mitteilen und auf mögliche Kontaminationsquellen hinweisen. In Zusammenarbeit von Probennehmer und Analytiker wird das Probennahmedesign ausgearbeitet. Der Probennehmer muß für jede Probennahme ein Protokoll anfertigen, das so ausführlich alle Details bei der Durchführung der Probennahme beschreibt, daß bei der Bewertung der Analysenergebnisse keine Fragen offen bleiben. Notfalls muß die Probennahme anhand von Fotos und Skizzen verdeutlicht werden.

Bei der Auswahl eines Probennahmegebietes sollte zunächst eine Literaturstudie durchgeführt werden, um zu erfahren, ob andere Forschungsvorhaben ähnliche Fragestellungen schon beantworten können bzw. ob bei der geplanten Aktivität zusätzliche Untersuchungen für andere Problemstellungen dienlich sein können. Da die Probennahme für die UPB im Normalfall in Nationalparks bzw. Biosphärenreservaten durchgeführt werden, sollte nach Möglichkeit ein koordiniertes Konzept für dieses Gebiet in Absprache aller dort tätigen Institutionen durchgeführt werden, damit durch einen „wissenschaftlichen Trampeleffekt" keine zusätzlichen Störungen in den untersuchten Gebieten hervorgerufen werden.

Für die „zeitliche Repräsentanz" der Probennahme ist folgendes zu beachten:

- Zeitpunkt der Probennahme
- Dauer der Probennahme
- Häufigkeit der Probennahme

Die „räumliche Repräsentanz" der Probennahme wird durch folgende Parameter charakterisiert:

- Ort der Probennahme (Festlegung nach Durchführung entsprechender Screenings im Probennahmegebiet PNG)
- Lage der Probennahmefläche PNF im zu untersuchenden Gebiet.

Besonders wichtig sind die Parameter der „Probennahmetechnik":

- Art der Probennahme (Dokumentation)
- Art und Material der Geräte
- Renigung der verwendeten Geräte und Gefäße (Reinigungsvorschriften in den o. a. SOP).

Die Probennahme muß stets nach dem neuesten Stand der Probennahme-Richtlinien durchgeführt werden. Eventuelle Abweichungen von den Vorgaben der Probennahme-Richtlinien müssen detailliert vom Probennehmer in den Probennahme-Protokollen dokumentiert werden.

Schließlich ist die intensive Schulung des Probennehmers die Grundvoraussetzung für eine repräsentative Probennahme: Dem Probennehmer muß klar sein, daß seine Arbeit ein sehr wichtiger Teilschritt der gesamten Untersuchung ist!

6.5.1 Marine Matrices

Je nach den zu untersuchenden Substanzen muß bei den meisten Probennahmen Rücksicht auf diese genommen werden. Sollen z. B. Schwermetalle im Wasser im Spurenelementbereich untersucht werden, so ist aufgrund der sehr geringen Konzentrationen besondere Sorgfalt gegenüber Kontamination durch Personal und Geräte zu üben (vgl. Kap. 3). Speziell gereinigte Probengefäße in Zwei- bzw. Dreifach-Verpackungen dürfen erst vor Ort unter Benutzung von Einmalhandschuhen geöffnet werden und sollten auf die gleiche Art und Weise für den Transport gesichert werden [12, 13]. Wichtig ist auch, daß das „Totvolumen", d. h. der Luftraum über der Wasserprobe, so klein wie möglich gehalten wird.

Bei der Probennahme von Sedimentproben für die UPB darf nicht, wie sonst üblich, eine Trennung der Feinkornfraktion $< 20\,\mu m$ durch Naßsiebung erfolgen. In diesem Fall wird die gesamte Sedimentfraktion der Probennahme vor Ort homogenisiert und in entsprechende Glasgefäße abgefüllt (100-ml-Schott-Duran-Glasflaschen). Die mit der Sedimentprobe gefüllten Glasflaschen werden unter ständigem Drehen bei einer Schräglage von ca. 60° in Flüssigstickstoff tiefgefroren. Dadurch wird ein Bruch des Glases beim Tieffrieren der Probe vermieden.

Die Probennahme von Braunalgen – Blasentang (Fucus vesiculosus) – für die UPB erfolgt im Probennahmejahr im regelmäßigen Rhythmus von zwei Monaten von immer den gleichen Probennahmeflächen an der Deutschen Nord- und Ostseeküste. Dabei erfolgt die Probennahme von Braunalgen repräsentativ auf der gesamten Probennahmefläche, d. h. es werden zufällig ausgewählte Blasentangpflanzen auf der Probennahmefläche beprobt.

Es werden die Thalli der ganzen Pflanze gesammelt. Die Thalli werden mit einer PTFE-beschichteten Schere oberhalb der Wurzel abgeschnitten. Anschließend werden die Braunalgen falls erforderlich von anhaftenden Tieren oder anderen Pflanzen, sowie von anhaftenden Kalkablagerungen gereinigt. Unmittelbar danach werden die Thalli in Edelstahlgefäßen in der Gasphase über Flüssigstickstoff tiefgefroren und zur Weiterverarbeitung im Reinraumlabor der UPB nach Jülich transportiert, was in gleicher Weise für Miesmuscheln (Mytilus edulis) und Aalmuttern (Zorces viviparus) gilt.

Miesmuscheln (Mytilus edulis) werden wie Blasentang im regelmäßigen Rhythmus von zwei Monaten von immer den gleichen Probennahmeflächen an der Deutschen Nordseeküste gesammelt. An der Ostseeküste wurde der Beprobungsplan aufgrund der geringen Miesmuschelpopulationen und aufgrund der dort abweichenden Probennahmetechnik geändert. Die Probennahme von Miesmuscheln an der Ostseeküste im Bereich des Nationalparks Vorpommersche Boddenlandschaft erfolgt ein- bis zweimal jährlich. Dabei werden Miesmuscheln mit Hilfe einer Dredge von Muschelbänken aus einer Wassertiefe von ca. 10–15 m gesammelt. Das Fanggerät (Dredge) ist aus Edelstahl und Nylonnetz gefertigt, um die Proben möglichst wenig zu kontaminieren. Die Menge Muscheln, die bei dieser Art der Probennahme gewonnen wird, liegt bei ca. 10–15 kg.

Im Bereich der deutschen Nordseeküste werden die Miesmuscheln von Hand von Miesmuschelbänken gesammelt, die bei Ebbe teilweise trockenfallen. Von jeder Miesmuschelbank werden zufällig über die ganze Probennahmefläche (Miesmuschelbank) 500 Muscheln je Probennahmezeitpunkt im Größenbereich von 4–7 cm gesammelt. Die Miesmuscheln werden in Edelstahl-Drahtkörben im umgebenden Seewasser gereinigt und für einige Stunden zur Defäkation (Entleerung) vor der Tiefkühlung stehen gelassen. Als biometrische Parameter werden dokumentiert: gesammelte Menge

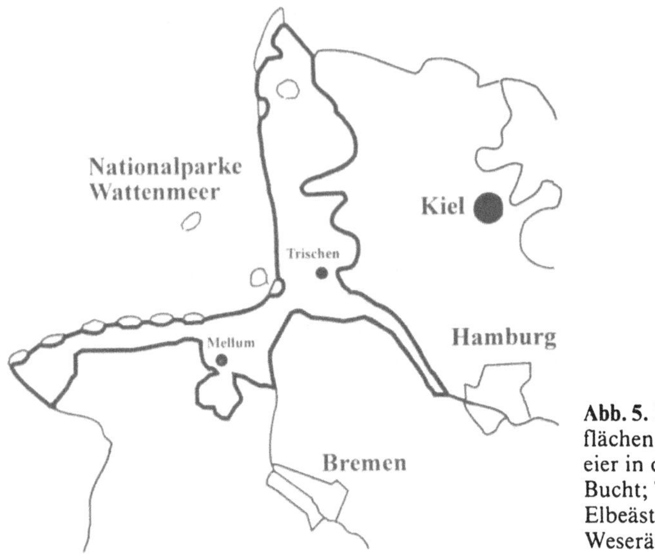

Abb. 5. Probennahmeflächen für Silbermöweneier in der Deutschen Bucht; Trischen - Elbeästuar, Mellum - Weserästuar

Muscheln, Größenverteilung, Frischgewicht, Schalen- und Weichkörpergewicht.

Für die UPB wurden Aalmuttern (Zoarces viviparus) als mariner Fisch-Bioindikator ausgewählt. Die Fische werden in Prielen im Bereich des Wattenmeers bei Niedrigwasser zu Fuß mit „Schiebehamen" (Hosennetz) oder bei normalem Wasserstand mit „Baumkurren" (Schleppnetz) von einem Fischkutter aus gefangen. Vor Ort wird die biometrische Charakterisierung der Fische durchgeführt, d. h. es werden Parameter wie Frischgewicht, Länge des Fisches, Geschlecht, von außen erkennbare Fischkrankheiten usw. dokumentiert. In einem mobilen Reinraumlabor werden die Fische seziert und Leber und Muskulatur herauspräpariert. Das Sezieren der Fische erfolgt mit Titan- bzw. Quarzglasmessern, um mögliche Kontaminationen zu vermeiden. Beim Sezieren werden zusätzliche Parameter wie Leber- und Muskulaturgewicht dokumentiert. Die einzelnen Zielorgane werden ebenfalls direkt vor Ort in Edelstahlgefäßen in der Gasphase über Flüssigstickstoff tiefgefroren.

Seevogeleier gehören zu den marinen Bioindikatoren für die UPB. Da für die Dauerlagerung größere Mengen Probenmaterial (ca. 3–5 kg) benötigt werden, wurde zum Schutze gefährdeter Seevogelarten auf die Eier der Silbermöwe (Larus argentatus) ausgewichen. Die Silbermöweneier werden von Vogelwarten in den ausgewählten Vogelschutzgebieten (Abb. 5) entsprechend der Probennahmerichtlinie (SOP Silbermöwen(ei)) [11] gesammelt und in Kühlschränken bis zum Transport zwischengelagert. Die Silbermöweneier werden bei Temperaturen von 4°C nach Jülich transportiert und dort entsprechend den Richtlinien weiterverarbeitet.

6.6 Probenaufarbeitung

6.6.1 Herstellung homogener Standard-Teilproben

Nach der Probennahme und gegebenenfalls Einzelcharakterisierung von Proben wird das Probenmaterial vorvermischt und wenn nötig vorzerkleinert. Die Vorzerkleinerung findet im allgemein durch Zerstampfen des Probenmaterials mit Hilfe eines Pistills aus Titan statt. Mit diesem „Stößel" wird das tiefkalte Material in den Gefäßen zerstoßen. Dabei findet eine erste Vorvermischung statt. Danach wird das Material aus mehreren Gefäßen über eine Dosierrinne dem Mahlraum einer Vibrationsschwingmühle zugeführt. Diese Schwingmühle wurde speziell für die Anforderungen der Umweltprobenbank konstruiert [14]. Der Prototyp dieser Schwingmühle (CRYO-PALLA VMKT) war komplett aus Edelstahl hergestellt; um jedoch mögliche Kontaminationen von Probenmaterial mit Elementgehalten im niedrigen ppm- bzw. ppb-Bereich auszuschließen, wurden die Teile der Mühle, die mit dem Probenmaterial in Berührung kommen, aus Titan gefertigt. Die Übergänge zwischen den einzelnen Komponenten der Mühle - Dosierrinne, Mahlzylinder, Austragstrichter - wurden mit PTFE-Faltenbälgenausgerüstet.

Die Mühle wird vor Mahlbeginn mehrere Stunden mit Flüssigstickstoff gekühlt. Wenn die Temperatur der einzelnen Komponenten <190°C ist, wird der Mahlprozeß ohne Zufuhr von Flüssigstickstoff gestartet. Das tiefkalte Probenmaterial wird über die Dosierrinne dem Mahlzylinder zugeführt und in mehreren Mahldurchgängen auf Korngrößen <200 μm vermahlen. Das feinvermahlene Probenmaterial wird in einem großen Gefäß, welches von außen mit Flüssigstickstoff gekühlt wird, gesammelt.

Anschließend wird das feinvermahlene, tiefkalte Pulver von Hand mit Quarzglaslöffeln in kalte Glasgefäße (Szintillationsfläschchen) abgefüllt. Diese Fläschchen, die für die Dauerlagerung in der Umweltprobenbank abgepackt werden, enthalten ca. 10 g des homogenen Probenmaterials. Diese Standard-Teilproben werden zur Charakterisierungsanalyse an die Analytik ausgeliefert. Der Transport zum jeweiligen Analyselabor geschieht in der Gasphase über Flüssigstickstoff, so daß die Kältekette von der Probennahme bis zur Analyse nicht unterbrochen wird.

Durch Einhalten der Kältekette ist es möglich, auch solche Substanzen, die bislang nicht als toxisch erkannt waren, mit Hilfe zukünftiger Analysemethoden in Proben aus der Vergangenheit zu untersuchen.

6.6.1.1 Sedimente

Sedimentproben werden für die UPB vorerst nicht weiter aufgearbeitet. Die vor Ort homogenisierten Proben werden als Teilproben in der Gasphase über Flüssigstickstoff gelagert. Zur Zeit werden Abstimmungsgespräche im

Bereich der Bund-Länder-Meßprogramme (BLMP), des Joint-Monitoring-Programms (JMP) im Bereich der Nordsee, des Trilateralen Wattenmeerabkommens (TMG) usw. für die Sedimentprobennahme im marinen und limnischen Bereich geführt, um eine möglichst einheitliche Probennahme gewähren zu können. Bis ein entsprechender Richtlinienentwurf für die Sedimentprobennahme vorliegt, werden Sedimentproben aus dem limnischen Bereich von Oberflächensedimenten gewonnen; im marinen Bereich sollen Sedimentproben aus dem Schlick- und Sandwatt als Gesamtkornfraktionen gelagert werden.

6.6.1.2 Blasentang

Die im zweimonatigen Probennahmerhythmus gesammelten Blasentangproben werden unter Reinraumbedingungen in der Gasphase über Flüssigstickstoff zerkleinert. Von diesen vorzerkleinerten Proben werden zur Bestimmung der saisonalen Variabilität bestimmter Schadstoffe Teilproben für die Analytik entnommen. Die Proben eines Jahres werden vorvermischt und anschließend in der o. a. Mahleinrichtung zu einer homogenen Jahresmischprobe feinvermahlen [9].

6.6.1.3 Miesmuscheln

Die ebenfalls im zweimonatigen Rhythmus gesammelten Miesmuscheln werden unter Reinraumbedingungen tiefkalt seziert. Das Herausnehmen des Weichkörperanteils wird bei tiefen Temperaturen unter einer „Clean-Bench" in Stickstoffatmosphäre durchgeführt. Es werden immer nur einige wenige Muscheln aus der Gasphasenlagerung über Flüssigstickstoff herausgenommen und aufgearbeitet; die restlichen Muscheln verbleiben bis zu ihrer Aufarbeitung in der Kälte. Das Weichkörpermaterial wird in der Gasphase über Flüssigstickstoff mit einem Titanstößel zerkleinert. Die Schalen werden nach biometrischer Vermessung verworfen [15].

6.6.1.4 Aalmuttern

Im mobilen Reinraumlabor werden die Fische vor Ort aufgearbeitet. Die Aalmuttern werden durch einen Schlag mit einem Titanstab auf den Kopf getötet. Jeder Fisch erhält eine Indentifikation. Danach werden die biometrischen Parameter (Länge, Frischgewicht, Geschlecht usw.) aufgenommen. Unter einer „Clean-Bench" werden die Fische mit Titanmessern seziert; die Haut wird abgezogen, die Muskulatur (Filet) und die Leber werden als Zielorgane für bestimmte Schadstoffe gesammelt und deren Gewichte für jeden einzelnen Fisch dokumentiert. Der restliche Fischkörper wird verworfen.

6.6.1.5 Silbermöweneier

Die Silbermöweneier werden wie o.g. bei Temperaturen von +4°C in Kühlboxen nach Jülich transportiert. Im Labor werden dann die Eier auf ihren Inkubationszustand überprüft. Dies geschieht, indem die Eier in einen mit Wasser gefüllten Meßbecher gelegt werden. Die Lage des Silbermöweneis im Wasser zeigt den Bebrütungszustand an (Abb. 6) [16]. Nur Eier entsprechend den Abbildungen a)–c) werden aufgearbeitet. Von den Silbermöweneiern werden folgende Parameter dokumentiert; Eilänge, Eidurchmesser, Eifrischgewicht. Nach Durchstoßen der beiden Pole wird der Eiinhalt mit Reinstargon (99,999) bzw. Reinstickstoff (99,999) ausgeblasen. Der Eiinhalt wird in tiefkalten Gefäßen in der Gasphase über Flüssigstickstoff aufgefangen, mit einem Titanstößel zerstoßen und mit der Cryomühle zu einem feinen Pulver für die Standard-Teilproben vermahlen. Anschließend wird die Schale der einzelnen Eier getrocknet, und nach der Trocknung

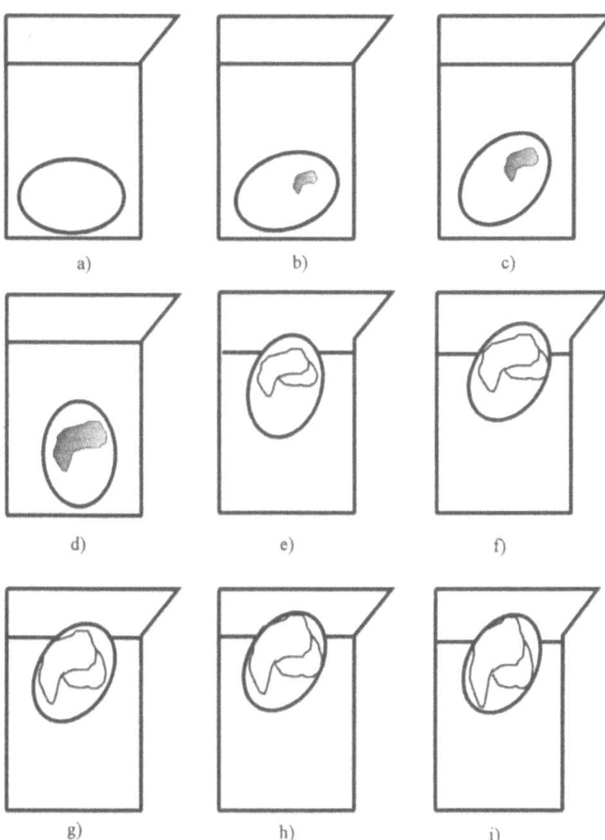

Abb. 6. Methode zur Bestimmung des Inkubationszustandes von Vogeleiern (nach Hayes [16])

wird mit einer Mikrometerschrauben die Schalendicke an mehreren Stellen gemessen. Zusätzlich wird das Schalengewicht bestimmt und als Parameter dokumentiert.

6.6.2 Abpacken von homogenen Standard-Teilproben

Von sämtlichen gelagerten Probenarten jedes Probennahmejahres und jeder Probennahmefläche werden eine größere Anzahl homogener Standard-Teilproben abgepackt (ca. 500 Stück, je nach gesammelter Probenmenge). Diese Standard-Teilproben werden für zukünftige Analysen in der UPB auf Dauer gelagert. Sie werden genutzt, um neue Meßmethoden zu überprüfen, um Substanzen, die zum Zeitpunkt der Einlagerung unbekannt oder nicht meßbar waren zu untersuchen und um festzustellen, wann sie erstmals in der Umwelt aufgetreten sind.

6.7 Schlußfolgerungen

Die zunehmende Anzahl der als umweltrelevant erkannten Stoffe bei kontinuierlich wachsenden Anforderungen an die Nachweisgrenze führt auch im Bereich der UPB zu einer permanenten Personalknappheit. Dazu kommt ein Mangel an umweltanalytisch qualifizierten Laboranten, Technikern usw. im Bereich der Probennahme und besonders der Probenaufarbeitung.

Das ständig steigende Verantwortungsbewußtsein für die Umwelt in Öffentlichkeit und Politik und letztendlich auch in der Industrie brachte eine Vielzahl von Gesetzen, Verordnungen, Verwaltungsvorschriften, technischen Anleitungen usw. hervor. (Z. B. Benzin-Blei-Gesetz, Trinkwasserverordnung, technische Anleitung zur Reinhaltung der Luft usw.) Eine Folge der expandierenden Umweltpolitik ist ein kontinuierlich wachsender Bestand an privaten und öffentlichen Laboratorien. Die Ausrüstung dieser Laboratorien ist mit dem Stand von vor ca. 20 Jahren nicht mehr vergleichbar. Daher sind Vergleiche mit Untersuchungsergebnissen in Proben von heute nicht mehr ohne weiteres möglich. Hier ist die Umweltprobenbank das vermittelnde System:

- die unter tiefen Temperaturen archivierten Proben aus der Vergangenheit können aufgrund ihrer chemischen Stabilität direkt mit aktuellen Proben verglichen werden [4, 5];
- die Proben der Umweltprobenbank können außerdem als Referenzmaterialien zur analytischen Qualitätskontrolle dienen.

Allein im Jahr 1991 wurden in Deutschland ca. 2 Mio. falsche Analysenergebnisse für mehrere Mio. DM produziert. Da die Analysenergebnisse häufig Grundlage für politische Entscheidungen sind oder durch die Medien zur Information der Öffentlichkeit genutzt werden, muß ihre Richtigkeit mit Hilfe von exakt charakterisierten Proben und durch Referenzlaboratorien überprüft werden.

Nach der Durchführung sämtlicher Einzelschritte - Probennahme, Probenaufarbeitung und Analytik - und dem Vorliegen der Untersuchungsergebnisse, ist es erforderlich, diese Ergebnisse im Einzelnen auszuwerten und zu bewerten. Die Bewertung der Analysenergebnisse soll belastbare Beurteilungsgrundlagen schaffen für:

- die Ermittlung des vorhandenen Gefährdungspotentials,
- die Ermittlung eines Handlungsbedarfs und
- die Empfehlung und Erarbeitung von Maßnahmen unterschiedlicher Priorität, wie
  Sofortmaßnahmen,
  Sanierungs- und Sicherungsmaßnahmen,
  planerische Maßnahmen (z. B. Nutzungseinschränkungen).

Sie muß unter anderem auch folgende Randbedingungen berücksichtigen:

- Art und Eigenschaften des zu bewertenden Stoffes (z. B. Stabilität, Mobilität, Bioverfügbarkeit, Abbauverhalten);
- Bindungsform der zu bewertenden Substanz.

Die Nichtberücksichtigung bestimmter Randbedingungen kann zu fehlerhaften Bewertungen führen. Eine fehler- oder mangelhafte Bewertung kann auch aus der Vernachlässigung von Randbedingungen bei der Probennahme herrühren.

Die Bewertung von Analysenergebnissen ist der entscheidende Schritt zwischen den eigentlichen Untersuchungen und der Erarbeitung geeigneter Maßnahmen und Empfehlungen. Die exakte und gewissenhafte Bewertung der Analysenergebnisse unter Zuhilfenahme aller dokumentierten Parameter ist deshalb von entscheidender Bedeutung.

Literatur

1. Lewis RA (1989) Forecasting, Assessment and the Nature of Real Systems. What are the Limits? Environmental Monitoring and Assessment
2. GDCh/BUA (1987) Altstoffbeurteilung, S 32
3. SRU (Rat der Sachverständigen für Umweltfragen) (1987) Umweltgutachten 1987. Deutscher Bundestag, Drucksache 11/1569 und Verlag Kohlhammer, Stuttgart Mainz
4. BMFT (Bundesministerium für Forschung und Technologie) (1988) Umweltprobenbank - Bericht und Bewertung der Pilotphase. Springer, Berlin Heidelberg New York

5. Stoeppler M, Schladot JD, Dürbeck HW (1989) Umweltprobenbank in der Bundesrepublik Deutschland, Teil 1: Realisation von Umweltprobenbanken. GIT Fachz Lab 10:1017
6. Stoeppler M, Schladot JD, Dürbeck HW (1989) Umweltprobenbank in der Bundesrepublik Deutschland, Teil 2: Betrieb der Umweltprobenbank seit 1985. GIT Fachz Lab 11:1017
7. Schladot JD, Stoeppler M, Kloster G, Schwuger MJ (1992) The Environmental Specimen Bank - Long Term Storage for Retrospective Studies. Analusis 20:45
8. FAO (Food and Agriculuture Organization of the United Nations) (1976) Manual of Methods in Aquatic Environment Research, Part 2 - Guidelines for the Use of Biological Accumulators in Marine Pollution Monitoring, FAO Fisheries Technical Paper No. 150
9. Schladot JD, Backhaus FW (1988) Preparation of Sample Material for Environmental Specimen Banking Purposes - Milling and Homogenization at Cryogenic Temperatures. In: Wise SA, Zeissler R, Goldstein GM (eds) Progress in Environmental Specimen Banking. NBS Special Publication No. 740, 184–193
10. Schladot JD, Backhaus FW (1993) Probennahmerichtlinien für Blasentang (*Fucus vesiculosus*), Miesmuscheln (*Mytilus edulis*), Silbermöweneier (*Larus argentatus*) und entsprechende Richtlinien für die Aufarbeitung aller Umweltproben bei tiefen Temperaturen, Umweltbundesamt 1993, im Druck
11. Umweltbundesamt (1993) Standard Operating Procedures der Umweltprobenbank des Bundes, im Druck
12. Mart L, Nürnberg HW, Valenta P (1980) Prevention of Contamination and other Accuracy Risks in Voltammetric Trace Metal Analysis of Natural Waters. III. Voltammetric Ultratrace Analysis with a Multicell System Designed for Clean Bench Working. Fresenius Z Anal Chem 300:350–362
13. Ostapczuk P (1991) Potentiometrische Bestimmung von Spurenelementen in diversen Matrizes. Laborpraxis 15:460–468
14. Schladot JD, Backhaus F, Reuter U (1985) Beiträge zur Umweltprobenbank- I. Studie zur Probenhomogenisierung bei tiefen Temperaturen unter Berücksichtigung der für die Umweltprobenbank notwendigen Parameter, Jül-Spez-330, Forschungszentrum Jülich GmbH (KFA)
15. Schladot JD, Backhaus F (1992) The Common Mussel (Mytilus edulis) as Marine Bioindicator for the Environmental Specimen Bank of the Federal Republic of Germany. In: Roßbach M, Schladot JD, Ostapczuk P (eds) Specimen Banking. Springer, Berlin Heidelberg New York
16. Hayes H, LeCroy M (1971) Field Criteria for Determining Incubation Stage in Eggs of the Common Tern. Wilson Bull 83:425–429

7 Biologische Umweltproben

Gerhard Wagner

7.1 Einleitung

Eine laufende Überwachung der Konzentrationen und Wirkungen von Chemikalien in der Umwelt ist ein wichtiger Teil der Daseinsvorsorge. Ergänzend zu Emissionsmessungen an technischen Systemen und zu Konzentrations- und Depositionsmessungen in Umweltmedien (Immissionen) sind Stoffgehalte und Wirkungsmessungen an biologischen Objekten in der Umwelt bis hin zum Menschen eine wichtige Informationsgrundlage. Wissenschaftliche und technische Probleme bei der Gewinnung biologischer Umweltproben zur Untersuchung und Analyse stellen neben der Auswahl geeigneter Probennahmeflächen, Probenarten, Probennahmetechniken und -designs vor allem Kontaminationsrisiken, die z. T. hohe natürliche Variabilität sowie biotische und abiotische Störfaktoren dar, die die Verfügbarkeit des Probenmaterials und die Reproduzierbarkeit der Ergebnisse beeinträchtigen können [1, 2].

Die zu erwartenden Unterschiede, Streuungen und Fehler in den Analysenergebnissen von biologischen Umweltproben werden von einer Vielzahl von Faktoren beeinflußt, z. B.:

- Exposition und Akkumulationsverhalten der gewählten Probenart,
- Probennahmezeitraum: Tages- und Jahreszeit, phänologischer Entwicklungsstand und spezifische Witterungseinflüsse,
- Inhomogenität des Probennahmestandorts, insbesondere in Bezug auf edaphische und mikroklimatische Faktoren und Immissionseinträge,
- die Struktur der zu beprobenden Population: Fluktuationen oder Trends in der Abundanz oder Zusammensetzung nach Alter, Geschlecht oder physiologischem Zustand, morphologische und genetische Variabilität,
- biotische und abiotische Störungen,
- Selektion von Individuen oder Gruppen mit bestimmten, hervorstechenden Merkmalen durch eine selektiv wirkende Probennahmemethode,
- Stichprobengröße.

Wichtig sind daher umfassende Vorkenntnisse über die Art und Höhe der zu erwartenden Einflüsse dieser Faktoren auf die Analysenergebnisse, die ggf. durch Voruntersuchungen erworben werden müssen, um durch die Festlegung von Auswahl- und Abgrenzungskriterien und die Standardisierung der Probennahmemethoden eine ausreichende Reproduzierbarkeit der Probennahme und damit eine quantitative Vergleichbarkeit der Analysenergebnisse zu erreichen.

Die Standardisierung der Probennahmemethoden für definierte Probenarten wird durch die Ausarbeitung und strikte Einhaltung von Probennahmerichtlinien angestrebt. Als höchster Grad der Standardisierung ist die formelle Festschreibung von Methoden z. B. in Form von VDI-Richtlinien oder DIN/ISO-Normen zu betrachten. VDI-Richtlinien existieren z. B. für die Probennahme und Analyse von Standardisierten Graskulturen [3] und für die Probennahme von Blättern und Nadeln von Bäumen am natürlichen Standort [4]. In Vorbereitung sind VDI-Richtlinien für Flechten sowie weitere Pflanzen und Tiere als Bioindikatoren. DIN/ISO-Normen sind in Vorbereitung für die Probennahme von Böden.

Eine prinzipielle Voraussetzung für die Aussagefähigkeit, Vergleichbarkeit und ggf. Beweisfähigkeit jeder Probennahme stellt die detaillierte, schriftliche Ausarbeitung und exakte Einhaltung eines problembezogenen Probennahmeplans dar. Dieser muß neben der Abgrenzung und Unterteilung der Untersuchungsfläche (Problem der Homogenität und Repräsentativität), der Definition der Probenart und der Probennahmemethode (Vergleichbarkeit, Reproduzierbarkeit) vor allem das Probennahmedesign (Meßnetz, Dichte und Verteilung der Probennahmestandorte), die Frage der statistischen Absicherung (Anzahl von Einzelstichproben) und den Probennahmezeitraum festlegen. Basis all dieser Entscheidungen ist eine klar formulierte Fragestellung.

7.2 Material und Methoden

Biologische Umweltproben stellen in aller Regel nicht das eigentliche Untersuchungsziel dar (wie z. B. medizinische oder forensische Proben), sie werden vielmehr stellvertretend als möglichst repräsentative Stichproben für größere Grundgesamtheiten, oft aber auch stellvertretend für ähnliche bzw. mit ihnen in engen Beziehungen stehende Umweltkompartimente gewonnen und untersucht. Dies bedeutet z. B. den Einsatz standardisierter, mit bekannter Spezifität und Sensitivität reagierender und mit räumlichem und/ oder zeitlichem Integrationsvermögen ausgestatteter (Bio-)Indikatorsysteme zur rationellen und reproduzierbaren Wirkungsermittlung, die stellvertretend für die Gesamtheit der räumlich, zeitlich und physiologisch oft extrem variablen Ziel- oder Schutzobjekte in einem zu untersuchenden oder zu überwachenden Raum analysiert und bewertet werden [5]. Bioindikationssysteme werden in Ergänzung zu technischen Umweltüberwachungssystemen vor allem da eingesetzt, wo es um die Quantifizierung von integralen Wirkungen komplexer bzw. unbekannter Immissionstypen auf verschiedenen Wirkungsebenen an Einzelorganismen bis hin zu ganzen Ökosystemen geht. Vorteilhaft sind sie außerdem dort, wo sie durch zeitliche und räumliche Akkumulations- bzw. Integrationseffekte oder ein breites Sensitivitätsspektrum Vorteile gegenüber technischen Meßverfahren bieten. Dies ist z. B. dann der Fall, wenn das analytische Nachweisvermögen zur Bewertung der Umweltmedien wie Luft, Wasser oder Boden nicht ausreicht. Weiterhin werden Bioindikationssysteme als vergleichsweise kostengünstige Verfahren für großräumige bzw. flächendeckende Voruntersuchungen zur Vorbereitung und Planung des optimierten Einsatzes spezifischer und aufwendiger Untersuchungsmethoden (z. B. Immissionsmessungen, Bodenanalysen etc.) in Belastungsräumen eingesetzt.

Als Zielgrößen, auf die biologische Umweltproben untersucht werden, kommen neben den Konzentrationen essentieller Bestandteile und potentieller Schadstoffe auch deren Metaboliten sowie ein ganzes Spektrum möglicher biochemischer, physiologischer, morphologischer oder genetischer Wirkungsparameter in Frage. Organismen und Lebensgemeinschaften reagieren nicht auf Einzelkomponenten oder -substanzen in ihrer Umwelt, sondern auf die Gesamtwirkung aller auf sie einwirkenden bekannten und unbekannten Stoffe und Faktoren. Entscheidend für die Beprobung und Analyse biologischer Umweltproben ist daher deren ökotoxikologische Relevanz, d. h. die Bedeutung der Befunde für andere Lebewesen und Lebensgemeinschaften bis hin zum Menschen (Indikatorfunktion) [5]. Anm.: Die Lebensmittelüberwachung hat eigene, wenn auch zum Teil ähnliche methodische Grundlagen, auf die hier nicht eingegangen werden soll.

7.3 Entwicklung von Probennahmeplänen

Um interpretationsfähige, reproduzierbare und quantitativ vergleichbare Ergebnisse erwarten zu können, sollten die Ziele, Strategien und methodischen Details in einem Probennahmeplan konkretisiert werden, der als Grundbestandteile folgende Informationen enthalten muß:

- genaue Definition der Probenart,
- Beschreibung der Probennahmemethode bzw. des Fangverfahrens und aller dafür benötigten Geräte und Gefäße,
- Definition des räumlichen und zeitlichen Repräsentationsanspruchs der Proben,
- Festlegung eines Meßnetzes mit Rasterweite und/oder Kriterien für die notwendige Anzahl, Auswahl und Abgrenzung der einzelnen Probennahmeflächen und der notwendigen Stichprobenanzahl,
- Festlegung des Zeitpunkts bzw. eines Zeitraums oder Turnus für die Durchführung der Probennahme (diese Angaben sollten für biologische Probenarten nicht nur kalendarisch, sondern auch phänologisch und witterungsmäßig definiert sein),

- Festlegung eines Probennahmedesigns zur statistischen Absicherung der Ergebnisse, ggf. auf der Basis entsprechender Vorstudien (s. Abschnitt 7.3.2). Anleitungen dazu sind z. B. in [6], konkrete Beispiele in [2], [7] und [8] zu finden.

Beispiele für Probennahmerichtlinien und Probennahmepläne wurden im Rahmen der Umweltprobenbank des Bundes entwickelt und sollen 1994 vom Umweltbundesamt im Ecomed-Verlag veröffentlicht werden. Einige besonders wichtige Aspekte werden im Folgenden näher erläutert.

7.3.1 Standardisierung der Probennahme

Die Konzentrationen von Spurenelementen und Schadstoffen in biologischen Materialien zeigen eine hohe biologische, zeitliche sowie klein- und großräumige Variabilität. Dies gilt sowohl für naturnahe als auch insbesondere für vom Menschen belastete, beeinflußte oder gesteuerte Ökosysteme. Die biologische Variabilität bezieht sich auf Unterschiede zwischen verschiedenen biologischen Arten, Individuen der selben Art, verschiedenen Organen des selben Individuums (z. B. Blättern, Zweige, Rinde, Holz, Wurzeln), aber auch zwischen analogen Teilen eines Organismus, z. B. Blätter unterschiedlichen Alters und unterschiedlicher räumlicher Position innerhalb der Krone eines Baumes [9]. Diese Variabilität muß für großräumig angelegte Serienuntersuchungen durch Standardisierung der Probennahme minimiert werden, um bei begrenzten Stichprobenzahlen quantitativ vergleichbare und wiederholbare Proben über räumliche und zeitliche Distanzen zu gewährleisten. Dieses Verfahren führt zu einer Reduktion der Vielfalt der mit den Zielgrößen korrelierten Merkmale und deren Spannbreite und damit zu geschichteten Zufallsstichproben, die nicht mehr die ganze Population repräsentieren, einen definierten Ausschnitt davon aber um so exakter. Beispiele dazu sind in der „Immissionsökologischen Waldzustandserfassung" (IWE) [10] sowie in [4] und [11] ausgearbeitet.

7.3.2 Festlegung und Abgrenzung der Probennahmefläche(n)

Biologische Umweltproben beziehen sich grundsätzlich auf die Gesamtheit oder auszuwählende Teile der zu untersuchenden Fläche (da sich Immissionsmessungen i. d. R. nur auf Meßpunkte beziehen, wird die Frage der räumlichen Repräsentanz dabei oft zu wenig beachtet). Eine Voraussetzung für aussagefähige und reproduzierbare Probennahmen ist die Auswahl repräsentativer und in sich homogener Probennahmeflächen, ggf. durch Aufteilung in homogene Teilflächen. Bei Probennahmen im Freiland ist stets auf möglichst einheitliche Verhältnisse bezüglich Standortfaktoren (Boden- und Grundwasserbedingungen, Flächennutzung, Exposition und Hangneigung) sowie Geländeklima, Immissionseinflüsse, Abschirmung etc. zu ach-

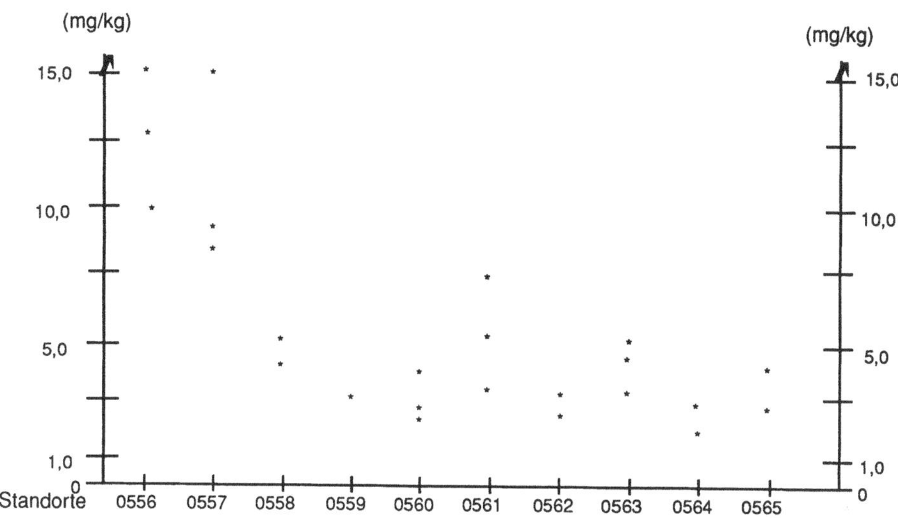

Abb. 1. Kreuzdiagramm der Bariumkonzentrationen in Fichtentrieben einer Probennahmefläche im Bayrischen Wald (aus [7], Analysen KFA Jülich, Institut für angewandte physikalische Chemie)

ten. Inhomogene Probennahmestandorte bzw. Populationen erhöhen die Streuung in den Analysenergebnissen zwischen verschiedenen Stichproben und führen zu schiefen Meßwertverteilungen. Die Bildung von Mittelwerten oder Mischproben setzt jedoch normalverteilte Meßwerte über die zu untersuchende Fläche voraus. Quantitative Vergleiche zwischen verschiedenen Standorten und/oder Zeitpunkten sind i. a. nur dann sinnvoll, wenn auch die Streuung innerhalb der Stichproben bekannt ist [8].

Für flächenbezogene Aussagen muß ggf. durch Voruntersuchungen (Screenings) die Homogenität der Untersuchungsfläche und der zu beprobenden Population getestet und daraufhin eine entsprechende Aufteilung oder Verkleinerung vorgenommen werden. Eine einfache und oft ausreichende Methode zur Beurteilung solcher Voruntersuchungen ist die graphische Darstellung der Ergebnisse in Kreuzdiagrammen (Plots, s. Abb. 1).

Im dargestellten Fall sind die ersten beiden Standorte 0556 und 0557 deutlich als Abweichungen mit erhöhten Bariumkonzentrationen zu erkennen. Ohne Modellannahmen, Datenaggregierung oder schwieriger zu handhabende numerische Maße (z. B. Varianz, Standardfehler etc.) können hierbei je nach Anordnung und Wahl der Variablen Aussagen über Konzentrationshöhen und -verteilung sowie Inhomogenitäten und Ausreißer gemacht werden [7]. Histogramme geben weitere Hinweise auf die Verteilungsform der Meßwerte. Die Ergebnisse von Zufallsstichproben aus homogenen Probennahmeflächen sind i. d. R. normalverteilt und homomer (Abb. 2). Dies ist eine Voraussetzung für viele weitere statistische Analysen. Inhomogene Probennahmeflächen führen oft zu linksschiefen, lognormalen Meßwertverteilungen.

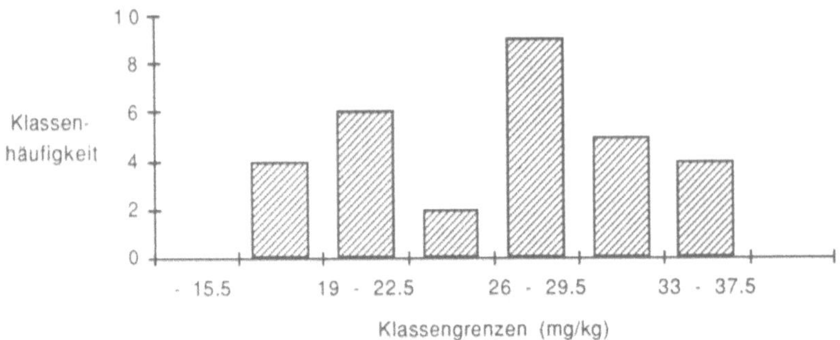

Abb. 2. Histogramm der Zinkkonzentrationen in Fichtentrieben (aus [7], Analysen KFA Jülich, Institut für angewandte physikal. Chemie)

7.3.3 Stichprobenumfang und Konfidenzintervalle

Konfidenzintervalle dienen der objektiven Bewertung von Mittelwerten aus Zufallsstichproben, indem die Intervallbreite das Maß der Unschärfe bzw. die Schwankungsbreite der tatsächlichen Mittelwerte bei vorgegebenem Signifikanzniveau α angibt. Das bedeutet, daß sich der wahre unbekannte Parameter mit der Wahrscheinlichkeit $(1-\alpha)$ zwischen den Konfidenzgrenzen befindet. Die Intervallbreite ist vom geforderten Signifikanzniveau α und dem Stichprobenumfang abhängig. Aus einem normalverteilten Stichprobenkollektiv kann für ein festgelegtes Signifikanzniveau sowohl die Konfidenzintervallbreite bei gegebenem Stichprobenumfang als auch der notwendige Stichprobenumfang zur Absicherung einer festgelegten Intervallbreite für einen Mittelwertparameter μ berechnet werden. Die Bestimmungsgleichung dafür lautet nach [12]:

$$n = (4 \cdot z^2(\alpha/2) \cdot \sigma_x^2)/KIB^2 \qquad (7\text{-}1)$$

z = Z-Wert der Standardnormalverteilung, die $(1-\alpha)\%$ der Fläche begrenzen

σ_x – Erwartungstreue Schätzung der Stichprobenstandardabweichung

KIB = Konfidenzintervallbreite

Am Beispiel einer Untersuchung einjähriger Fichtentriebe einer Probennahmefläche der Umweltprobenbank des Bundes im Nationalpark Bayrischer Wald (beprobt wurden je 3 Fichten von 10 zufällig verteilten Standorten) wurden die in den Tabellen 1 und 2 wiedergegebenen Resultate ermittelt (aus [7], Elementanalysen: KFA Jülich, Institut für angewandte physikalische Chemie; PAH-Analysen: Biochemisches Institut für Umweltcarcinogene in Großhansdorf). Da die Werteverteilung für Barium nicht homomer ist, besitzen die Angaben hierfür nur demonstrativen Charakter.

Bei einer angestrebten maximalen Abweichung des Paramcters von 10% vom Mittelwert der Stichprobe sind für das gewählte Beispiel die in Tabelle 2

Tabelle 1. Konfidenzintervallbreiten ausgewählter Stoffe, berechnet aus Screening-Daten Fichtentriebe Bayrischer Wald 1990, aus [7]

Stoff	z-Wert	Mittelwert (Einh./kg)	s	n	halbe Intervallbreite (Einh./kg)	halbe Intervallbreite % des Mittelwerts
Kupfer	1,65	3,57 mg	0,68	30	0,204 mg	5,6
Magnesium	1,65	809,53 mg	115,76	30	34,87 mg	4,3
Barium[a]	1,65	5,83 mg	3,96	27	1,26 mg	21,6
Barium[b]	1,65	4,03 mg	1,5	21	0,54 mg	13,4
Cadmium	1,65	49,15 µg	23,4	30	7,05 mg	14,3
Blei	1,65	2,0 mg	0,71	30	0,22 mg	10,8
Benzo(a)pyren	1,65	1,73 µg	0,65	30	0,2 mg	11,4
Fluoranthen	1,65	10,18 µg	3,29	30	0,99 mg	9,7
Pyren	1,65	5,52 µg	2,01	30	0,61 mg	11,0

[a] alle Proben, [b] ohne Ausreißer.

Tabelle 2. Intervallbreite und Stichprobenumfang bei 10% Toleranzbereich [7]

Stoff	halbe Intervallbreite %-Abweichung	halbe Intervallbreite Maßeinheit/kg	n
Kupfer	10	0,36 mg	10
Magnesium	10	80,95 mg	6
Barium	10	0,58 mg	126
Cadmium	10	4,92 µg	62
Blei	10	0,2 mg	34
Benzo(a)pyren	10	0,17 µg	39
Fluoranthen	10	1,02 µg	29
Pyren	10	0,55 µg	36

wiedergegebenen Stichprobenumfänge n notwendig. Die Ergebnisse zeigen, daß bei tragbarem Aufwand nicht für alle untersuchten Stoffe die geforderte Aussageschärfe erreichbar ist und ein Kompromiß zwischen gering- und hochdispersen Stoffen gefunden werden muß. Die bei Routineprobennahmen für tragbar gehaltene Maximalzahl von 15 zu beprobenden Einzelbäumen je Fläche führte im Beispiel zu den in Tabelle 3 wiedergegebenen Konfidenzintervallbreiten. Diese beispielhaft ermittelten Werte gelten allerdings nur für diesen Fall und können für andere methodische Ansätze und Gebiete nur grobe Anhaltspunkte liefern, da in jedem Fall unterschiedliche Dispersionsmuster und Einflußgrößen zu erwarten sind.

Tabelle 3. Intervallbreite und Toleranzbereich bei einem Stichprobenumfang von n = 15 [7]

Stoff	n	halbe Invallbreite	
		Maßeinheit/kg	%-Abweichung
Kupfer	15	0,3 mg	8,1
Magnesium	15	66,34 mg	8,2
Barium[a]	15	0,69 mg	15,9
Cadmium	15	9,97 µg	20,3
Blei	15	0,3 mg	15,2
Benzo(a)pyren	15	0,28 µg	16,0
Fluoranthen	15	1,4 µg	13,8
Pyren	15	0,86 µg	15,5

[a] ohne Ausreißer.

7.3.4 Probennahmezeitraum

Die Tageszeit kann für die Reproduzierbarkeit der Probennahme an Pflanzen insofern von Bedeutung sein, als sich durch die tageszeitlich wechselnde Photosyntheseaktivität, Stärkeakkumulation, Atmung, Wasseraufnahme und -abgabe und andere Substanzverlagerungen die stoffliche Zusammensetzung und die Biomasse der Blätter im Tagesverlauf ändert. Dies wirkt sich besonders auf das Frischgewicht, aber auch auf das Trockengewicht aus und kann die Ergebnisse von Elementanalysen in der Größenordnung von einigen % verfälschen.

Weit stärker wirken sich jahreszeitliche Unterschiede aus. Zum Jahresgang der Konzentrationen von Nähr- und Spurenelementen in Pflanzen liegen eine Vielzahl von Untersuchungen vor. Wyttenbach und Tobler [13] untersuchten 20 Elemente in Fichtennadeln und gliederten diese in drei Gruppen mit jeweils charakteristischen Konzentrationsverläufen im Jahresgang. Ahrens [14] analysierte Blätter und Nadeln verschiedener Forstbaumarten und stellte bei den essentiellen Spurenmetallen Kupfer, Zink und Molybdän besonders hohe Konzentrationen im ersten Stadium der Blattbildung fest. Mit der Blattentfaltung verringern sich die Konzentrationen rasch durch Verdünnung und bleiben dann während der Vegetationsperiode relativ konstant, während die Gesamtgehalte je Blatt kontinuierlich mit der Biomassenentwicklung ansteigen. Im Überschuß angebotene und als Immissionskomponenten auf den Blattorganen deponierte Elemente (z. B. Blei) zeigen dagegen während der ganzen Vegetationsperiode einen mehr oder weniger gleichmäßigen Konzentrationsanstieg, ggf. unterbrochen durch Regenperioden mit verstärkter Auswaschung (leaching). Mit beginnender Seneszens werden im Herbst die mobileren Nährstoffe wie Stickstoff und Kalium, bei Mangelzuständen auch Spurenelemente wie Zink, Eisen und Kupfer, von der Pflanze resorbiert, während die Konzentrationen der weniger mobilen Elemente wie Calcium und Magnesium, vor allem aber der im Überschuß vorhandenen und potentiell toxischen Elemente durch den Biomassenabbau und passive Akkumulation während der Seneszenz steil ansteigen können [9].

Bei allen Probennahmen an biologischen Objekten ist es wichtig, für die Probennahme klar definierte Zeiträume festzulegen, in denen möglichst wenig bzw. geringe Veränderungen im Organismus vor sich gehen, d. h. relativ konstante Zusammensetzungen zu erwarten sind. Beprobungen aquatischer Tiere würden z. B. während deren Laichzeit grundsätzlich zu kaum interpretierbaren und stark streuenden Resultaten führen und sind daher i. d. R. zu vermeiden. Weitere Faktoren, die starke Einflüsse auf die Probenzusammensetzung haben können, sind die Witterungsbedingungen vor und während der Probennahme. Wichtig für die Vergleichbarkeit bei Trendanalysen zur Erstellung von Zeitreihen ist daher, daß die Festlegung von Probennahmeterminen nicht stur nach dem Kalender, sondern soweit nötig und möglich flexibel nach der phänologischen Entwicklung und dem Witterungsverlauf erfolgt. Der von Jahr zu Jahr unterschiedliche Witterungsverlauf beeinflußt natürlich auch die Schadstoffeinträge und ist ein Hauptgrund dafür, daß mit Hilfe von Umweltproben erstellte Trendanalysen zwar den Verlauf der effektiven Schadstoffbelastung des entsprechenden Probentyps repräsentieren, aber nur mit Einschränkungen den Immissionstrend des entsprechenden Schadstoffes über die Zeitachse wiedergeben.

7.4 Spezielle Probleme bei der Probennahme biologischer Umweltproben

7.4.1 Abiotische und biotische Störfaktoren

Abiotische Faktoren wie wechselnde Witterungseinflüsse, Wasser- und Nährstoffversorgung und singuläre Ereignisse können ebenso wie die Einwirkungen von Beutegreifern, Parasiten oder Krankheiten die Abundanz der betroffenen Organismen sowie deren Aufnahme und Anreicherung von Stoffen aus der Umwelt beeinflussen. Dadurch wird die Verfügbarkeit der Probenart und die Wiederholbarkeit der Probennahme als Voraussetzung für quantitative Vergleiche beeinträchtigt. Viele Tierarten reagieren auf für sie günstige Umweltbedingungen mit Massenentwicklung (sog. r-Strategen) und erscheinen dadurch wegen der zeitweilig besonders hohen verfügbaren Biomasse als besonders geeignete Probenarten (z. B. viele Kleinsäuger, Insekten- und Schneckenarten). Doch gerade für diese r-Strategen ist es charakteristisch, daß unter ungünstigen Verhältnissen kaum die nötigen Probenmengen gewonnen werden können oder daß sie wegen veränderter Nahrungsspektren nicht vergleichbar sind [15]. Derartige Störfaktoren müssen bei der Auswahl der Probenarten vorausbedacht und bei der

Ausarbeitung des Probennahmeplans berücksichtigt werden. Natürlich muß dabei auch die Regenerationsfähigkeit der beprobten Population berücksichtigt und eine Übernutzung der Bestände vermieden werden.

Eine besonders elegante Lösungsstrategie wird am Beispiel der Dreikantmuschel aufgezeigt, die als unter vielen Aspekten ideale limnische Probenart für die Umweltprobenbank ausgewählt wurde. Eine regelmäßige Beprobung der normalerweise sehr umfangreichen freilebenden Bestände scheitert häufig an Störungen wie z. B. der schwierigen Erreichbarkeit durch Hochwasser, der Verunreinigung durch Algen und Sedimente nach einem Sturm oder der starken Fluktuation der Bestände durch Einflüsse von Freßfeinden (z. B. wandernde Schwärme muschelfressender Wasservögel). Zur Sicherung der Verfügbarkeit ausreichender Probenmengen, leichter Zugänglichkeit und verbesserter Reproduzierbarkeit für regelmäßig zu wiederholende Probennahmen wurden daher standardisierte Besiedlungskörper entwickelt und exponiert, durch die die oben genannten Störfaktoren weitgehend ausgeschaltet werden können. Auf dem speziell ausgewählten Material setzen sich die Larven der Dreikantmuscheln fest. Sie können weitgehend störungsfrei aufwachsen und nach der festgelegten Expositionsperiode leicht entnommen werden. Entsprechende Möglichkeiten bieten sich z. B. an für Stadttauben und einige andere Vogelarten durch das Angebot gezielt exponierter Nistmöglichkeiten zur Gewinnung von Eiproben sowie bei Honigbienen zur Entnahme von Honig, Bienenwachs Propolis u. a. unter standardisierten Bedingungen [1].

7.4.2 Probenkontamination/-veränderungen durch Probennahme und Probenbearbeitung

Das Problem der Kontamination bzw. des Verlustes von Probenbestandteilen während der Probennahme, der Probenbearbeitung und des Transports durch Probennahmegeräte und Behälter sowie durch Austausch mit der Arbeitsumgebung ist im Prinzip allen Umweltproben gemeinsam und soll hier nicht allgemein diskutiert werden. Einige spezifische Probleme, die speziell bei Proben von Pflanzen und Tieren auftreten, sollen an einigen Beispielen erläutert werden.

Während Böden und Sedimente neben aktuellen Einträgen auch die „Altlasten" eines Standortes unabhängig von ihrer biologischen Verfügbarkeit repräsentieren, zeigen Pflanzen die aktuelle Einwirkung von Schadstoffen an, integriert über ihren jeweiligen Expositionszeitraum. Die Akkumulation einer Substanz wird vom Angebot über die Medien Luft, Niederschlag und Boden, vom Maß ihrer Pflanzenverfügbarkeit unter den am Standort wirkenden Wachstums- und Umweltbedingungen und von ihrer Persistenz und Speicherfähigkeit in oder auf den zu beprobenden Pflanzenorganen bestimmt [16]. Nach der zu untersuchenden Fragestellung muß entschieden werden, ob oberflächlich anhaftende Schadstoffanteile miterfaßt oder vorher entfernt werden sollen. Sollen sie bewußt miterfaßt werden, so ist neben der Vermeidung mechanischen Abriebs auch auf geeignete Witterungsverhältnisse vor und während der Probennahme zu achten. Bei der Durchführung der Probennahme ist daher jede unnötige Berührung des Probenmaterials zu vermeiden. Blattorgane sollten z. B. grundsätzlich bereits vor Ort, also nicht erst im Labor (!) mit geeigneten Scheren so abgeschnitten werden, daß sie ohne weitere Berührung in den vorgesehenen Probenbehälter fallen [5, 11].

Zu den witterungsabhängigen Störungen gehören auch die bei Wind oder Starkregen hochgewirbelten und besonders an bodennah wachsenden Pflanzenorganen anhaftenden Staub- und Bodenpartikel. Diesem Problem kann man oft entgehen, wenn man bei der Probennahme die kleinräumig wechselnden Einflüsse der bodennahen Luftschicht meidet und höher positionierte, den generalisierenden Luftbewegungen ausgesetzte Pflanzenteile aus einer festgelegten Probennahmehöhe verwendet.

Bei tierischen Probenarten ist ein praktikables, kontaminations- bzw. verlustfreies Fangverfahren Voraussetzung für die Verwendbarkeit der jeweiligen Tierart. In vielen Fällen scheiden Fangmethoden, die auf der Verwendung von Ködern, Giften etc. basieren, wegen der Kontaminationsgefahr und anderen Problemen aus. Auch physikalische Fang- und Tötungsmethoden müssen, neben der Verträglichkeit mit dem Tierschutzgesetzt, darauf hin überprüft werden, ob sie keine Kontamination verursachen, z. B. durch Projektilsplitter aus Schußwaffen. Wichtig ist außerdem zu prüfen, ob die Zeitdauer bis zur Entnahme der lebenden oder getöteten Tiere zu Verlusten oder Veränderungen der zu analysierenden Stoffe oder der Bezugsbasis führen kann. Dies betrifft insbesondere die mögliche Mobilisierung und Ausscheidung bzw. eine veränderte Verteilung von Stoffen auf verschiedene Organe im Organismus, aber auch Verluste an leicht metabolisierbaren organischen Verbindungen durch Stoffwechselfunktionen oder enzymatischen Abbau. So ist z. B. mit Umverteilungen organischer Schadstoffe in den inneren Organen und Körperflüssigkeiten zu rechnen, die sowohl durch Streß vor dem Tod als auch durch endolytische Reaktionen nach dem Tod verursacht werden können [2]. Derartige Vorgänge wurden z. B. während der Entfernung des Darminhalts bei Regenwürmern nachgewiesen [17]. Ähnliche Probleme ergeben sich bei Mollusken oder Fischen, wo i. d. R. ebenfalls der Darminhalt entfernt werden muß, um die in das Körpergewebe aufgenommen von den nur „durchgeschleusten“, physiologisch inaktiven Stoffen unterscheiden zu können.

Die Gewinnung bestimmter Organe durch Sektion ist die konsequente Fortsetzung dieser Strategie bei größeren Organismen. Sie kann zu besonderen Kontaminationsrisiken durch Sektionsgeräte, Staubeintrag etc. führen. Da hierbei als Untersuchungsziel besonders die Erfassung oft sehr geringer Konzentrationen physiologisch wirksamer Substanzen im Vordergrund steht, ist zur Vermeidung von Laborkontaminationen neben den allgemeinen Reinheitsvorkehrungen und kontaminationsfreien Geräten i. d. R. ein staubfreier Arbeitsplatz (clean bench) erforderlich, der bei der Untersuchung möglicherweise gasförmig in der Raumluft enthaltener Stoffe auch ein Absorptionsfilter enthalten sollte.

Ganz allgemein ist zu empfehlen, Manipulationen am Probenmaterial auf das unbedingt notwendige Minimum zu beschränken und diese so weit wie möglich direkt am Standort oder an Reinluftarbeitsplätzen durchzuführen, um die Gefahr von Laborkontaminationen zu verringern. Die Entfernung oberflächlich anhaftender „Verunreinigungen" von Pflanzen kann allerdings unter folgenden Aspekten erwünscht oder notwendig sein:

- Vermeidung witterungsbedingter Unterschiede der Oberflächenbelegung,
- Berücksichtigung des Dekontaminationseffektes durch die übliche Behandlung von Nahrungspflanzen bei der Zubereitung [18]
- Unterscheidung in das Pflanzengewebe aufgenommener (physiologisch bedeutsamer) von äußerlich anhaftenden (inaktiven) Schadstoffanteilen.

Sowohl die ionogen als auch partikulär an Pflanzenoberflächen haftenden Stoffe sind i. d. R. durch die Kutikularwachse und Oberflächenstrukturen so fest gebunden, daß sie mit wäßrigen Lösungen zwar mehr oder weniger effektiv extrahiert, aber nicht vollständig abgewaschen werden können. Dagegen können durch radikale Verfahren mit längerem Einweichen, Ultraschallbehandlung und/oder Zusätzen von Säuren, Detergentien oder Komplexbildnern aber auch in den Zellwänden gebundene Stoffe gelöst bzw. Zellinhaltsstoffe durch mechanische oder chemische Beschädigung der Zellmembranen in kaum kalkulierbarem Ausmaß mit entfernt werden. Eine vollständige Entfernung der durch die Kutikularwachse gebundenen Partikel und Beläge ist durch Waschen mit wachslösenden Agentien wie z. B. Chloroform, Toluol/Tetrahydrofuran oder Butanol möglich [17, 19, 20]. Dabei muß jedoch auch die durch den Wachsentzug veränderte Bezugsbasis berücksichtigt werden.

Darüberhinaus beinhalten alle Waschverfahren natürlich auch Kontaminationsgefahren, nicht nur durch Inhaltsstoffe des Waschmediums und der verwendeten Gefäße selbst, sondern vor allem durch die Exposition der nassen Proben gegenüber der Laborluft. Dies ist besonders zu beachten, wenn die Proben anschließend in einem Wärmeschrank getrocknet werden. Insbesondere bei Trockenschränken mit Umluft empfiehlt es sich, die Trocknung nicht in offenen Schalen, sondern in staubdicht verschlossenen, aber dampfdurchlässigen Pergamenttüten durchzuführen [4, 11], die natürlich ebenfalls auf mögliche Kontamination zu überprüfen sind.

Literatur

1. Müller P, Wagner G (1985) Untersuchung von Probenarten und Entwicklung von Probenahmerichtlinien für Biomonitoring im Rahmen der Umweltprobenbank (Umweltforschungsplan des Bundesministeriums des Innern, Forschungsbericht i. A. des Umweltbundesamtes, Saarbrücken
2. Lewis RA (1985) Richtlinien für den Einsatz einer Umweltprobenbank in der Bundesrepublik Deutschland auf ökologischer Grundlage. Umweltforschungsplan des BMI, Studie i. A. des Umweltbundesamtes, Saarbrücken
3. VDI 3792 Bl. 1-3 (1978, '80 und '86) Messen der Wirkdosis; Verfahren der standardisierten Graskultur. VDI-Handbuch Reinhaltung der Luft, Düsseldorf
4. VDI 3792 Bl. 5 (1991) Messen der Wirkdosis; Verfahren zur Standardisierung der Wirkungsfeststellung an Blättern und Nadeln von Bäumen am natürlichen Standort. VDI-Handbuch Reinhaltung der Luft, Düsseldorf
5. Wagner G (1993) Einsatzstrategien und Meßnetze für die Bioindikation im Umweltmonitoring. In: Ries L, Wagner G, Fiedler H, Hutzinger O (Hrsg) Ecoinforma '92 Bd 4, Ecoinforma-Press Bayreuth, S 23-31
6. Green RH (1979) Sampling Design and Statistical Methods for Environmental Biologists. John Wiley & Sons, New York
7. Fischer P (1991) Statistische Überprüfung und Optimierung von Beprobungsplänen für die Umweltprobenbank. Dipl.arb. Univ. Saarbrücken
8. Bingert A, Göthberg A, Jensen S, Litzen K, Odsjö T, Olsson M, Reutergardh L (1993) The Science of the Total Environment 128:121-139
9. Wagner G (1990) Variability of Element Concentrations in Tree Leaves on Sampling Parameters. In: Lieth H, Markert B (eds) Element Concentration Cadasters in Ecosystems (ECCE) Verlag Chemie, Weinheim, S 41-54
10. Knabe W (1983) Immissionsökologische Waldzustandserfassung in Nordrhein-Westfalen (IWE 1979). Forschung und Beratung C 37
11. Wagner G (1987) Entwicklung einer Methode zur großräumigen Überwachung der Umweltkontamination mittels standardisierter Pappelblattproben von Pyramidenpappeln (Populus nigra „Italica") am Beispiel von Blei, Cadmium und Zink. In: Stoeppler M, Dürbeck HW (Hrsg) Beiträge zur Umweltprobenbank 5, KFA Jülich
12. Bortz J (1985) Lehrbuch der Statistik für Sozialwissenschaftler. 2. Aufl. Springer, Berlin Heidelberg New York
13. Wyttenbach A, Tobler L (1988) Trees 2:52-64
14. Ahrens E (1964) Allg Forst- u Jagdzeitg 135:8-16
15. Müller P, Wagner G (1986) Probennahme und genetische Vergleichbarkeit (Probendefinition) von repräsentativen Umweltproben im Rahmen des Umweltprobenbank-Pilotprojekts. BMFT-FB-T 86-040
16. Ernst WHO (1990) Element (Re)translocation in Plants and its Impact on Representative Sampling. In: Lieth H, Markert B (eds) Element Concentration Cadasters in Ecosystems (ECCE) Verlag Chemie, Weinheim, S 17-40
17. Riss B, Müller P (1989) Ökologische und rückstandsanalytische Untersuchungen zur Eignungsprüfung von Regenwurmarten als Indikatororganismen für die Umweltprobenbank. UFO Plan des BMU Umweltplanung/Ökologie i. A. des UBA, Saarbrücken
18. Bundesgesundheitsamt (1979) Bekanntmachungen des BGA. Bundesgesundheitsblatt 22/15:277-279
19. Wyttenbach A, Tobler L, Bajo S (1989) Toxicol Environ Chem 19:25-33
20. Schwedt G, Jahns G (1987) Fresenius Z Anal Chem 328:85

8 Probennahme für die Bilanzierung von Spurenelementen beim Klinkerbrennprozeß

WOLFRAM RECHENBERG und GEORG BACHMANN

8.1 Einleitung

Der Auswurf von Staub und verschiedenen Spurenelementen wird durch das BImSchG [1, 2] begrenzt. Die Staubemission wird inzwischen kontinuierlich überwacht [3]. Für die Bestimmung der emittierten Schwermetalle ist das Reingas zu beproben [4]. Die dabei gewonnene Staubprobe wird analysiert [5]. Nach neuerer Vorstellung sind auch die filtergängigen Emissionen zu erfassen [6]. So läßt sich die Emission zu einem bestimmten Zeitpunkt ermitteln. Betriebliche Änderungen zur Minderung der Emission lassen sich daraus jedoch nicht ableiten. Dazu sind Messungen erforderlich, bei denen die Einnahmen und Ausgaben eines Elements zu erfassen und zu bilanzieren sind. Auf diese Weise wurden bisher verschiedene Nebenbestandteile und Spurenelemente des Klinkerbrennprozesses [7–14] untersucht. Hier wird über eine dem Material und dem Verfahren angepaßte Probennahme an Zementöfen sowie über Folgerungen aus den Untersuchungsergebnissen berichtet.

8.2 Zementklinkerbrennprozeß

8.2.1 Allgemeines

Man kann den Zementherstellungsprozeß in drei Bereiche unterteilen, die in Abb. 1 dargestellt sind [15]. Der obere Teil zeigt den Rohmaterialbetrieb. Das Rohmaterial wird im Steinbruch gewonnen, danach gebrochen und in einem Mischbett homogenisiert. Ein solches Mischbett enthält annähernd 100000 t Material. Das Material wird von oben aufgegeben und nach Beendigung des Aufbaus von der Stirnseite des Haufwerks ganzflächig mit einem Kratzer abgetragen und der Rohmühle zugeführt [16]. In der Mühle wird das homogenisierte Rohmaterial staubfein gemahlen, mit dem Abgas des Ofens vollständig in einen Elektrofilter überführt und abgeschieden. Der abgeschiedene Staub, das Ofenmehl, wird in Silos gesammelt. Die Silos im mittleren Teil der Abb. 1 stellen den ersten Teil des Klinkerbrennprozesses dar. In ihnen wird das Ofenmehl erneut homogenisiert und anschließend dem Vorwärmersystem zwischen dem ersten und zweiten Zyklon aufgege-

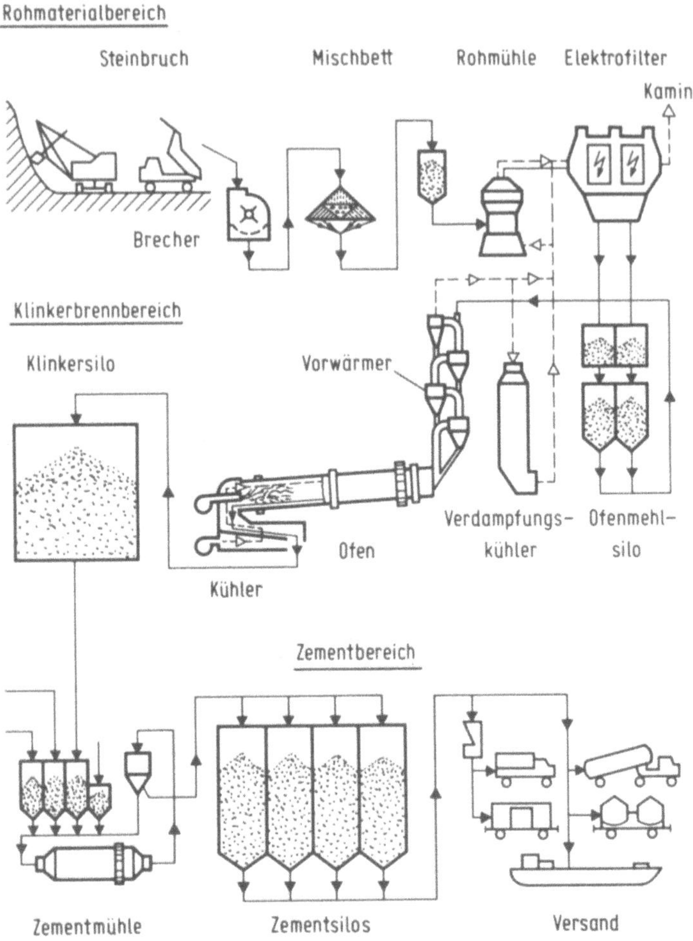

Abb. 1. Fließbild: Zementherstellung nach G. Wischers [15]

ben. Dabei wird das Mehl im Heißgas suspendiert und im ersten Zyklon abgeschieden. Danach wird es erneut zwischen dem zweiten und dritten Zyklon suspendiert. Dieser Vorgang wird fortlaufend wiederholt, bis das Material teilentsäuert in den Ofen eintritt. Das Gas im Ofeneinlauf weist eine Temperatur von über 1000 °C, der Feststoff eine Temperatur von über 800 °C auf. Der Feststoff tritt danach in die Sinterzone ein, in der er bei etwa 1500 °C zu Klinker sintiert. Der Klinker wird in Kühlern unterschiedlicher Bauart gekühlt und in einem Klinkersilo zwischengelagert.

Der untere Teil der Abb. 1 zeigt die Zementmühle, in der der Klinker gemeinsam mit einem Sulfatträger, Gips und/oder Anhydrit, zu Portlandzement vermahlen wird. In einigen Fällen wird glasig erstarrte Hochofenschlacke, der sogenannte Hüttensand, oder Puzzolan oder Flugasche in der Mühle hinzugefügt, so daß bei dem Mahlprozeß Hütten-, Puzzolan- oder

Flugaschezement entsteht. Danach werden die Zemente bis zum Versand in Silos gelagert.

Unter dem Gesichtspunkt des Verbleibs von Spurenelementen ist der Brennprozeß im mittleren Teil der Abb. 1 sowie die Rohmühle und der Elektrofilter im oberen Teil der Abb. 1 von Bedeutung. Die Grenzen einer äußeren Bilanz sind daher bei den Einnahmen das Rohmaterial und der Brennstoff. Ausgaben sind das Abgas und der Klinker [17].

8.2.2 Aufnahme von Bilanzen

Soll ein industrieller Prozeß untersucht werden, um den Verbleib eines bestimmten Elements zu ermitteln, so sind alle Einnahmen mit allen Ausgaben des fraglichen Elements zu bilanzieren. Die Stoffströme nicht verdampfbarer Bestandteile, wie z. B. Calciumoxid oder Aluminiumoxid, sollten bei äußeren Bilanzen aufgehen. In der Praxis treten jedoch immer Bilanzfehlbeträge auf, die aus unvermeidbaren Fehlern bei der Probennahme, der Probenvorbereitung und der Analyse stammen. Aus dem Bilanzfehlbetrag lassen sich daher Aussagen über die Güte der Bilanz ableiten (vgl. Abschn. 8.5).

Das heiße Gas, das dem Brenngut im Ofen und im Vorwärmer entgegenströmt, enthält neben gasförmigen Bestandteilen aus der Verbrennung (CO_2) dampfförmige Verbindungen (Alkalichlorid), die aus der Dissoziation des Brennguts und seiner Reaktion mit der Gasphase stammen. Außerdem enthält das Gas Staub, der im Elektrofilter abgeschieden wird. Auf dem Weg zum Elektrofilter durchströmt das Gas ständig einen dichten Staubschleier, auf dem dampfförmige Bestandteile bei entsprechender Temperaturerniedrigung kondensieren. Dadurch entstehen innere Kreisläufe im Vorwärmer. Ein Teil verläßt den Vorwärmer, wird mit dem abgeschiedenen Staub mit den Rohstoffen zum Ofenmehl vereinigt und in den Vorwärmer zurückgeführt. Dadurch entstehen äußere Kreisläufe. Durch innere und äußere Kreisläufe kann der Bilanzfehlbetrag einer äußeren Bilanz

Tabelle 1. Massenströme äußerer und innerer Bilanzen (nach [12, 14, 17])

Art der Bilanz	Äußere Bilanz	Innere Bilanz
Einnahmen	Rohmaterial, unbehandelt Brennstoffe, unbehandelt	Ofenmehle Brennstoffe, ofenfertig
Ausgaben	Klinker Klinkerstaub Abgeführte Stäube Emittierter Staub Gasförmige Emission	Klinker Klinkerstaub Rohgas (Staub, Gas) Abgeführte Stäube Emittierter Staub Gasförmige Emission

stark anwachsen. Um das Verhalten eines Elements vollständig zu beschreiben, ist daher eine innere Bilanz erforderlich. Als innere Bilanz wird ein Vergleich der Einnahmen und Ausgaben des Vorwärmers bezeichnet. In Tabelle 1 sind die Stoffe zusammengestellt, die bei einer Probennahme für beide Bilanzen zu erfassen sind [12, 14, 17].

Die in Tabelle 1 aufgeführten Massenströme sind während einer ausreichend langen Zeit zu ermitteln, ordnungsgemäß zu beproben und zu analysieren [12, 14, 17–20].

8.2.3 Ofenvorwärmersysteme

In der Praxis werden vor allem zwei vollständig unterschiedliche Ofenvorwärmersysteme verwendet, die als Zyklonvorwärmerofen bzw. als Rostvorwärmerofen bezeichnet werden [21]. Hier wird lediglich auf Zyklonvorwärmeröfen näher eingegangen.

In Abb. 2 ist ein Ofen mit Zyklonvorwärmer wiedergegeben. Das heiße Abgas des Ofens durchströmt die Zyklone von unten nach oben. Das Ofenmehl wird dem Zyklonvorwärmer mit einer Temperatur von etwa 60 °C aufgegeben, im Gas suspendiert, abgeschieden und erneut suspendiert, bis es den Ofen teilentsäuert erreicht. Das Gas verläßt den Ofen mit einer Temperatur von über 1000 °C. Nach dem Vorwärmer ist es auf ca. 300 bis 400 °C abgekühlt. Danach kann es auf zwei unterschiedlichen Wegen weitergeleitet werden. Ist die Rohmühle außer Betrieb, wird das trockene

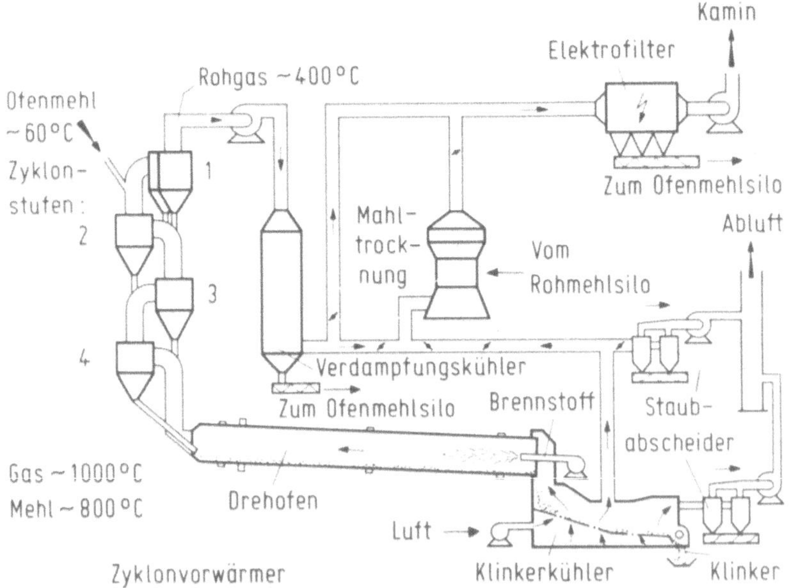

Abb. 2. Schematische Darstellung eines Zyklonvorwärmeofens

Rohgas entweder im Verdampfungskühler konditioniert und danach zum Elektrofilter geleitet, oder das Rohmaterial wird in der Mühle während des Mahlens mit dem Rohgas getrocknet. In beiden Fällen wird der Staub im Elektrofilter abgeschieden und in das Ofenmehlsilo geleitet. Das Ofenmehl besteht demnach aus Rohmaterial und Rohgasstaub. Der Staubgehalt des Rohgases nach Zyklonvorwärmer beträgt etwa 50 bis 150 g/m^3. Er wird im Elektrofilter auf weniger als 50 mg/m^3 im emittierten Reingas gesenkt.

8.2.4 Probennahmeorte

Die Probennahmeorte sind überwiegend Übergabestellen. Das Gut wird z. B. mit Bändern transportiert. Dabei fällt es von einem Transportband auf ein anderes oder in ein Silo. Die Materialien werden mit Bändern aus Silos abgezogen. Das Ofenmehl wird in den Zyklonen des Zyklonvorwärmers abgeschieden. Danach fällt es durch Falleitungen in die Steigleitungen des entgegenströmenden Gases. Auch aus den Falleitungen vor oder nach pneumatischen Förderrinnen können Proben gezogen werden. Bei der Wahl der Entnahmeorte ist zu beachten, daß die Proben aus einem gemischtkörnigen Gut entnommen werden. Solche Materialien neigen zum Entmischen. Dabei wandern gröbere Körner an den Rand und feinere Körner in die Mitte.

Für die Entnahme aus staubhaltigen Gasen ist ein Ort zu wählen, an dem das Gemisch laminar senkrecht aufwärts oder abwärts strömt. Aus keiner anderen Richtung kann eine repräsentative Probe gewonnen werden. Das geht aus Abb. 3 hervor, in dem die Verhältnisse in einer waagerechten Leitung wiedergegeben sind.

Aus einem strömenden staubhaltigen Gas setzt sich der Staub ab. Das führt zu einer Staubanreicherung im unteren und zu einer Staubverarmung im oberen Teil der Leitung. Dementsprechend strömt das an Staub verarmte Gas im oberen Teil der Leitung schneller als im unteren, mit Staub angereicherte Teil.

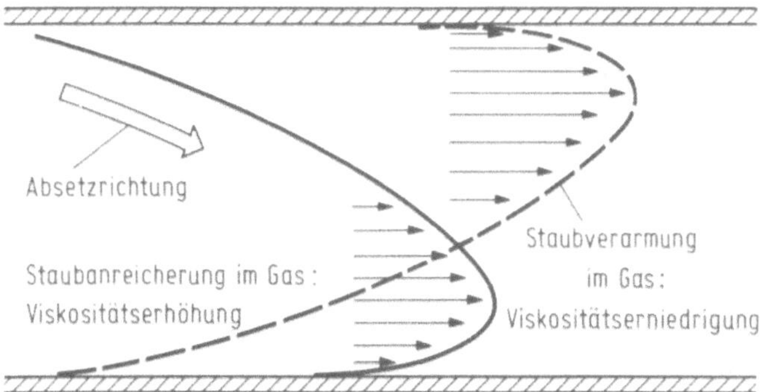

Abb. 3. Verhalten von Staub im horizontalen Gasstrom

Auf einzelne Probennahmeorte wird bei der Probennahme (Abschn. 8.3) nochmals eingegangen.

8.2.5 Bestimmen der Massenströme

Um die Massenströme eines Elements berechnen zu können, müssen die zugehörigen Materialmassenströme bestimmt werden. Das Rohmehl, manchmal auch das Ofenmehl und die Kohle, werden dazu über Bandwaagen oder durch Wägesilos geleitet [22, 23]. Bei Bandwaagen ergibt sich der Materialmassenstrom aus der Auslenkung von Wägerollen und der Bandgeschwindigkeit. Der Gewichtsinhalt von Silos wird meist mit Druckzellen, ggf. auch über den Füllstand, ermittelt. Um daraus den Massenstrom zu bestimmen, benötigt man die Auslaufzeit unter Betriebsbedingungen. Den Klinkermassenstrom erhält man am besten durch Verwiegen. Dazu wird die gesamte Klinkerproduktion beispielsweise während ½ h abgezweigt und in ein Silo gefahren. Aus dem Silo werden LKWs beladen und gewogen. Bei der Berechnung des Massenstroms ist der verbrauchte Treibstoff zu berücksichtigen. Heizöl wird über geeichte Volumenmesser dosiert. Für die Berechnung des verfeuerten Massenstroms ist die Dichte bei Betriebstemperatur erforderlich.

8.2.6 Häufigkeit der Probennahme

Für die Qualität des hergestellten Klinkers ist die Homogenität der Ausgangsmaterialien von maßgebender Bedeutung. Trotzdem können kleinere Schwankungen in der Zusammensetzung der Materialien nicht ausgeschlossen werden. Aus diesem Grund ist es erforderlich, Wiederholmessungen an jedem einzelnen Zementklinkerprozeß durchzuführen, sofern Langzeitfeststellungen über das Verhalten eines Elements getroffen werden sollen. Bei gleichmäßigem Ofengang genügt normalerweise eine stündliche Probennahme während 12 Stunden [14, 17, 19]. In einigen besonders schwierigen Fällen kann es erforderlich sein, die Probennahme halbstündlich durchzuführen oder auf 24 Stunden auszudehnen [20].

8.3 Probennahme

Die Art der Probennahme muß auf die Art des beprobten Stoffs und das Transportmittel ausgerichtet werden. Die meisten Materialien weisen eine Kornverteilung auf. Sie neigen daher bereits bei leichten Erschütterungen zum Entmischen.

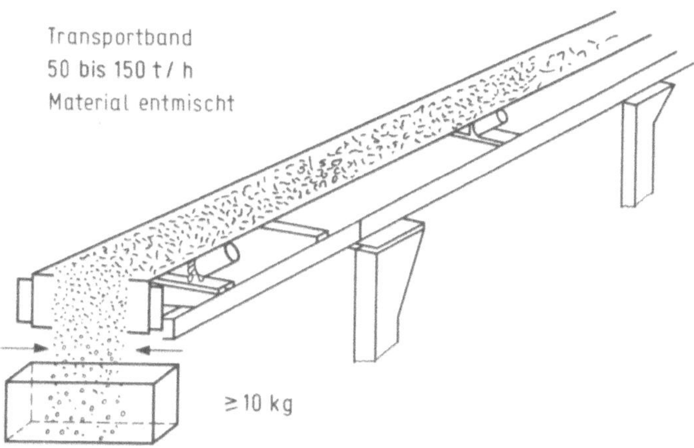

Abb. 4. Probennahme vom Band

8.3.1 Probennahme vom Band

Die Rohmaterialien, das Rohmehl und das Ofenmehl sowie die gemahlene Kohle werden häufig mit Bändern transportiert [24–26]. Ein solches Transportband ist in Abb. 4 skizziert. Das transportierte Gut fällt von der Endrolle in einen Trichter oder auf ein anderes Band. Aus dem fallenden Material kann mit einem Behälter eine Probe gezogen werden. Die Breite des Behälters muß größer sein als die Breite des Materialstroms. Die je Zugriff entnommene Materialmenge sollte nicht geringer als 10 kg sein.

8.3.2 Probennahme bei pneumatischer Förderung

Pulverförmige Güter, wie Ofenmehl oder gemahlene Kohle, werden häufig in pneumatischen Rinnen gefördert. Abb. 5 zeigt beispielhaft zwei Ausführungen solcher Rinnen, die normalerweise mit einer Neigung von etwa 4 bis 8° betrieben werden [27].

Im oberen Bildteil fließt das Gut auf einer porösen Trennwand, durch die dauernd ein Luftstrom geleitet wird, wie im herausgezogenen Bildteil angedeutet. Der untere Bildteil zeigt eine Rinne für überwiegend selbstfließendes Material, das nur im Bedarfsfall durch einen Druckstoß aufgelockert wird. Im herausgezogenen Bildteil sind die entsprechenden Einbauten dargestellt. Die Gasphase über gemahlener Kohle ist inertisiert. Unabhängig vom transportierten Gut sind alle Rinnen gekapselt. Am Ende einer solchen Rinne fällt das Material in einen Schacht, in den eine Schleuse eingebaut werden kann. Abb. 6 zeigt eine solche Schleuse, in die ein geschlitztes Doppelrohr als Probennehmer bis zum Anschlag an die Rückwand einge-

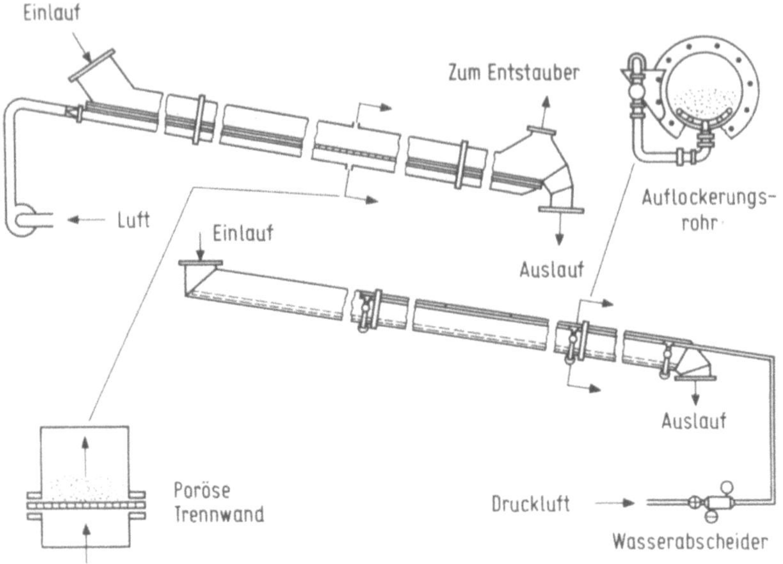

Abb. 5. Schematische Darstellung von pneumatischen Förderrinnen

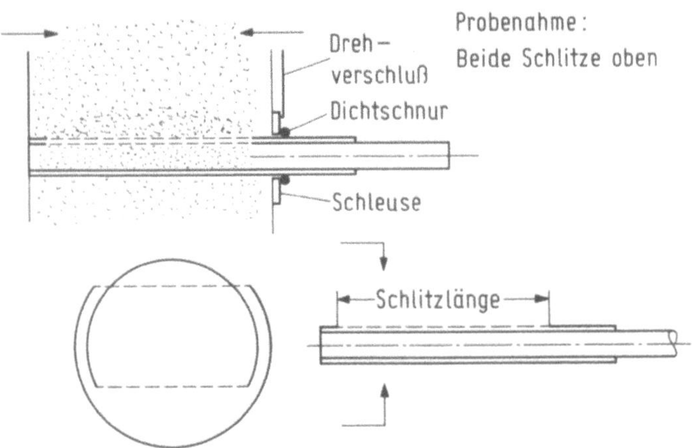

Abb. 6. Schematische Darstellung der Probennahme mit einem Doppelschlitz-Probennehmer

führt ist [28]. Beim Einführen ist das Doppelrohr verschlossen, wie im unteren Bildteil dargestellt. Danach werden die Rohre so verdreht, daß beide Schlitze gegenüber dem fallenden Gut geöffnet sind. Zur Entnahme wird das innere Rohr verdreht. Beide Rohre werden aus der Schleuse gezogen, die dabei zu verschließen ist. Das innere Rohr wird in ein geeignetes Gefäß entleert. Das Gewicht der entnommenen Probe sollte wenigstens 500 g

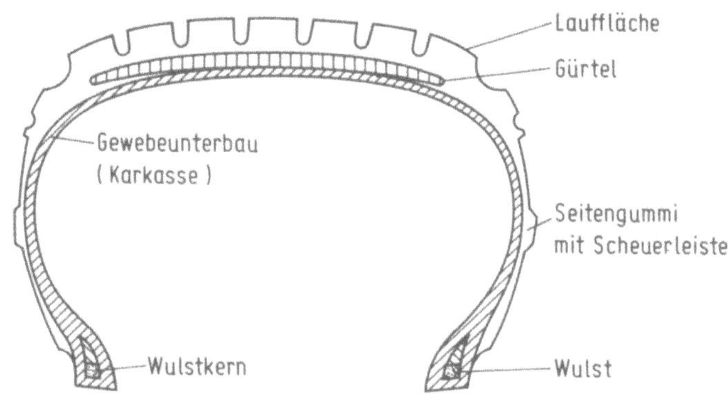

Abb. 7. Schematische Darstellung der Entnahme einer Teilprobe aus einem PKW-Reifen

betragen. Sollte die entnommene Menge nicht ausreichen, so kann sie durch weitere Zugriffe ergänzt werden.

8.3.3 Altreifen

In verschiedenen Zementwerken werden Altreifen verbrannt. Die Reifen werden meist über eine Laufrinne zu einer Waage geführt, mit der das Einzelgewicht ermittelt wird. Anschließend fällt der Reifen durch eine Schleuse in den Ofeneinlauf. Aus der Reifenreihe vor der Waage wird ein ganzer Reifen entnommen und gewogen. Aus dem Probereifen wird durch zwei parallele Schnitte, z. B. mit einer Trennscheibe, ein Streifen mit einer Breite von etwa 2–3 cm abgetrennt. Die Trennschnitte sind, wie in Abb. 7 schematisch dargestellt, senkrecht zur Laufrichtung zu führen, weil bei der Herstellung des Reifens für die Wulst, die Karkasse, den Gürtel und die Lauffläche unterschiedliche Gummimischungen verwendet werden [29]. Aus diesem Grund kann nur in dieser Richtung eine für den ganzen Reifen repräsentative Teilprobe entnommen werden.

8.3.4 Flüssige Brennstoffe

Schweres Heizöl wird heute nur noch mit einem Anteil von ca. 5% des Brennstoffenergiebedarfs in der Zementindustrie verfeuert. Es weist eine so hohe Viskosität auf, daß es nur bei erhöhter Temperatur gepumpt und in einer Brennerdüse versprüht werden kann. Es wird daher in Hochdruckbehältern auf etwa 110 bis 120°C erwärmt und mit einem Druck von etwa 20 bar zum Brenner gepumpt. Aus der Leitung zum Brenner kann eine Ölprobe von etwa 1 l gezogen werden. Bei der Entnahme ist die Temperatur zu messen. Die Heiz- und Pumpstationen enthalten geeichte Volumenmes-

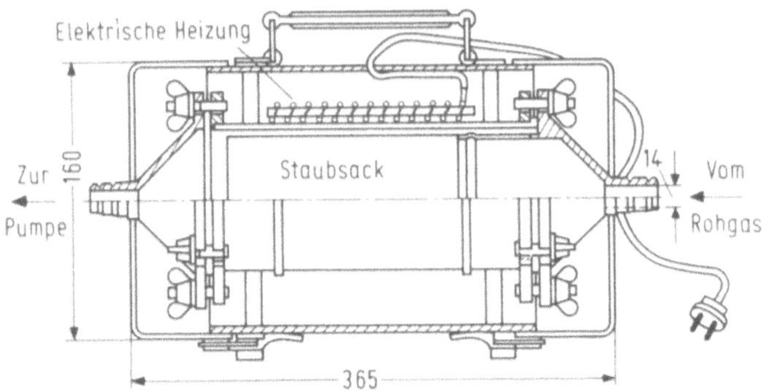

Abb. 8. Gerät zur Entnahme von Rohgasproben

ser, mit denen das verbrauchte Ölvolumen abgelesen werden kann. Im Laboratorium ist die Dichte der Probe bei Betriebstemperatur zu ermitteln. Daraus ergibt sich der Massenfluß des Öls zum Brenner [20].

8.3.5 Rohgasstaub

Aus dem Rohgas wird ein Volumenstrom von etwa 6 m^3/h isokinetisch abgesaugt und in den Staubsack der in Abb. 8 dargestellten Apparatur abgeschieden [30]. Von einer isokinetischen Gasentnahme spricht man, wenn der entnommene Gasstrom mit derselben Geschwindigkeit strömt wie das beprobte Gasvolumen.

Die Apparatur besteht im wesentlichen aus einem isolierten Metallgehäuse mit elektrischer Heizung, mit der eine Temperatur oberhalb des Taupunkts eingestellt und gehalten werden kann. Damit soll eine Wasserdampfkondensation im Entnahmegerät vermieden werden. Das Rohgas enthält etwa 50–150 g Staub/m^3. Der Filter kann daher nur etwa 3–6 Minuten betrieben werden. Danach sind die Poren des Filtermaterials verstopft, und der Staubsack muß gewechselt werden. Mit diesem Gerät können in einem Zugriff etwa 30–60 g Staub gewonnen werden.

8.3.6 Abgeschiedener Staub

In den meisten Fällen wird ein Elektrofilter mit leichtem Unterdruck betrieben. Eine direkte Probennahme und Mengenbestimmung ist in diesen Fällen nicht möglich. Statt dessen ist eine Probe vor (vgl. Abschn. 8.3.5) und nach dem Elektrofilter (vgl. Abschn. 8.3.7) zu entnehmen. Mit der Probennahme ist stets eine Bestimmung des Staubmassenstroms zu verbinden.

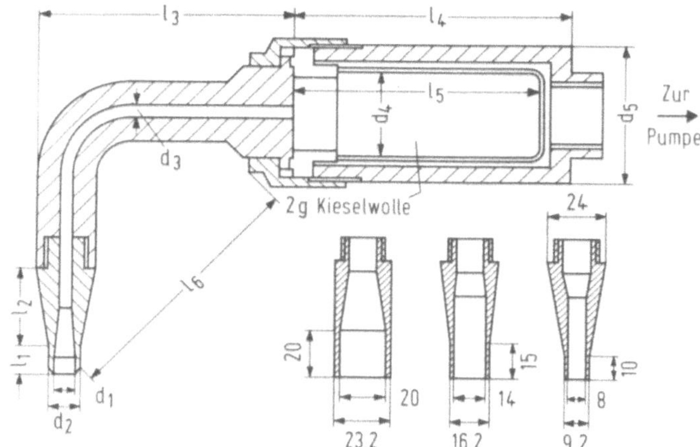

Abb. 9. Gerät zur isokinetischen Probennahme von Reingasstaub

8.3.7 Reingasstaub

Der Reingasstaubgehalt ist auf höchstens 50 mg/m^3 begrenzt [1, 2]. Lediglich sehr alte Anlagen überschreiten diese Grenze geringfügig. Sie sind bis spätestens 1994 nachzurüsten. Abb. 9 zeigt eine standardisierte Entnahmesonde, mit der Staubproben aus einem Reingas entnommen werden können [31, 32]. Der abgesaugte Gasstrom wird in einen Becher mit 2 g gepreßter Kieselwolle geleitet und abgeschieden. Aus der Gewichtszunahme ergibt sich zusammen mit dem abgesaugten Gasvolumen die Staubkonzentration im Reingas.

Mit diesem Verfahren kann der Staub mit einem Teilgasstrom von etwa 5 m^3/h während einer Zeit von ca. 30 Minuten entnommen werden. Dabei fällt eine Staubmasse von etwa 10–30 mg an, die zusammen mit der Kieselwolle aufgeschlossen wird [5].

8.3.8 Dampfförmige Elemente

Nach neueren Vorstellungen sind neben den staubgebundenen auch filtergängige Emissionen zu bestimmen [6, 33]. Dieses Verfahren ist insbesondere für die Quecksilberbestimmung bereits wiederholt diskutiert worden [34–36].

Abbildung 10 zeigt eine Apparatur, mit der dampfförmige Verbindungen aus dem Reingas entnommen werden können [37]. Das Ansaugteil der Apparatur, links im Bild, wird mit Kieselwolle gefüllt. Die Ansaugöffnungen werden auf der der Strömung des Abgases abgewandten Seite angeordnet. Damit wird die angesaugte Staubmenge begrenzt. Das Abgas wird in der Kieselwolle umgelenkt, und seine Strömungsgeschwindigkeit wird vermin-

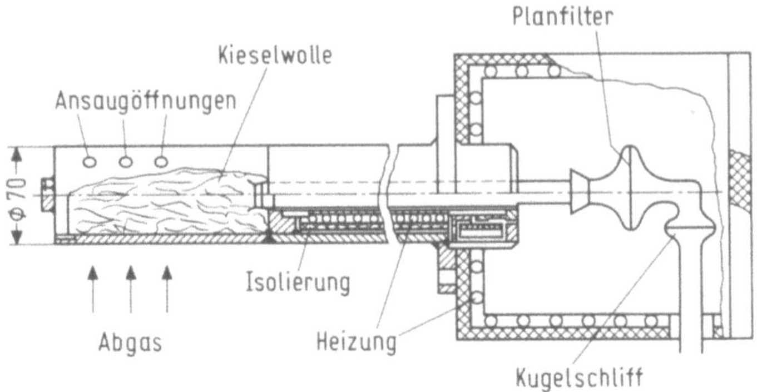

Abb. 10. Gerät zur Entnahme dampfförmiger Bestandteile im Abgas

dert. Dadurch wird der Abscheidegrad der Kieselwolle erhöht. Das praktisch staubfreie Gas wird durch einen Planfilter geleitet, der sicherstellt, daß selbst geringste Staubmengen abgeschieden werden, wenn sie unter ungünstigen Bedingungen die Kieselwolle passieren [38]. Alle Teile außerhalb des Kamins sind bis unmittelbar vor die nachgeschalteten Gaswaschflaschen, im Bild nicht dargestellt, beheizt. Damit wird vermieden, daß dampfförmige Verbindungen kondensieren.

8.4 Probenvorbereitung, Aufschluß und Analyse

Die gemäß Abschn. 8.3 während eines Bilanzexperiments entnommenen Einzelproben werden für die Analyse vorbereitet [39]. Dazu werden sie gebrochen, geteilt und ggf. gemahlen. Gewogene Mengen dieser Proben werden zu einer zeit- und massenproportionalen Gesamtprobe vereinigt [17, 19], die aufgeschlossen und analysiert wird [39–42] (vgl. Kap. 14). Die Reingasstaubproben nach Abschn. 8.3.7 können nicht vereinigt werden. Sie sind gesondert aufzuschließen und zu untersuchen.

8.5 Prüfen der Massenströme

Aus den nach Abschn. 8.4 bestimmten Gehalten und den im Betrieb ermittelten Massenströmen (vgl. Abschn. 8.2.5) werden Elementmassenströme berechnet und auf Richtigkeit geprüft. Dazu werden einige nicht flüchtige Haupt- und Nebenelemente bilanziert [19]. Beim Zementbrennprozeß handelt es sich dabei um die Elemente Calcium, Silicium, Eisen und

Tabelle 2. Materialmassenströme sowie Kontrollbilanzen von Calzium und Aluminium

Materialmassenströme		Calciummassenströme		Aluminiummassenströme	
in kg/h		in kg Ca/h	in %	in kg Al/h	in %
Ofenmehl	210400	64990	99,0	4142	91,3
Brennstoffe	15900	358	0,5	394	8,7
Bilanzfehlbetrag		316	0,5		
Σ Einnahmen		65664	100,0	4536	100,0
Klinker	128000	60563	92,2	4173	92,0
Rohgasstaub	16100	5096	7,8	336	7,4
Reingasstaub	11	5	$0,0_0$	0,5	$0,0_1$
Bilanzfehlbetrag				26,5	0,6
Σ Ausgaben		65664	100,0	4536	100,0

Aluminium. In Tabelle 2 sind beispielhaft Bilanzen für Calcium und Aluminium zusammengestellt. In der linken Spalte sind die Materialien und die zugehörigen Massenströme aufgeführt. Die mittlere Kolonne enthält die Bilanz des Hauptelements Calcium. Der Bilanzfehlbetrag des Calciums ist mit nur 316 kg/h oder 0,5% der Bilanzsumme niedrig. Er liegt auf der Einnahmenseite. Die rechte Spalte gibt die Bilanz des Nebenelements Aluminium wieder. Der Bilanzfehlbetrag ist niedrig (0,6%) und liegt auf der Ausgabenseite der Bilanz.

Beide Bilanzfehlbeträge sind <2% und liegen teils auf der Einnahmen-, teils auf der Ausgabenseite der Bilanz. Sie sind daher auf unvermeidliche Fehler in der Bestimmung der Massenströme, bei der Probennahme und Probenvorbereitung sowie beim Aufschluß und der Analyse zurückzuführen. Aus diesem Ergebnis kann abgeleitet werden, daß die Materialmassenströme ausreichend richtig bestimmt worden sind und daher für die Bilanzierung von Spurenelementen verwendet werden dürfen. Diese Feststellung ist die Voraussetzung für alle folgenden Bilanzen von Spurenelementen.

In Tabelle 3 sind Bilanzen der Spurenelemente Vanadium und Zink zusammengestellt. Die linke Spalte enthält dieselben Materialien und Massenströme wie Tabelle 2. Die mittlere Spalte enthält die Bilanz des Vanadiums. Der Bilanzfehlbetrag von nur 0,9% liegt auf der Einnahmenseite der Bilanz. Ähnliches gilt für Zink (rechte Spalte). Der Bilanzfehlbetrag beträgt 7% und liegt auf der Ausgabenseite der Bilanz. Die Fehlbeträge des Zinks und des Vanadiums sind kleiner als 10%. Sie können daher bei der Bilanzsumme vernachlässigt werden. Sie liegen teils auf der Einnahmen-, teils auf der Ausgabenseite.

Die bisher aufgenommenen Bilanzen der Spurenelemente Arsen, Beryllium, Blei, Cadmium, Chrom, Nickel sowie Vanadium und Zink aus einer großen Zahl von Klinkerbrennprozessen zeigten, daß die Bilanzfehlbeträge immer klein und immer statistisch auf die Ausgaben- und Einnahmenseite

Tabelle 3. Materialmassenströme sowie Vanadium- und Zinkbilanzen

Materialmassenströme		Vanadiummassenströme		Zinkmassenströme	
in kg/h		in kg V/h	in %	in kg Zn/h	in %
Ofenmehl	210400	7,869	95,3	13,255	97,4
Brennstoffe	15900	0,318	3,8	0,358	2,6
Bilanzfehlbetrag		0,074	0,9		
Σ Einnahmen		8,261	100,0	13,613	100,0
Klinker	128000	7,589	91,9	11,520	84,6
Rohgasstaub	16100	0,671	8,1	1,143	8,4
Reingasstaub	11	0,001	$0,0_1$	0,001	$0,0_0$
Bilanzfehlbetrag				0,949	7,0
Σ Ausgaben		8,261	100,0	13,613	100,0

der Bilanz verteilt waren [17, 19]. In jedem Einzelfall, in dem der Fehlbetrag 10% überstieg, konnte gezeigt werden, daß Fehler bei der Probennahme, der Probenvorbereitung oder der chemischen Analyse aufgetreten waren. Das zeigt, daß diese nicht flüchtigen Spurenelemente sich ähnlich wie die Haupt- und Nebenelemente verhalten. Bei anderen Elementen, wie z. B. Thallium, lagen die Fehlbeträge stets systematisch auf der Ausgabenseite der Bilanz, obwohl die Bilanzen der Haupt- und Nebenelemente keine signifikanten Bilanzfehlbeträge aufwiesen. Dieses Verhalten weist auf Anreicherungen innerhalb des Prozesses durch Verdampfen hin.

8.6 Schlußfolgerungen

Als Schlußfolgerungen ergeben sich [19]:

- Es sind alle Proben aus allen Bilanzmassenströmen vollständig zu analysieren. Die Summe aller Analysen muß 100,0 ± 0,2 Gew.-% betragen.
- Die Bilanzfehlbeträge nicht verdampfbarer Haupt- und Nebenelemente dürfen 2% der Bilanzsumme und von Spurenelementen 10% der Bilanzsumme nicht übersteigen.
- Alle Bilanzfehlbeträge müssen statistisch auf die Ausgaben- und Einnahmenseite der Elementbilanzen verteilt sein. Liegt der Bilanzfehlbetrag, insbesondere auch bei wiederholten Messungen an einem Ofen oder auch bei Messungen an unterschiedlichen Öfen, systematisch auf der Einnahmen- oder Ausgabenseite, so liegen entweder fehlerhafte Analysen vor, oder das untersuchte Elemente ist flüchtig. Für die Beurteilung flüchtiger Elemente sind weitergehende Untersuchungen erforderlich [14, 17].

Literatur

1. Gesetz zum Schutz vor schädlichen Umwelteinwirkungen durch Luftverunreinigungen, Geräusche, Erschütterungen und ähnliche Vorgänge (Bundes-Immissionsschutzgesetz-BImSchG) in der Neufassung von 14. Mai 1990 (BG Bl I, S. 880) zuletzt geändert am 10. Dezember 1990 (BG Bl I, S. 2634)
2. Erste Allgemeine Verwaltungsvorschrift zum Bundes-Immissionsschutzgesetz (Technische Anleitung zur Reinhaltung der Luft) - TA Luft vom 27. Februar 1986. GM Bl S. 95, 202
3. VDI-Richtlinie 2066, Blatt 4 (01.89) Messen von Partikeln, Staubmessung in strömenden Gasen. Bestimmung der Staubbeladung durch kontinuierliches Messen der optischen Transmission. Beuth, Berlin Köln
4. VDI-Richtlinien 2066, Blatt 3, (Entwurf 04.86) Messen von Partikeln. Manuelle Staubmessung in strömenden Gasen. Gravimetrische Bestimmung geringer Staubgehalte. Beuth, Berlin Köln
5. VDI-Richtlinie 2268 (Entwurf 12.84) Stoffbestimmung an Partikeln. Bestimmung der Elemente Ba, Be, Cd, Co, Cr, Cu, Ni, Pb, Sr, V, Zn in emittierten Stäuben mittels atomspektrometrischer Methoden. Beuth, Berlin Köln
6. VDI-Richtlinien 3868, Blatt 1 (Vorentwurf 09.87) Messen von Metallen, Halbmetallen und ihren Verbindungen. Manuelle Messung in strömenden emittierten Gasen. Probenahmesystem „TÜV Rheinland" für partikelförmige und filtergängige Stoffe. Beuth, Berlin Köln
7. Goes C (1960) Schriftreihe der Zementindustrie, Heft 24, Verein Deutscher Zementwerke, Düsseldorf (Dissertation)
8. Sprung S (1964) Schriftreihe der Zementindustrie, Heft 31, Beton-Verlag, Düsseldorf (Dissertation)
9. Sprung S, v Seebach H-M (1968) Zement-Kalk-Gips 21:1
10. Sprung S, Rechenberg W (1978) Zement-Kalk-Gips 31:327
11. Sprung S, Rechenberg W (1983) Zement-Kalk-Gips 36:539
12. Sprung S, Kirchner G, Rechenberg W (1984) Zement-Kalk-Gips 37:513
13. Kirchner G (1985) Zement-Kalk-Gips 38:535
14. Kirchner G (1986) Schriftreihe der Zementindustrie, Heft 47, Beton-Verlag, Düsseldorf (Dissertation)
15. Wischers G (1988) Möglichkeiten und Grenzen des Recyclings in der Zementindustrie. Vorträge auf der Herbsttagung 1988 des Wissenschaftlichen Rates der AIF über Umweltfreundlichkeit industrieller Produktionsprozesse. Köln: Arbeitsgemeinschaft industrieller Forschungsvereinigungen (AIF), S 1/14
16. Toepsch N (1991) World Cement 22:9
17. Sprung S (1982) Schriftenreihe der Zementindustrie, Heft 43, Beton-Verlag, Düsseldorf (Habilitationsschrift)
18. Rechenberg W (1986) Spurenelementbestimmung in den Stoffen der Zementherstellung. In: Welz B (Hrsg) Fortschritte der atomspektrometrischen Spurenanalytik. Verlag Chemie, Weinheim, Bd 2, S 291
19. Kirchner G, Rechenberg W (1986) Spurenelementbilanzen von Zementöfen. In: Welz B (Hrsg) Fortschritte in der atomspektrometrischen Spurenanalytik Verlag Chemie, Weinheim, Bd 2 S 295
20. VDZ-Arbeitskreis „Ofenversuche" (1992) Durchführung und Auswertung von Drehofenversuchen. Merkblatt Vt10. Verein Deutscher Zementwerke e.V., Düsseldorf
21. VDI-Richtlinien 2094 (09.85) Emissionsminderung Zementwerke. Beuth, Berlin Köln
22. Schlepütz H (1976) Aufber Techn 17:11
23. Merks JW (1985) Sampling and Weighing of Bulk Solids. Trans Techn Publications, Clausthal-Zellerfeld

24. Taubmann HJ (1984) Aufber Techn 25:189
25. Karalus E (1981) TIZ-Fachber 105:792
26. Sporbeck H (1965) Z Anal Chem 209:60
27. Duda WH (1977) Cement Data Book, 2. Ed., Bauverlag Wiesbaden Berlin
28. Alberti K, Mälzig G (1962) Zement-Kalk-Gips 15:262
29. Schneider P, Dane J, Ecker R, Hühnen W, Oettner K, Reissinger S, Sim G, v Spulak F (1957) Kautschuk. In: Foerst W (Hrsg): Ullmanns Encyklopädie der technischen Chemie. Urban und Schwarzenbach, München Berlin, Bd 9, 3. Aufl, S 305
30. Verein Deutscher Zementwerte (1962) Meßtechnik der Zementindustrie, Dez. 1962, 07.23, Blatt 1. Düsseldorf
31. VDI-Richtlinien 2066, Blatt 1 (10.75) Messen von Partikeln. Staubemssungen in strömenden Gasen. Gravimetrische Bestimmung der Staubbeladung - Übersicht -. Beuth, Berlin Köln
32. VDI-Richtlinie 2066, Blatt 2 (Entwurf 01.89) Messen von Partikeln. Manuelle Staubmessung in strömenden Gasen. Gravimetrische Bestimmung der Staubbeladung. Filterkopfgerät (4 m^3/h, 12 m^3/h). Beuth, Berlin Köln
33. Jockel W, Hönig H-J, Mistele J (1986) Standardisierung der Emissionsmessung toxischer Staubinhaltsstoffe. Umweltbundesamt, Berlin, Forschungsbericht 86-104 02 157, sowie Materialienband Febr. 1987 nebst Nachtrag April 1988
34. Dannecker W, Redmann WA, Düwel U (1985) Staub. Reinhalt Luft 45:331
35. Redmann WA (1986) Entwicklung neuartiger Probennahmesysteme zur Erfassung filtergängiger Metalle und Metalloide sowie deren Verbindungen aus Rauchgasen. Dissertation, Universität Hamburg
36. Bachmann G, Rechenberg W (1989) Aufschluß von Silikaten für die atomspektrometrische Quecksilberbestimmung. In: Welz B (Hrsg) 5. Colloquium atomspektrometrische Spurenanalytik. Bodenseewerk, Perkin-Elmer, Überlingen
37. Kuhlmann K, Kirchartz B, Rechenberg W, Bachmann G (1991) Zement-Kalk-Gips 44:209
38. Haegermann B (1982) Dampfförmige Schwermetallverbindungen im Zementofenabgas. Diplomarbeit, Institut für Steine und Erden, TU Clausthal
39. VDZ-Arbeitskreis „Analytische Chemie" (1993) Bestimmung von Spurenelementen in Stoffen der Zementherstellung. Beton-Verlag, Düsseldorf
40. VDZ-Arbeitskreis „Röntgenfluoreszenzanalyse" (1978) Zement-Kalk-Gips 31:558
41. Ludwig R, Richartz W (1978) Zement-Kalk-Gips 31:550
42. VDZ-Arbeitskreis „Analytische Chemie" (1970) Schriftenreihe der Zementindustrie, Heft 37. Beton-Verlag, Düsseldorf

9 Tierische und pflanzliche Lebensmittel - Probennahme, Probenvorbereitung, Analytik

LOTHAR MATTER

9.1 Einleitung

Spurenelemente sind in biologischen Systemen nur in relativ geringen Mengen (mg/kg-Bereich oder darunter) anzutreffen. Seit Menschengedenken gehören sie zur natürlichen Umwelt. Essentielle Spurenelemente wie z. B. Selen, Jod, Molybdän, Kobalt etc. können dosisabhängig ernährungsphysiologisch bedeutsam sein oder zu gesundheitlichen Schädigungen führen.

Die zur Zeit als toxisch angesehenen Elemente wie Blei, Cadmium, Quecksilber etc. könnten aber ebenfalls eine bis heute unerkannte lebensnotwendige Bedeutung haben, z. B. in einem Konzentrationsbereich, der analytisch noch nicht erfaßbar ist [1].

Die Wirkungen der Spurenelemente im menschlichen Organismus sowie die Absorption im Magen-Darm-Trakt werden durch deren Bindungsart (z. B. anorganisches oder organisches Quecksilber), der Oxidationsstufe und der Zusammensetzung der Nahrung entscheidend beeinflußt.

„Normale", d. h. nichtessentielle Spurenelemente werden den Lebensmitteln in der Regel nicht absichtlich zugesetzt. Sie gelangen durch menschliche Aktivitäten in die Umwelt und daher auch zum Teil in die Nahrungskette, an deren Ende der Mensch steht. Rechtliche Regelungen von Spurenelementen in Lebensmitteln existieren in der Bundesrepublik Deutschland nur wenige. Dagegen sind Richtwerte mit empfehlendem Charakter für Blei, Cadmium, Quecksilber und Thallium in oder auf Lebensmitteln vom Bundesgesundheitsamt herausgegeben worden. Diese werden laufend aktualisiert und den neuesten Erkenntnissen bzw. der Datenlage angepaßt [2]. So beträgt der Richtwert 90 für Thallium in Obst und Gemüse 0,1 mg Tl/kg (bezogen auf Frischsubstanz). Tabelle 1 zeigt die zur Zeit geltenden Richtwerte für Quecksilber, Blei und Cadmium. Die Ermittlung von Richt- bzw. Grenzwerten von Spurenelementen in Lebensmitteln, die sich alle im µg/kg-Bereich bewegen, stellt an den Analytiker sehr große Anforderungen, d. h. er muß unbedingt die Regeln der Spurenelementanalytik befolgen. Spurenelementanalytik bedarf neben einer hochwertigen apparativen Ausstattung vor allem der Erfahrung und Kenntnis der für die Qualität der Analyse wichtigen Schritte Probennahme und Probenvorbereitung. Erfahrungsgemäß sind diese Schritte der Analyse jene, bei denen die möglichen Fehler am größten sind [3].

Tabelle 1. Richtwerte 90 für Blei, Cadmium und Quecksilber; Angaben in mg/kg bzw. mg/l, bezogen auf Frischsubstanz bzw. Angebotsform (bezogen auf die verzehrbaren Teile; bei getrockneten Erzeugnissen bezogen auf das rehydratisierte Erzeugnis)

Lebensmittel	Blei	Cadmium	Quecksilber
Milch	0,03	0,005	0,01
Kondensmilch	0,30	0,05	0,01
Käse (außer Hartkäse)	0,25	0,05	0,01
Hartkäse	0,50	0,05	0,01
Hühnereier	0,25	0,05	0,03
Rind-, Kalb-, Schweinefleisch, Hackfleisch, Hühnerfleisch	0,25	0,10	0,03
Rinder-, Kalbs-, Schweineleber	0,50	0,30	0,10
Rinder-, Schweine-, Kalbsniere	0,50	0,50	0,10
Fleisch-, Wurstwaren	0,25	0,10	0,05
Fisch, Fischwaren	0,50	0,10	0,5[a] Hg 1,0[b]
Krusten-, Schalen-, Weichtiere	0,50	0,50	0,5[a]
ausgenommen:			
Krebstiere	0,50	0,10	0,5[a]
Muscheltiere	0,80	0,50	0,5[a]
Weizenkörner	0,30	0,10	0,03
Roggen-, Reiskörner	0,40	0,10	0,03
Mohn	–	0,80	–
Leinsamen	–	0,30	–
Sonnenblumenkerne	–	0,60	–
Kartoffeln	0,25	0,10	0,02
Blattgemüse	0,80	0,10	0,05
ausgenommen:			
Grünkohl, Küchenkräuter	2,00	0,10	0,05
Spinat	0,80	0,50	0,05
Sproßgemüse	0,50	0,10	0,05
Frucht-, Wurzelgemüse	0,25	0,10	0,05
ausgenommen:			
Knollensellerie	0,25	0,20	0,05
Beeren-, Kern-, Steinobst, Zitrusfrüchte, Früchte, Pflanzenteile exotisch und Rhabarber	0,50	0,05	0,03
Schalenfrüchte	0,50	0,05	0,03
Erfrischungsgetränke	0,20	0,05	0,01
Wein	0,30[a]	0,01[a]	0,01
Bier	0,20	0,03	0,01
Schokoladen	–	0,40	–
Milchschokoladen und Pralinen	–	0,15	–
ausgenommen:			
Sahneschokoladen	–	0,40	–

[a] Verordnungswerte – Quecksilber in Fisch und -produkten sowie Schalentieren – Blei und Cadmium in Wein.

[b] 1,0 mg Hg/kg für: Aal, Hecht, Lachs, Zander, Blauleng, Eishai, Heringshai, Katfisch, Rotbarsch, Schwertfisch, Stör, weißer Heilbutt und daraus hergestellte Erzeugnisse.

9.2 Probennahme

Die Probennahme von Lebensmitteln stellt in der Regel eine Stichprobennahme dar. Danach sind die mit der Überwachung beauftragen Personen (z. B. Lebensmittelkontrolleure oder Polizeibeamte) berechtigt, gegen Bezahlung Proben aller dem Lebensmittel- und Bedarfsmittelgesetz (§ 42 LMBG) unterliegenden Produkte zu entnehmen. Dabei werden in der Regel zwei Proben derselben Art, derselben Partie, desselben Herstellers entnommen, wobei eine Probe die „amtliche“ und die andere die „Gegenprobe“ darstellt. Der Hersteller/Importeur kann mit der amtlich verplombten Gegenprobe im Zweifelsfall einen unabhängigen vereidigten Lebensmittelsachverständigen mit der „Gegenexpertise“ beauftragen. Die Probennahme richtet sich dabei nach der Art des Lebensmittels (Konservendose, Folienpackung etc.).

Nur bei Verdacht auf Überschreitungen von Grenz- und Richtwerten wird eine repräsentative Probenmenge gemäß § 35 LMBG entnommen (soweit sich der Hersteller vor Ort befindet). Als Beispiel sei die Probennahme bei Rückständen von Schädlingsbekämpfungsmitteln auf und in Obst und Gemüse genannt. Bei Partien unter 50 kg sind drei Einzelproben, bei 50–100 kg mindestens fünf und bei mehr als 500 kg mindestens zehn Einzelproben vorgeschrieben. Die Einzelproben sind möglichst an verschiedenen, über die ganze Partie verteilten Stellen zu entnehmen. Verdorbene Waren werden nicht beprobt.

Wenn das Gewicht der Partie nicht bekannt ist oder nicht hinreichend abgeschätzt werden kann sowie im Falle von gefrorenen Waren sieht die Mindestanzahl Packungen, bzw. Einheiten, denen Proben zu entnehmen sind, wie folgt aus: bei 1–25 Packungen mindestens eine Probe, bei 26–100 fünf und bei mehr als 100 Packungen mindestens zehn Proben. Durch Vereinigen und Vermischen der Einzelproben wird eine Sammelprobe hergestellt, die dann gleichzeitig die Endprobe darstellt. Durch geeignete Verringerungsverfahren kann aus der Endprobe die Laborprobe hergestellt werden.

9.3 Probenvorbereitung

Zur Spurenelementbestimmung in und auf Lebensmitteln werden für die Probenvorbereitung die Vorschriften der Methode nach § 35 LMBG X-1 befolgt [5]. Grundsätzlich werden dabei nur die zum Verzehr bestimmten Teile der Lebensmittel in der Angebotsform analysiert. Nicht zum Verzehr bestimmte Teile (Deck-, Hüllblätter, Schalen, Knochen, Bindegewebe, grobe Sehnen etc.) sind zu entfernen. Starke Verunreinigungen z. B. anhaftende Erdreste, verdorbene Blatt- und Pflanzenteile sind abzutrennen.

Bei besonderer Wachstumsart (z. B. Grünkohl mit großer Oberflächenbeschaffenheit der Blätter) ist ein Waschen unumgänglich. Ob destilliertes oder Leitungswasser dafür eingesetzt wird, hängt von der jeweiligen Fragestellung (welches Spurenelement, welcher Konzentrationsbereich?) ab.

9.3.1 Homogenisation

Die Homogenisation stellt eine nicht zu vernachlässigbare Größe dar. Je kleiner die Probenmenge, die für die Analyse verwendet wird, desto homogener muß das zu untersuchende Material sein. Inhomogenitäten können durch Mehrfachbestimmungen erkannt werden. Leider werden heute nicht immer Doppelbestimmungen durchgeführt. Die oft angewendete Einfachbestimmung stellt eine große Fehlerquelle dar.

Große und zähe Lebensmittel sollten mit geeigneten Geräten wie Messer, Mixer, Mühlen vorzerkleinert werden. Harte Lebensmittel wie z. B. Getreide können durch Mahlen in Schlag-, Tischmühlen etc. zerkleinert und gleichzeitig homogenisiert werden. Weiche Lebensmittel lassen sich mit einem Mixer, z. B. einem hochtourigen Stabmixer, homogenisieren. Bei faserigem oder relativ trockenem Material läßt sich die Homogenisierung durch einen definierten Wasserzusatz erleichtern. Als weitere Möglichkeit ist die Gefriertrocknung mit anschließender Pulverisierung zu nennen.

Vor Beginn der Analyse sollte man sich genauestens überlegen, was man will, und wie man es bewerkstelligen kann. Daß bedeutet, man muß die Kontamination, die während der Homogenisation auftreten kann, minimieren oder ausschließen. Zerkleinerungsgeräte aus Chrom/Nickel-Stahl dürfen nur benutzt werden, wenn sichergestellt ist, daß eine meßbare Erhöhung von Chrom und/oder Nickel im zu analysierenden Lebensmittel durch das Zerkleinerungsgerät nicht auftritt. Durch eine Titanbeschichtung der Zerkleinerungsmesser kann diese Kontamination umgangen werden. Für eine Titanbestimmung in Lebensmitteln darf aber aus verständlichen Gründen mit diesem Werkzeug nicht gearbeitet werden. Bei vielen Mühlentypen zur Homogenisation (Kugelmühlen) ist mit einem deutlichen Abrieb des Mühlenmaterials (Mahlkugeln) zu rechnen. Temperaturerhöhungen und damit Verluste von leichtflüchtigen Elementen sind während der Homogenisation zu vermeiden.

Es gilt: Eine Kontamination ist nie reproduzierbar!

9.4 Aufschlußverfahren

Dem Aufschlußverfahren kommt in der Spurenelementanalytik von Lebensmitteln eine besondere Bedeutung zu, da sich die Konzentrationen der zu bestimmenden Elemente in der Regel im µg/kg Bereich – bezogen auf

Frischsubstanz – bewegen. Die Aufschlußverfahren müssen sorgfältig ausgewählt werden, d. h. die Blindwerte sollten so gering wie möglich und der Aufschluß vollständig sein. Aufschlußverfahren sind von der Aufgabenstellung abhängig. Die Frage: Welches Element, welcher Gehalt, welche Bestimmungsmethode muß sich der Analytiker vor Beginn der Analyse unbedingt stellen. Die Gefäße, die Reagentien und die Reinigungsverfahren sind dabei der Aufgabenstellung anzupassen.

Die Anforderungen, die an ein Aufschlußverfahren zu stellen sind, sehen wie folgt aus:

- Verwendung von möglichst hochreinen Reagentien, um die auftretenden Blindwerte niedrig zu halten (z. B. subboiling gereinigte Säuren).
- Das Verhältnis von Gefäßoberfläche zu Probengewicht soll möglichst klein sein, damit Fehler durch Adsorption bzw. Desorption von Elementen niedrig gehalten werden. Das Gefäßmaterial soll rein und chemisch inert sein und möglichst ein geringes Adsorptionsvermögen besitzen (Quarz).
- Das System soll abgeschlossen sein, um Elementverluste durch Verflüchtigungen auszuschalten.

Tabellen 2 und 3 geben Auskunft über Spurenelementgehalte in verschiedenen Materialien sowie von Wasser und Säuren.

In der Spurenelementanalytik von Lebensmitteln hat sich der Druckaufschluß durchgesetzt. Die amtliche Methode nach § 35 LMBG L00.0019

Tabelle 2. Spurenelemente in verschiedenen Materialien [ng/g]

Element	Glassy carbon	PTFE	Quarz	Suprasil	Borosilicatglas
B	100	–	100	10	Hauptel.
Na	350	25000	1000	10	Hauptel.
Mg	100	–	10	100	6×10^5
Al	6000	–	30000	100	Hauptel.
Si	85000	–	Hauptel.	Hauptel.	Hauptel.
Ca	80000	–	800–3000	100	10^6
Ti	12000	–	800	100	3000
Cr	80	30	5	3	3000
Mn	100	–	10	10	6000
Fe	2000	10	800	200	2×10^5
Co	2	2	1	1	100
Ni	500	–	–	–	2000
Cu	200	20	70	10	1000
Zn	300	10	50	100	3000
As	50	–	80	0,1	500–22000
Cd	10	–	10	–	1000
Sb	10	0,4	2	1	8000
Hg	1	10*	1	1	–

* sehr stark von den Lagerbedingungen abhängig.

Tabelle 3. Spurenelemente im Wasser und Säuren [ng/ml]

			Cd	Cu	Fe	Al	Pb	Mg	Zn
H_2O		subboiling	0,01	0,04	0,32	<0,05	0,02	<0,02	<0,04
HCl	10 M	subboling	0,01	0.07	0,6	0,07	<0,05	0,2	0,2
HCl	10 M	suprapure	0,03	0,2	11	0,8	0,13	0,5	0,3
HCl	12 M	p. A.	0,1	0,1	100	10	0,5	14	8,0
HNO_3	15 M	subboiling	0,001	0,25	0,2	<0,005	<0,002	0,15	0,04
HNO_3	15 M	suprapure	0,06	3,0	14	10	0,7	1,5	5,0
HNO_3	15 M	p. A.	0,1	2,0	25	10	0,05	22	3,0
HF	54%	subboiling	0,01	0,5	1,2	2,0	0,5	1,5	1,0
HF	40%	suprapure	0,01	0,1	3,0	1,0	3,0	2,0	1,3
HF	54%	p. A.	0,06	2,0	100	5,0	4,0	3,0	5,0

Druckaufschluß, Bestimmung von Blei und Cadmium, in der Fassung vom Dezember 1989 wurde gänzlich überarbeitet und ausgeweitet. Die neue Fassung lautet: Bestimmung von Spurenelementen in Lebensmitteln 1. Teil Druckaufschluß [6]. Hierbei wird die unter Verwendung kontaminationsarmer Geräte homogenisierte Probe mit Säure (subboiling Salpetersäure) im geschlossenen Gefäß in einem Druckbehälter bei hoher Temperatur (bis 320 °C) aufgeschlossen. Für eine Eisenbestimmung ist dabei wegen Wandadsorptionen an Quarz ein geringer Zusatz von gereinigter Salzsäure notwendig. Für die Quecksilberbestimmung muß Quarzglas eingesetzt werden. Die Probeneinwaage ist dem Fassungsvermögen des Aufschlußgefäßes anzupassen, wobei aus Sicherheitsgründen nicht von den jeweiligen Herstellerangaben abgewichen werden darf. Bei der Einwaage ist auf den Kohlenstoffanteil zu achten, um zu einem vollständigen Aufschluß zu gelangen [7]. Wegen erhöhter Kontaminationsgefahr sollte ein Umfüllen der Aufschlußlösung in Meßkolben unterbleiben. Die Verwendung von Aufschlußgefäßen mit graduierten Einsätzen, welche Aufschluß und Auffüllen in dem gleichen Gefäß ermöglichen, wird empfohlen. Stehen nicht genügend Aufschlußgeräte zur Verfügung, können die Meßlösungen in Gefäße aus Quarzglas (für die Quecksilberbestimmung zwingend vorgeschrieben), Fluorethylpropylen (FEP) oder Perfluoralkoxy-Polymere (PFA) umgefüllt werden.

Andere Aufschlußverfahren wie Naßaufschluß in offenen Systemen oder Trockenveraschung in Luft mit externer Heizquelle (z. B. Muffelofen, IR-Lampen) sollten der Vergangenheit angehören und zur „richtigen" Spurenelementanalytik in Lebensmitteln nicht mehr verwendet werden.

Perchlorsäure darf zum Aufschluß von biologischen Matrices wegen seiner nachgewiesenen Gefährlichkeit (Explosionsrisiko) nicht mehr verwendet werden (vgl. Kap. 11).

9.5 Analytik und Qualitätskontrolle

Als Meßverfahren gelangen je nach Aufgabenstellung und Laborausrüstung die Elektrochemie (z. B. Voltammetrie), die Atomabsorptionsspektrometrie mit ihren verschiedenen Varianten, die Atomemissionsspektrometrie sowie Plasmamethoden (z. B. ICP-MS, ICP-OES ...) zur Anwendung. Die Ergebniskontrolle mit methodisch unabhängigen Verfahren, Ringanalysen und Referenzmaterialen oder mit anderen verläßlich analysierten Proben ist unbedingt erforderlich.

Zertifizierte Referenzmaterialien sind unbedingt erforderlich, weil sie ein bewährtes Mittel darstellen, um systematische Fehler zu erkennen. In jedem Laboratorium kommt daher der Qualitätskontrolle erste Priorität zu. Auch noch so hohe Inanspruchnahme durch Routinearbeit darf die laufende verdeckte oder offene Qualitätskontrolle nicht unterbinden. Vergleichsproben, zu denen im Labor analysierte, nicht zertifizierte oder zertifizierte Referenzmaterialien verwendet werden können, müssen in jedem Laboratorium herangezogen werden, um die Verläßlichkeit von Gerät und Personal zu überprüfen. Die Überprüfung von Blindwerten und deren Schwankungen gehört in die gleiche Kategorie von notwendigen Qualitätskontrollen. Die grundsätzliche Einsicht, daß der Meßwert nicht isoliert, sondern als Ergebnis des analytischen Prozesses und nur im Zusammenhang mit Streubereich, Methode, Nachweis/Bestimmungsgrenze und Anzahl der Bestimmungen zu verstehen und richtig zu interpretieren ist, sollte sich auch außerhalb des engen Fachgebietes der Spurenelementanalytik (Analytische Chemie) in einer breiteren Öffentlichkeit durchsetzen [3].

9.6 Verzehrsempfehlungen des Bundesgesundheitsamtes

Dem Verbraucher sind, wenn auch nur begrenzt, Möglichkeiten gegeben, sich vor vermeidbaren und somit unnötigen Schwermetallbelastungen zu schützen. Das Bundesgesundheitsamt hat entsprechende Empfehlungen veröffentlicht [8]. Diese Verzehrsempfehlungen sehen wie folgt aus:

Obst und Gemüsen waschen/schälen. Eingehende Untersuchungen haben belegt, daß durch gründliche küchenmäßige Reinigung bzw. Aufbereitung von pflanzlichen Lebensmitteln oberflächlich anhaftende Schwermetallkontaminationen beträchtlich reduziert werden können. Da nicht vorausgesetzt werden kann, daß dem Verbraucher im einzelnen bekannt ist, ob das erworbene Obst und Gemüse von belastenden Standorten stammt, wird grundsätzlich empfohlen, nur gründlich gewaschenes Obst und Gemüse zu verzehren. Besonders gründliche Reinigung ist bei Pflanzenteilen mit gekräuselten und behaarten Oberflächen erforderlich (Grünkohl, Pfirsiche).

Bei Früchten und Gemüsen, die sowohl gewaschen als auch geschält verzehrt werden können, wird das Schälen empfohlen.

Innereien von Wild meiden. Insbesondere auf dem Gebiet der ehemaligen DDR sind hohe Quecksilberbelastungen vor allem bei Wildschweinen festgestellt worden, die auf die langjährige Verwendung von quecksilberhaltigen Beizmitteln in der Landwirtschaft zurückzuführen sind.

Innereien älterer Schlachttiere nur gelegentlich verzehren. Innereien von Rind und Schwein, insbesondere von älteren Tieren, können häufig höhere Cadmiumgehalte aufweisen als andere tierische Lebensmittel. Den Verbrauchern wird daher empfohlen, Nieren und andere Innereien nur gelegentlich zu verzehren. Als gelegentlich ist eine Mahlzeit in zwei- bis dreiwöchigem Abstand zu verstehen.

Wildpilze nur gelegentlich verzehren. Die Cadmium- und Quecksilbergehalte, aber auch die Radionuklidgehalte von wildwachsenden Pilzen (nicht von Zuchtpilzen) können erheblich höher als in anderen pflanzlichen Lebensmitteln sein. Bei regelmäßigem Wildpilzverzehr sollten daher pro Woche nicht mehr als 200–250 g Wildpilze verzehrt werden. Gegen einen gelegentlichen Verzehr auch größerer Mengen ist nichts einzuwenden. Kinder sollten (entsprechend ihrem Körpergewicht) weniger Wildpilze essen. Nachfolgend aufgeführte Pilzarten weisen häufig besonders hohe Cadmiumgehalte auf; diese Pilze sollten nicht oder zumindest nicht wiederholt gegessen werden: Dünnfleischiger Anisegerling, Schiefknolliger Anisegerling, Schafegerling, sowie die beiden Riesenchampignonarten Agaricus augustus und Agaricus perarus.

Bei regelmäßigem Verzehr von Wildpilzen sollten weitere belastete Lebensmittel, insbesondere Nieren, nicht verzehrt werden. Bei der Zubereitung der genannten Pilze sollten die Lamellen bzw. die Röhrenschicht sowie nach Möglichkeit die Huthaut entfernt werden, da in diesen Geweben die höchsten Schwermetallkonzentrationen gefunden wurden.

Das BGA empfiehlt den Verbrauchern die Beachtung der Verzehrsempfehlungen, weil die genannten Schadstoffe grundsätzlich unerwünscht, in vielen Fällen aber nicht zu vermeiden sind. Bis zu bestimmten Konzentrationen sind sie gesundheitlich unbedenklich, tragen jedoch zur Gesamtbelastung des Verbrauchers bei.

Literatur

1. Schweizerisches Lebensmittelbuch (1989) Kapitel 45 „Spurenelemente", Eidg. Drucksachen- und Materialzentrale Bern
2. Bundesgesetzblatt 5/92:256–257

3. Pfannhauser W (1988) Essentielle Spurenelemente in der Nahrung. Springer, Berlin Heidelberg New York
4. Lebensmittel- und Bedarfsgegenständegesetz v. 15.08.1974 in der Fassung v. 22.01.1991 (BGBL I 121)
5. Bundesgesetzblatt (1979) 22 Nr. 15
6. Amtliche Sammlung von Untersuchungsverfahren nach § 35 LMBG Nr. L 00.0019 (1993) Beuth, Berlin
7. Würfels M, Jackwert E, Stoeppler M (1987) Fresenius Z Anal Chem 329:459–461
8. BGA-Pressedienst 01/1991

10 Fehlerquellen beim Aufschluß

PETER TSCHÖPEL

10.1 Einleitung

Der Aufschluß ist nach der Probennahme und der mechanischen und/oder chemischen Vorbereitung und Reinigung der Probe der nächste Schritt in einem naßchemischen Verbundverfahren, bei dem im weiteren Verlauf die interessierenden Elementspuren oder Verbindungen von den restlichen Matrixbestandteilen abgetrennt und – in einem möglichst kleinen Lösungsvolumen oder auf einer möglichst kleinen Targetfläche isoliert und angereichert – dem eigentlichen Bestimmungsverfahren zugeführt werden. Diese Art von Analysenverfahren erfüllt im Gegensatz zu einem instrumentellen, direkten Multielement-Bestimmungsverfahren sicher nicht alle Anforderungen an ein einfaches, schnelles, billiges und zuverlässiges Routineverfahren für die Spurenanalyse, jedoch sind Verbundverfahren in der Praxis häufig nicht zu umgehen, wenn Direktverfahren nicht eingesetzt werden können, z. B. weil diese nicht ausreichend nachweisstark und zuverlässig sind. In der Spurenanalyse beschränkt sich der Einsatz direkter instrumenteller Verfahren zudem auf die äußerst seltenen Fälle, in denen für die notwendige Kalibrierung verläßliche Referenzproben zur Verfügung stehen. Mit Verbundverfahren [1–5] erzielt man demgegenüber mehrere Vorteile:

- Matrixeffekte werden durch das Lösen der Probe bzw. durch den Aufschluß und durch das Abtrennen der Matrixbestandteile reduziert;
- durch die Anreicherung der interessierenden Elementspuren und Verbindungen wird das Nachweisvermögen verbessert;
- die Wahl einer optimalen Bestimmungsmethode kann unter wesentlich günstigeren Gesichtspunkten erfolgen, wobei nicht mehr die Probenform oder -beschaffenheit im Vordergrund steht;
- der wichtigste Vorteil beruht auf der nun einfachen Kalibrierung durch wäßrige Standardlösungen.

Diesen Vorteilen stehen jedoch eine Reihe von Nachteilen gegenüber. Diese Verfahren sind zeit- und personalaufwendig, umständlich und teuer. Vor allem aber ist ein naßchemisches Verbundverfahren verbunden mit einer Vielzahl von systematischen Fehlern [1–17], die sehr schwierig zu erkennen und zu eliminieren sind und die das Analysenergebnis sehr stark verfälschen können.

10.2 Der Aufschluß

Ziel des Aufschlusses ist immer das vollständige Lösen der Probe, wobei die Aufschlußlösung alle interessierenden Elemente bzw. Verbindungen der Probe in unveränderter Menge enthalten muß. Daneben soll für bestimmte Zwecke auch eine Homogenisierung oder Isoformierung erreicht werden, z. B. bei der Probenpräparation durch Aufschmelzen mit Flußmitteln für die Röntgenfluoreszenzspektrometrie.

Die nahezu unübersehbare Vielfalt an Probenmaterialien stellt sehr unterschiedliche Anforderungen an das Aufschlußverfahren. Daher müssen möglichst viele und sehr unterschiedliche Methoden und Techniken zur Verfügung stehen. Tabelle 1 [18, 19] gibt einen knappen systematischen Überblick über die Aufschlußmethoden.

Tabelle 1. Übersicht über Aufschlußtechniken (nach [18])

Schmelzaufschluß	sauer/alkalisch oxidierend/reduzierend sulfurierend		
Naßaufschluß	sauer, oxidierend	offen	
		geschlossen	dynamisch statisch
	katalytisch	offen	
Verbrennung		offen	
		geschlossen	dynamisch statisch
Pyrolyse Pyrohydrolyse Elektrolyse Aufschluß in der Gasphase			

10.3 Forderungen an ein Aufschlußverfahren

Die Anforderungen, die an ein Aufschlußverfahren gestellt werden müssen, richten sich vor allem nach der Aufgabenstellung. Die nachfolgende Übersicht berücksichtigt die Bedingungen der Spurenanalyse.

- In den meisten Fällen soll ein Aufschluß vollständig sein, d. h. anorganische Substanzen sollen vollständig in lösliche Komponenten überführt und organische Stoffe vollständig mineralisiert werden.
- Veraschungsrückstände sollen sich in einem Minimum an leicht zu reinigender Säure vollständig lösen.

- Der Aufschluß soll einfach durchzuführen sein, ohne großen Arbeitsaufwand und komplizierte Apparaturen.
- Das Aufschlußverfahren soll optimal an das gesamte Analysenverfahren angepaßt sein.
- Große Vorteile bieten Aufschlußverfahren, bei denen gleichzeitig die zu bestimmenden Elemente oder störenden Probenbestandteile abgetrennt werden (z. B. die Verbrennung im Trace-O-Mat, s. u.).
- Zur Vermeidung systematischer Fehler müssen folgende Bedingungen erfüllt sein:
  Für Gefäße und Apparaturen werden indifferente Gerätewerkstoffe verwendet (vorzugsweise Quarzglas); die Reinigung der Gefäße erfolgt durch das sog. Ausdämpfen;
  es werden nur minimale Mengen hochreiner Reagentien eingesetzt;
  Kontamination durch den Staub der Luft wird durch Reine Werkbänke und Reine Räume weitgehend ausgeschlossen;
  zur Vermeidung von Elementverlusten durch Verflüchtigung und Adsorption werden die erforderlichen Maßnahmen getroffen (z. B. geschlossene Gefäße und Apparaturen, niedrige Aufschlußtemperaturen, Verwendung von ausgedämpften Gefäßen aus Quarzglas).

10.4 Störungen

Im wesentlichen treten zwei verschiedene Arten von Problemen auf:

- Der Aufschluß ist unvollständig: Ein Teil der Probe ist nicht aufgeschlossen, oder das Aufschlußprodukt ist ganz oder teilweise unlöslich. Diese Fehlerquelle tritt häufig bei komplex zusammengesetzten Matrices wie z. B. Gesteinen oder organischen Proben mit hohem Mineralstoffanteil auf. Die Wahl eines geeigneten Aufschlußverfahrens erfordert viel Erfahrung, oft können solche Proben nur durch zwei oder mehrere aufeinander folgende Prozeduren vollständig in Lösung gebracht werden.
- Die Menge der zu analysierenden Elemente oder Verbindungen im Aufschlußprodukt entspricht nicht dem Gehalt der Probe. Die wesentlichen Störungen werden durch systematische Fehler verursacht, die insbesondere bei der Bestimmung von niedrigen Konzentrationen (Bereich $<\mu g/g$) wirksam werden. Die systematischen Fehler sollen im folgenden im Hinblick auf das gesamte naßchemische Verbundverfahren eingehender dargestellt werden, da sie mehr oder weniger stark bei allen Teilschritten des Analysenverfahrens auftreten.

Die wesentlichen Ursachen für systematische Fehler lassen sich kurz zusammenfassen [1]:

- Unsachgemäße Probennahme und Aufbewahrung, Kontamination durch Werkzeuge und Gefäße beim Zerkleinern, Reinigen und Vorbehandeln der Probe;
- Kontamination während des Analysenganges durch Geräte, Gefäße, Phasengrenzflächen, Reagenzien und Hilfsstoffe, sowie durch den Staub;
- Adsorptions- und Desorptionsvorgänge an Gefäßoberflächen und anderen Grenzflächen (Filter, Niederschläge, Schliffe usw.);
- Verflüchtigung von Elementen und Verbindungen, insbesondere bei erhöhter Temperatur;
- Chemische Reaktionen, z. B. Wertigkeitsänderungen, Fällung, Ionenaustausch, Komplexbildung, Bildung von Verbindungen, die für ein Trennverfahren störend sind usw.;
- Beeinflussung der Signalerzeugung: Untergrund, Überlagerung durch Lösungsbestandteile, Matrixeffekte;
- Falsche Eichung und Auswertung, falsche Standards, instabile Standardlösungen, Meßfehler, falsche Eichfunktion, unzulässige Extrapolation u. a.

Die folgenden Betrachtungen beschränken sich auf systematische Fehler, die auf Elementverlusten durch Verflüchtigung und Adsorption beruhen und auf die Blindwerte aus Gefäßen, Reagenzien und dem Staub der Luft.

10.4.1 Verflüchtigung

Elementverluste durch Verflüchtigung treten insbesondere bei höheren Temperaturen auf, obwohl sich auch bei Zimmertemperaturen solche Störungen bemerkbar machen können. Ein extremes Beispiel ist Quecksilber, das sich schon bei kurzfristigem Stehenlassen im offenen Gefäß bei Zimmertemperatur aus wäßrigen Lösungen verflüchtigt [20]. Andere Beispiele sind die Hydride von Se, Te, As, Sb, Bi u. a., die beim nichtoxidativen Lösen einer metallischen Probe verloren gehen können. Bei höheren Temperaturen, wie sie z. B. beim Eindampfen von Lösungen oder bei Aufschlüssen angewendet werden, ist die Zahl der flüchtigen Elemente und Verbindungen sehr groß [21–23]. Im Temperaturbereich unter 1000 °C z. B. sind es ohne die Edelgase und Halogene mehr als 16 Elemente, 13 Oxide, 25 Fluoride und 35 Chloride. Elementverluste durch Verflüchtigung wie auch durch Adsorption, unvollständigen Aufschluß oder unvollständige Trennung lassen sich sehr effektiv mit Radiotracern kontrollieren [13, 24].

Verflüchtigungsverluste lassen sich unterbinden, wenn man bei möglichst niedriger Temperatur oder/und in einem abgeschlossenen Gefäßsystem arbeitet. Durch die Verflüchtigung von Elementen und Verbindungen ergeben sich andererseits wertvolle kombinierte Aufschluß- und Trennverfahren (s. S. 115).

10.4.2 Adsorption

Adsorption und Desorption verändern sehr schnell die Konzentration von Lösungen mit geringen Elementgehalten, wobei mehr oder weniger irreversibel Lösungsbestandteile ionogen oder als Molekül auf der Gefäßoberfläche oder anderen Phasengrenzflächen gebunden und bei Änderungen der Lösungszusammensetzung wieder freigesetzt werden können [14]. Diese Vorgänge sind um so deutlicher spürbar, je niedriger die Konzentration der betreffenden Elemente ist. Die Höhe der Elementverluste ist nur sehr schwer in voraus abschätzbar und kann jeweils nur analytisch bestimmt werden, vorteilhaft mittels radioaktiver Isotope [13, 24]. Die Verluste liegen in grober Abschätzung in der Größenordnung von 10^{-9}–10^{-12} mol/cm^2 und sind stark abhängig von der Art und Wertigkeit des Elementes, der Zusammensetzung und dem pH-Wert der Lösung, von dem Gefäßmaterial und seiner Reinheit, der physikalischen Oberflächenbeschaffenheit und der Vorbehandlung bzw. Vorgeschichte des Gefäßes sowie von der Dauer des Kontaktes und der Temperatur.

Die Kenntnisse über das Adsorptionsverfahren eines Elementes in einem genau definierten System lassen sich nicht auf ein anderes übertragen. Folgende Anhaltspunkte lassen sich für die Vermeidung von Adsorptionsverlusten nennen:

- günstige Werkstoffe sind Quarz, PTFE, Glaskohlenstoff;
- Oberflächen sollten möglichst klein sein;
- Konzentrationen sollten möglichst hoch sein;
- Verluste aus sauren Lösungen sind oft geringer als aus neutralen oder alkalischen;
- die Vorbehandlung der Gefäße durch Ausdämpfen (s. u.) verringert die Verluste;
- kurze Kontaktzeiten sind günstig.

10.5 Blindwerte

Blindwerte treten je nach der Häufigkeitsverteilung des interessierenden Elementes in der Erdkruste und unserer technischen Umwelt in unterschiedlicher Stärke auf. Besondere Schwierigkeiten bereiten naturgemäß die häufigsten Elemente der Erdkruste wie Si, Al, Fe, Ca, Na, Mg, K und solche mit großer technischer Bedeutung wie Co, Ni, Zn, Sn, Fe, Cu und Hg.

Die Gefäße tragen durch Verunreinigungen sowohl im Gefäßmaterial als auch auf der Gefäßoberfläche zum Blindwert bei. Für die extreme Spurenanalyse stehen nur wenige geeignete und genügend reine Werkstoffe zur Verfügung. Quarzglas ist hierfür der reinste Werkstoff, daneben sind PTFE, Polypropylen und Glaskohlenstoff und mit Einschränkungen auch Polyethylen für viele Zwecke verwendbar, insbesondere für HF-haltige Lösungen. Glas ist durch seine komplexe Zusammensetzung und sein ungünstiges Adsorptionsverhalten für die extreme Spurenanalyse ungeeignet.

Der Beitrag der Gefäße zum Blindwert hängt wesentlich von ihrer Reinigung ab. Der übliche Weg durch Ausspülen, Auslaugen oder Auskochen mit Säuren und Wasser zeigt für die extreme Spurenanalyse wenig Effektivität [1, 7–9, 16]. Bis auf wenige Ausnahmen (z. B. für Fe in PTFE-Gefäßen) weist demgegenüber das sog. Ausdämpfen [7, 8] große Vorteile auf. Hierbei hängt das Gefäß im Innern der Apparatur über mehrere Stunden im heißen Säuredampf (konz. p.A. HNO_3 oder HCl), der hauptsächlich die inneren Oberflächen auslaugt. Anschließend wird das Gefäß nochmals für ca. eine Stunde mit Wasserdampf behandelt. Neben einer effektiven Reinigung erreicht man gleichzeitig, daß Elementverluste durch Adsorption wesentlich verringert werden.

10.5.1 Blindwerte aus Reagenzien

Die Blindwerte der Reagenzien können beträchtlich sein, zumal diese Substanzen nur sehr schwer zu reinigen sind [7, 8, 25–30]. Die meisten festen Stoffe wie Salze oder organische Komplexbildner lassen sich nur gezielt im Hinblick auf einige wenige Elemente mit speziellen und teilweise sehr aufwendigen Verfahren mit hoher Reinheit erhalten. Häufig muß man deswegen auf diese Reagenzien ganz verzichten und das Analysenverfahren so ausarbeiten, daß nur leicht zu reinigende Chemikalien wie z. B. Gase oder Säuren verwendet werden.

Gase lassen sich relativ einfach u. a. durch Filtration, Adsorption an Aktivkohle oder Molekularsieben oder durch Reaktion an entsprechendem Kontaktmaterial reinigen. Die meisten der gebräuchlichen Säuren und viele organische Lösungesmittel lassen sich durch ein spezielles Destillationsverfahren, das unterhalb des Siedepunktes arbeitet (Subboiling distillation), sehr wirksam reinigen [6, 25, 31]. Hierbei wird die zu reinigende Säure in einer Apparatur aus Quarzglas durch einen Oberflächenstrahler so erhitzt, daß die Flüssigkeit ohne zu sieden verdampft und sich somit auch keine Aerosole bilden können. Die Restverunreinigungen im Destillat liegen auch für häufige Elemente wie Al, Fe, Mg, Zn u. a. im unteren pg/ml-Bereich.

10.5.2 Der Staubgehalt der Luft

Die Luft ist durch ihren Staubgehalt eine wesentliche Quelle für Kontaminationen. Staub kann jedoch schon mit relativ einfachen Mitteln eliminiert werden, z. B. durch Arbeiten in einer abgeschlossenen Apparatur oder in sog. Handschuhboxen. Wesentlich komfortabler und effektiver sind die sog. Reinen Räume und Reinen Werkbänke [1, 7, 9, 32, 33]. Der Reine Raum ist eine gegen die Außenluft hermetisch abgeschlossene und unter leichtem Überdruck stehende Kabine, die über eine Schleuse betreten werden kann.

Die in den Raum eingeblasene Luft passiert vorher einen sog. Hochleistungsschwebstoff-Filter (HOSCH-Filter) mit einem Abscheidungsgrad von ca. 99,99% und durchströmt den Raum turbulent. Da durch Wirbelbildung ständig wieder Staub aufgenommen wird, erreicht man hier nicht die höchste Reinheitsklasse. Die Reine Werkbank trägt in ihrem Oberteil ebenfalls einen HOSCH-Filter, der den gesamten Querschnitt der Bank einnimmt. Die Luft fließt hier in einer laminaren Verdrändungsströmung über den Arbeitsplatz mit einer gegenüber dem Raum 10fach höheren Reinheit.

10.6 Kontamination

Trotzt der beschriebenen aufwendigen Maßnahmen zur Vermeidung von Blindwerten lassen sich weitere Kontaminationen im Verlaufe der Bestimmungsverfahren nicht vollständig ausschließen. Schon das Aufbewahren von hochreinen Lösungen - auch unter äußersten Vorsichtsmaßnahmen - läßt in der Regel innerhalb weniger Tage die Blindwerte einiger Elemente um Größenordnungen ansteigen [7, 8, 10, 15, 34]. Besonders die von den Schliffen der Gefäße ausgehenden Kontaminationen sind sehr hoch. Zusätzliche Blindwerte werden hervorgerufen durch alle auch noch so einfachen Manipulationen wie Pipettieren, Eindampfen, Ausschütteln, Filtrieren usw., so daß insbesondere bei Analysenverfahren mit vielen solchen Einzelschritten durch die Summierung Blindwertkonzentrationen im ng/ml-Bereich auftreten.

10.7 Regeln zur Vermeidung systematischer Fehler

Im folgenden sind die wichtigsten Regeln zusammengefaßt, mit denen sich systematische Fehler möglichst vermeiden lassen. Absolut sichere Methoden zur Erkennung und Vermeidung von systematischen Fehlern gibt es jedoch nicht [1].

- Es dürfen nur chemisch und thermisch beständige, hochreine Gerätematerialien wie Quarz, PTFE, Glaskohlenstoff, für Sonderfälle auch PP oder PE verwendet werden.
- Die Reinigung und Präkonditionierung der Geräteoberflächen erfolgt durch Ausdämpfen. Es wird nicht nur eine optimale Reinigung erzielt, sondern es lassen sich auch Elementverluste durch Adsorption vermindern.
- Bei Verwendung einer geschlossenen Apparatur (Eintopfprinzip) mit günstigem Oberflächen/Volumen-Verhältnis kann erreicht werden, daß

kein Staub eindringt und Elementverluste durch Verflüchtigung und Adsorption möglichst gering bleiben.
- Das Arbeiten unter Reinraumbedingungen dient dem Ausschluß von Staub.
- Um Kontaminationen niedrig zu halten, müssen die Manipulationen auf ein Minimum beschränkt werden.
- Bei niedrigen Reaktionstemperaturen ist die Gefahr von Verlusten durch flüchtige Elemente und Verbindungen geringer.
- Ausbeutekontrollen mittels Radioisotopen geben Hinweise auf Elementverluste (z. B. bei Aufschluß, Trennung und Anreicherung).
- Die Ergebniskontrolle mit methodisch unabhängigen Verfahren, Ringanalysen, zertifizierten Referenzmaterialien oder mit anderen verläßlich analysierten Proben ist unbedingt erforderlich.
- Selbstkritik und Ausdauer sind Voraussetzungen, um zu verläßlichen Analysendaten zu gelangen.

10.8 Beispiele für Aufschlußverfahren

Es sollen nur einige ausgewählte Beispiele vorgestellt werden, die insbesondere die oben behandelten Forderungen an ein spurenanalytisches Verfahren zumindest zum großen Teil erfüllen, sowie zwei Verfahren, bei denen Aufschluß und Trennung gleichzeitig erfolgen. Schmelzaufschlüsse sind in der extremen Spurenanalyse nur in Ausnahmefällen geeignet, da - bedingt durch hohe Temperaturen, offene Systeme und unreine Gefäßmaterialien sowie einen hohen Überschuß an festen Reagenzien - sehr große systematische Fehler auftreten. Naßaufschlüsse im offenen System sind dann geeignet, wenn keine Elementverluste durch Verflüchtigung zu erwarten sind [35]. Der Blindwertanteil der verwendeten Aufschlußsäuren ist gering, wenn sie durch „subboiling"-Destillation gereinigt wurden.

Druckaufschlußbomben [17–19, 36–41] für den Säureaufschluß im geschlossenen System unterscheiden sich in ihrer Größe und ihrer Ausstattung. Für die Spurenanalyse sind Bomben geeignet, die mit möglichst geringen Reagenzienmengen auskommen (0,5–2 ml Säure für 0,2–05, g Einwaage) [42]. Das Gefäß sollte daher nicht zu groß sein (≈ 10 ml) und aus PTFE, Glaskohlenstoff [43] oder Quarzglas [44] bestehen. Aufschlußgefäße aus Quarzglas zeichnen sich dadurch aus, daß Aufschlußtemperaturen über 300 °C erzielt werden können. Dabei reicht das temperaturabhängige Oxidationspotential der Salpetersäure zur vollständigen Mineralisierung der meisten organischen Matrices aus.

Für die Spurenanalyse ist die Verwendung gasförmiger Reagenzien wegen der geringen Blindwerte besonders gut geeignet [45, 46], wie z. B. bei der Verbrennung mit Sauerstoff. Eine sehr schonende Veraschung bei niedriger Temperatur von wenigen 100 °C ist erforderlich, wenn leicht flüchtige Elementspuren in organischem Material zu bestimmen sind. Dies erreicht man mit der sogenannten Kaltveraschungstechnik [18, 19, 45, 47], bei der die Probe in einem Quarzglasgefäß einem mit Hochfrequenz angeregten Sauerstoffplasma bei einem Druck von wenigen Torr ausgesetzt wird. In diesem Zustand besitzt Sauerstoff ein sehr hohes Oxidationsvermögen und ist in der Lage, auch sehr schwer veraschbare Substanzen wie PTFE oder Graphit zu verbrennen. Ein Magnetrührer sorgt für eine stetige Probenumwälzung und unterstützt die Verbrennung. Nach dem Aufschluß werden die Rückstände mit wenigen ml hochreiner Säure aufgenommen.

Bei der Verbrennung unter normalem Druck entstehen hohe Temperaturen im Probenraum, bei denen eine Reihe von Elementen (z. B. Se, Te, Bi, Tl, As, Sb, Zn, Cd) und Verbindungen flüchtig sind. Diese Tatsache nutzt man z. B. beim sog. Trace-O-Mat zur gleichzeitigen Veraschung der Probe und Abtrennung der interessierenden Elementspuren aus [46, 48]. Die Probe (bis zu 1 g) befindet sich in einem Probenhalter aus Quarzglas im Inneren der Verbrennungskammer aus Quarzglas. Über die regelbare Zufuhr von Sauerstoff kann der Verlauf der Verbrennung gesteuert werden, nachdem sie von außen mit Hilfe einer Halogenlampe gezündet wurde. Die flüchtigen Elementspuren kondensieren zusammen mit den Verbrennungsprodukten an einem mit flüssigem Stickstoff gefüllten Kühlsystem aus Kühlfinger und Kühlmantel.

Nach der Verbrennung können Probenrückstand und flüchtige Anteile getrennt in einer kleinen Säuremenge (1–2 ml) gelöst werden. Der Vorteil des kombinierten Aufschluß- und Trennverfahrens bietet sich mit dieser Methode auch für anorganische, schwerflüchtige Proben, wenn man sie mit reinem Cellulosepulver mischt. Die bei der Verbrennung der Cellulose auftretenden hohen Temperaturen reichen aus, um flüchtige Elemente und Verbindungen von den anderen Probenbestandteilen abzutrennen.

Üblicherweise trennt man jedoch flüchtige Bestandteile mit Hilfe eines Trägergases ab (sog. Verdampfungsanalyse [21–23, 49–52], z. B. in einem Quarzrohr, das durch einen Röhrenofen führt. Die Probe wird in einem geeigneten Schiffchen in das Quarzrohr eingeführt und entweder in einem inerten Trägergas (Ar, N_2) aufgeheizt oder mit Sauerstoff oder Wasserstoff umgesetzt. Die flüchtigen Elemente bzw. Verbindungen gelangen mit dem Trägergas in eine gekühlte Vorlage oder kondensieren an einem Kühlfinger und können anschließend mit wenig Säure abgelöst und bestimmt werden. Die Zahl der Elemente und Verbindungen, die auf diesem Weg isoliert und angereichert werden können, ist im Temperaturbereich $\leq 1000\,°C$ sehr groß [23].

Literatur

1. Tschöpel P, Tölg G (1982) J Trace Microprobe Techn 1:1
2. Tög G (1977) Fresenius Z Anal Chem 283:257
3. Tölg G (1979) Fresenius Z Anal Chem 294:1
4. Tölg G (1978) Pure Appl Chem 50:1075

5. Tschöpel P (1982) Pure Appl Chem 54:913
6. Zief M, Mitchel JW (1976) Contamination Control in Trace Element Analysis. In: Elwing PJ, Kolthoff IM (eds) Chemical Analysis. John Wiley & Sons, New York
7. Tschöpel P, Kotz L, Schulz W, Veber M, Tölg G (1980) Fresenius Z Anal Chem 302:1
8. Gretzinger K, Kotz L, Tschöpel P, Tölg G (1982) Talanta 29:1011
9. Boutron CF (1990) Fresenius J Anal Chem 337:482
10. Versieck J, Barbier F, Cornelis R, Hoste J (1982) Talanta 29:973
11. Kosta L (1982) Talanta 29:985
12. Heydorn K, Damsgaard E (1982) Talanta 29:1019
13. Krivan V (1982) Talanta 29:1041
14. Massee R, Maessen FJMJ, De Gogeij JJM (1981) Anal Chim Acta 127:181
15. Adeloju SB, Bond AM (1985) Anal Chem 57:1720
16. Kinsella B, Willix RL (1982) Anal Chem 54:2614
17. Tschöpel P (1992) Sample Treatment. In: Stoeppler M (Hrsg) Hazardous Metals in the Environment (Techniques and Instrumentation in Analytical Chemistry) Elsevier, Amsterdam London New York, Bd 12
18. Tschöpel P (1980) Aufschlußmethoden. In: Ullmanns Encyklopädie der technischen Chemie. Verlag Chemie, Weinheim, Bd 5 S 27
19. Bock R (1979) A Handbook of Decomposition Methods in Analytical Chemistry. International Textbook Comp. Ltd. London
20. Kaiser G, Götz D, Schoch P, Tölg G (1975) Talanta 22:889
21. Spachidis C, Bächmann K (1980) Fresenius Z Anal Chem 300:343
22. Bächmann K (1981) CRC Critical Rev Anal Chem 12:1
23. Bächmann K, Rudolph J (1976) J Radioanal Chem 32:243
24. Krivan V (1987) Sci Total Environ 64:21
25. Kuehner EC, Alvarez R, Paulsen PJ, Murphy TJ (1972) Anal Chem 44:205
26. Moody JR, Beary ES (1982) Talanta 29:1003
27. Mitchell JW (1982) Talanta 29:993
28. Mitchell JW (1978) Anal Chem 50:194
29. Mitchell JW, McCrory C (1980) Sep Purif Meth 9:165
30. Mitchell JW, Herring C, Bylina E (1984) Appl Spectrosc 38:653
31. Paulsen PJ, Beary ES, Bushee DS, Moody JR (1989) Anal Chem 61:827
32. Whyte W (1991) Cleanroom Design. John Wiley & Sons, New York
33. Szymczyk S, Cholewa M (1987) Fresenius Z Anal Chem 326:744
34. Hoffmann P, Lieser KH, Abig S, Stingl U, Pilz N (1989) Fresenius Z Anal Chem 335:847
35. Knapp G (1975) Fresenius Z Anal Chem 274:271
36. Wooley JF (1975) Analyst 100:896
37. Grillo AC (1990) Spectrosc Intern 2:14
38. Rechcigl JE, Payne GG (1990) Commun Soil Sci Plant Anal 21:2209
39. Adeloju SB (1989) Analyst 114:455
40. Dunemann L, Meinerling M (1992) Fresenius J Anal Chem 342:714
41. Kuss H-M (1992) Fresenius J Anal Chem 343:788
42. Kotz L, Kaiser G, Tschöpel P, Tölg G (1972) Fresenius Z Anal Chem 260:207
43. Kotz L, Henze G, Kaiser G, Pahlke S, Veber M, Tölg G (1979) Talanta 26:681
44. Knapp G (1984) Fresenius Z Anal Chem 317:213
45. Raptis SE, Knapp G, Schalk AP (1983) Fresenius Z Anal Chem 316:482
46. Knapp G, Raptis SE, Kaiser G, Tölg G, Schramel P, Schreiber B (1981) Fresenius Z Anal Chem 308:97
47. Kaiser G, Tschöpel P, Tölg G (1971) Fresenius Z Anal Chem 253:177
48. Raptis SE, Kaiser G, Tölg G (1982) Anal Chim Acta 138:93
49. Kato K (1990) Bunseki Kagaku 39:439
50. Tsukada K, Akiyoshi T, Kuraishi T, Takahashi T (1990) NKK Technical Rev 58:44
51. Matusiewicz H, Sturgeon RE, Berman SS (1991) J Anal At Spectrom 6:283
52. Kolikova NN, Khalizova VA, Sontseva LS, Sidorenko GA (1991) Zh Anal Khim 46:1578

11 Der Druckaufschluß - apparative Möglichkeiten, Probleme und Anwendungen

EWALD JACKWERTH und MICHAEL WÜRFELS

11.1 Einleitung

Der Begriff „Druckaufschluß“ ist mißverständlich; er täuscht vor, der Druck sei wesentliches Kriterium beim Aufschlußprozeß. Tatsächlich ist der während der Aufschlußreaktion sich aufbauende Druck eher ein lästiger Nebeneffekt, der die gefahrlose Anwendung dieser Methode behindert. Besser wird diese Aufschlußtechnik charakterisiert, wenn man sie in die Gruppe der „Naßaufschlußmethoden unter Verwendung lösender und/oder oxidierender Aufschlußreagenzien im geschlossenen System“ einordnet.

Vorläufer dieser Methode ist der 1860 erstmals von G. L. Carius beschriebene Aufschluß organischer Materialien mit konzentrierter Salpetersäure bei 250–300°C [1, 2]. Dazu wurden Probe und Säure in einer dickwandigen Quarzampulle eingeschmolzen, die nachfolgend im „Bombenrohr“ und im „Schießofen“ mehrere Stunden bei der Aufschlußtemperatur erhitzt, dann abgekühlt und nach Anritzen und Öffnen der Ampulle analysiert wurden. Die militärisch geprägte Wortwahl für die Geräte deutet drastisch auf die Gefahr beim sorglosen Umgang mit dem Carius-Auschluß hin.

Erste zerlegbare Druckmantelsysteme aus Edelstahl zur Mineralanalyse waren innen mit Platin ausgekleidet und enthalten etwa seit 1955 auch Tiegel aus Polytetrafluorethylen (PTFE) [3–12]. Am Beginn der Entwicklung kommerzieller „Aufschlußbomben“ standen Arbeiten von B. Bernas (1968) sowie von G. Tölg und Mitarbeitern (1972). Heute sind entsprechende Geräte in großer Vielfalt auf dem Markt, die hier aber nicht im einzelnen beschrieben oder miteinander verglichen werden sollen. Im folgenden wird der „Druckaufschluß“ vielmehr unter den Gesichtspunkten der für solche Systeme typischen Gerätekomponenten, der Aufschlußparameter, der gefahrlosen Handhabung und der analytischen Leistungsfähigkeit behandelt.

Obwohl die verschiedenen im Handel befindlichen Druckaufschluß-Systeme („Druckbomben“) sich in zahlreichen konstruktiven Details unterscheiden können, gibt es Gemeinsamkeiten im Vorhandensein wesentlicher Komponenten und bei deren apparativer Anordnung (Abb. 1). Kern jedes Systems ist ein Tiegel aus einem weitgehend inerten Werkstoff, in dem die Aufschlußreaktion abläuft. Der Tiegel wird von einem druckfesten Mantel umgeben, dessen Verschluß über eine stabile Druckfeder den Tiegeldeckel auf den Tiegel preßt und diesen somit dicht verschließt. Die Druckfeder hat zugleich die Funktion eines Überdruckventils für die bei unerwartet heftigen Reaktionen entstehenden Gase. Als Explosionssicherung besitzen die mei-

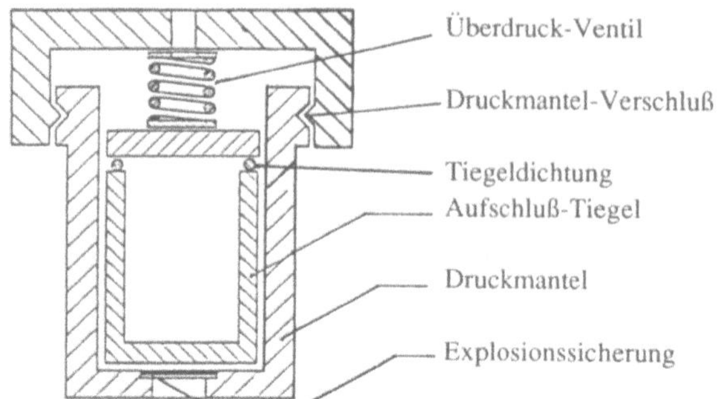

Abb. 1. Druckaufschluß-System

sten Systeme eine am Mantelboden eingelassene Berstscheibe. Das mit Probe und Säure beschickte System wird temperaturkontrolliert in einem passenden Heizblock oder Heizschrank auf die Aufschlußtemperatur erwärmt und während der Reaktionszeit thermostatisiert.

Typisch für den Aufschlußprozeß unter Druck in seiner heutigen Technik sind folgende Kriterien:

- Aus Sicherheitsgründen werden die Dimensionen von Tiegel und Probeneinwaagen stark begrenzt. Insbesondere der Einsatz organischer Materialien ist nur bis zu wenigen 100 mg zulässig.
- Als Aufschlußreagenz für organische Probenmaterialien dient fast ausschließlich konzentrierte Salpetersäure, die in hoher Reinheit kommerziell verfügbar ist oder durch isotherme Destillation wirksam gereinigt werden kann [13]. Für anorganische Stoffe sind auch andere Mineralsäuren, oft in Kombination mit Flußsäure, gebräuchlich. Vor dem Einsatz von Perchlorsäure, auch in Säuremischungen, muß wegen der unkalkulierbaren Gefahr heftigster Explosionen dringend gewarnt werden [14-16].
- Das geschlossene System erlaubt die Anwendung von Temperaturen, die deutlich oberhalb des Siedepunktes der Salpetersäure liegen. Dadurch werden sowohl das Oxidationsvermögen der Säure als auch die Reaktionsgeschwindigkeit beträchtlich erhöht. Der Zeitbedarf im Vergleich zu Aufschlüssen im offenen Gefäß wird somit erheblich verringert; die Palette der mit Salpetersäure aufschließbaren Materialien wird wesentlich erweitert.
- Überschüssiges Aufschlußreagenz und reaktive Zwischenprodukte von Säure und Probenkomponenten (NO_2, Radikale) verbleiben im Aufschlußsystem, beschleunigen zusätzlich den Oxidationsprozeß und verbessern die Vollständigkeit des Aufschlusses [17].
- Flüchtige Elementspuren und Spurenverbindungen bleiben im Tiegel eingeschlossen, sofern nicht Verluste infolge Diffusion durch die Tiegelwandungen entstehen.
- Durch den verminderten Reagenzbedarf sowie durch den Ausschluß von Kontaminationen aus der Laborluft wird die Blindwertbelastung der

Analyse eingeschränkt; die Höhe der Blindwerte $\bar{x}_{Bl}$ und die der Blindwertstreuungen s_{Bl} haben dabei einen unmittelbaren Einfluß auf den Meßwert an der Nachweisgrenze $\underline{x}$ und auf die Nachweisgrenze $\underline{c}$ selbst [18]:

$$\underline{x} = \bar{x}_{Bl} + 3s_{Bl}$$

$$\underline{c} = f(x)$$

Um ein zuverlässiges und dauerhaftes Funktionieren sowie eine einfache und gefahrlose Handhabung zu gewährleisten, ist es erforderlich, bei der Konstruktion von Durckaufschlußsystemen einige Materialeigenschaften der Bauelemente und das chemische und physikalische Verhalten der Reaktionspartner beim Aufschluß zu berücksichtigen [19].

Die Benutzung von Drucksystemen wird in der Bundesrepublik Deutschland durch die Druckbehälterverordnung (DruckbehV) geregelt [20]. Der Anhang II zu § 12 dieser Verordnung („Prüfung besonderer Druckbehälter") nennt unter Nr. 38: „Versuchsautoklaven", die nach Absatz 2 „... nach jeder Verwendung vom Sachkundigen geprüft werden müssen". Druckaufschlußbomben können hier als Versuchsautoklaven und damit als Druckbehälter verstanden werden, in denen Versuche mit unbekanntem oder möglicherweise gefährlichem Reaktionsablauf durchgeführt werden.

Zur Erläuterung geben die „Technischen Regeln Druckbehälter" (TRB 801, Nr. 38) [21] in Absatz 4 an, daß die unter Nr. 38 genannten Verordnungen „unabhängig vom Rauminhalt bzw. dem Druckinhaltsprodukt für Versuchsautoklaven gelten" (Druckinhaltsprodukt: Produkt aus zulässigem Druck in bar und Volumen des Autoklaven in Litern).[1]

„Sachkundiger" im Sinne der Druckbehälterverordnung (§ 32) ist nur, wer

- auf Grund seiner Ausbildung, seiner Kenntnisse und seiner durch praktische Fähigkeit gewonnenen Erfahrungen die Gewähr dafür bietet, daß er die Prüfung ordnungsgemäß durchführt,
- die erforderliche persönliche Zuverlässigkeit besitzt,
- hinsichtlich der Prüftätigkeit keinen Weisungen unterliegt,
- falls erforderlich, über geeignete Prüfeinrichtungen verfügt und
- durch die Bescheinigung über die erfolgreiche Teilnahme an einem staatlichen oder staatlich anerkannten Lehrgang nachweist, daß er die in Nummer 1 genannten Voraussetzungen erfüllt. Die Bescheinigung ist der zuständigen Behörde auf Verlangen vorzulegen.

---

[1] Eine Rückfrage beim Fachausschluß Druckbehälter (FAD) bei der Berufsgenossenschaft der Chemischen Industrie, Köln, ergab folgenden Sachverhalt: Nach § 2, Abs. 1 Nr 24 a fallen Druckbehälter mit einem Volumen unter 0,1 l nicht unter die Druckbehälterverordnung. Dies gilt auch für Versuchsautoklaven: der Anwendungsausschluß nach § 2 DruckbehV hat Vorrang vor den Erläuterungen der TRB 801. Es wird allerdings empfohlen, die Prüfvorschriften der Druckbehälterverordnung - soweit möglich - sinngemäß anzuwenden sowie die Herstellerangaben in der Betriebsanweisung zu beachten.

Die Sachkunde ist der zuständigen Behörde auf Verlangen nachzuweisen.

Die „nach jeder Verwendung“ vom Sachkundigen durchzuführende Prüfung dient dem Erhalt des ordnungsgemäßen Zustandes des Druckbehälters und dessen Ausschluß vom weiteren Betrieb, wenn er Mängel aufweist, durch die Personen gefährdet werden.

TRB 801, Nr. 38, Absatz 7 mildert den vorgeschriebenen Prüfzyklus ab: Unter einer einzelnen Verwendung im Sinne des Absatzes 2 ist auch eine Versuchsreihe zu verstehen, die bei etwa gleicher Beanspruchung hinsichtlich Druck und Temperatur durchgeführt wird. Nach TRB 801, Nr. 38, Absatz 10 wird eine Prüfung aber immer dann fällig, wenn Schäden aufgetreten sind bzw. wenn die zulässigen Werte für Druck oder Temperatur überschritten wurden.

Von den weiteren unter TRB 801, Nr. 38, aufgeführten Verordnungen soll hier nur noch der Absatz 9 hervorgehoben werden: „Versuchsautoklaven müssen in besonderen Kammern oder hinter Schutzwänden aufgestellt sein, die so gestaltet sind, daß die Autoklaven gegen Einwirkung von außen und daß Beschäftigte oder Dritte beim Versagen des Autoklaven geschützt sind. Die Beobachtung der Sicherheits- und Meßeinrichtungen und die Bedienung müssen von sicherer Stelle aus erfolgen“.

11.2 Aufschlußtiegel

In dem während des Aufschlusses dicht verschlossenen Tiegel laufen Löse- und Oxidationsreaktionen zwischen Probe und Aufschlußreagenzien ab.

Die wohl wichtigsten Anforderungen an das Tiegelmaterial sind:

- gute Resistenz gegen die Aufschlußreagenzien und gegen Folgeprodukte, die in Reaktion mit den unterschiedlichen Probenmaterialien entstehen können;
- hohe Reinheit zur Vermeidung nicht tolerierbarer Blindwerte bei unvermeidbaren Oberflächenangriffen durch das Aufschlußreagenz;
- geringe Gasdurchlässigkeit und vernachlässigbares Sorptionsvermögen für Spurenverbindungen;
- thermische Stabilität und Formbeständigkeit bei den Aufschlußtemperaturen.

Von zahlreichen Werkstoffen, die unter den genannten Kriterien überprüft wurden, entsprechen nur sehr wenige den Anforderungen und auch diese nur angenähert. Aus der großen Gruppe der hochpolymeren Kunststoffe gehören dazu vor allem das Polytetrafluorethylen (PTFE), das man durch Peroxid-katalysierte Polymerisation von $F_2C=CF_2$ gewinnt, sowie - in neuerer Zeit - zusätzlich einige damit verwandte fluorierte Polymere wie das Copolymerisat „Fluorethylenpropylen“ (FEP) oder „Perfluoralkoxy“ (PFA), einem PTFE mit Perfluoralkoxy-Seitenketten [22, 23]. In ihrer chemischen Resistenz sind alle nahezu identisch; Unterschiede gibt es in der Härte und Transparenz sowie in der mechanischen und thermoplastischen Bearbeitbarkeit und - abhängig vom Hersteller - vielfach auch in der Reinheit [24]. In manchen Drucksystemen sind alternativ auch Tiegel aus Quarzglas oder Glaskohlenstoff vorgesehen [25]. Da aber auch hier meist PTFE-Dichtungen erforderlich sind, bleiben die Vorteile solcher Tiegel begrenzt. Häufigstes Tiegelmaterial ist heute vermutlich das PTFE, das wegen der stabilen C-F-Bindung sowohl äußerst resistent gegenüber Chemikalien als auch sehr wärmebeständig ist. Die üblichen Aufschlußreagenzien Salpetersäure und Flußsäure greifen PTFE allenfalls bei vielfachem Einsatz geringfügig an der Oberfläche an und rauhen diese auf. Auch gegen andere konzentrierte Säuren ist PTFE weitgehend resistent. Lediglich elementares Fluor und extrem reaktive Fluorverbindungen sowie die geschmolzenen Alkalimetalle bewirken einen starken Angriff auf PTFE-Gefäße [22, 24].

Problematischer als die chemische Resistenz ist die für extreme Aufgaben der Elementspurenanalyse notwendige hohe Reinheit von PTFE. Wegen der Schwierigkeit, diesen Werkstoff wie andere Polymere plastisch zu verformen, können Verunreinigungen nicht nur aus dem Herstellungsprozeß, sondern auch von der Verarbeitung her zu unerträglich hohen Blindwerten führen. Dabei läßt sich anhaftender Schmutz im allgemeinen durch längeres Behandeln mit Säure entfernen [13, 26]; im Polymer eingeschlossene Verunreinigungen können jedoch im Verlaufe eines Tiegellebens und mit zunehmendem Angriff der Tiegeloberfläche freigelegt werden und zu unerwartet hohen Blindwerten führen. Aus diesem Grund ist es unverzichtbar, für Aufschlußtiegel nur solche PTFE-Qualitäten einzusetzen, die bereits mit dem Ziel einer hohen Reinheit produziert werden, etwa PTFE für die Fertigung von Protheseimplantaten.

Eine für PTFE wie auch für andere Polymere typische Eigenschaft ist die relativ hohe Durchlässigkeit für Gase und Dämpfe [23]. Die Folge ist, daß beim Aufschluß unter Druck sowohl Säuredämpfe und NO_2 als auch gasförmige Reaktionsprodukte und Spurenverbindungen des Probenmaterials in die Tiegelwandung eindringen können. Bei sehr geringen Spurengehalten kann dies zu beträchtlichen Verlusten führen. Andererseits muß man damit rechnen, daß in der Tiegelwandung haftende Spuren die nachfolgenden Analysen kontaminieren. Arbeiten hierzu gibt es vor allem für Hg und I_2 [11, 26, 27]. Systematische Untersuchungen zur Adsorption von Spuren an PTFE erbrachten dagegen für den $\mu g \cdot g^{-1}$- und den oberen $ng \cdot g^{-1}$-Bereich überwiegend vernächlässigbare Befunde [11, 28].

Wichtig für den Einsatz in Drucksystemen ist das mechanische Verhalten von PTFE. Dies wird u. a. geprägt von der Molekülvernetzung und von der hohen Kristallinität des Materials. Umwandlungspunkte der Kristalle zwischen 18 °C und 25 °C sowie bei 327 °C verursachen beim Erhitzen bis zur Sintertemperatur (370–380 °C) eine reversible Volumenzunahme von mehr als 25% [22, 24, 29]. Die geringe Formbeständigkeit von PTFE unter Druck und hoher Temperatur kann dabei zu einer Beeinträchtigung der Dichtung zwischen Tiegel und Deckel führen. Bei der Konstruktion von Drucksystemen und bei deren analytischer Anwendung sind diese problematischen Eigenschaften des PTFE zu berücksichtigen: So ist bei der Dimensionierung von Tiegel und Druckmantel sowie bei der Formgebung der Sicherheitsausgänge für Gase und Dämpfe darauf zu achten, daß der Tiegel das verfügbare Volumen des Mantels erst dann vollständig ausfüllt, wenn die maximal zulässige Aufschlußtemperatur erreicht ist. Das bei ungewolltem Überschreiten dieser Temperatur bzw. bei zu hohem Innendruck sich ausdehnende PTFE darf diese Sicherheitsausgänge nicht verstopfen und so die Funktion des Überdruckventils beeinträchtigen. Eine Berücksichtigung der Volumenausdehnung des PTFE erleichert nach Beendigung des Aufschlusses und nach Abkühlen des Systems auch die Entnahme des reversibel auf das Ausgangsvolumen schrumpfenden Tiegels aus dem Druckmantel. Entsprechend konstruierte Tiegel bleiben dabei bis zum vollständigen Abkühlen dicht.

Teilweise können die genannten nachteiligen Eigenschaften von PTFE vermindert werden, wenn zur Fertigung von Aufschlußtiegeln durch isostatisches Pressen verdichtetes PTFE verwendet wird. Hierdurch wird auch die Porosität des Materials verringert. Bei den üblichen Aufschlußtemperaturen dehnt sich solches hochverdichtetes PTFE um etwa 3-4% aus. Unter Beachten der mechanischen Stabilität des Aufschlußtiegels sollten im Hinblick auf die Dichtigkeit und eine lange Lebensdauer Aufschlußtemperaturen oberhalb von 200°C vermieden werden, obwohl die thermische Zersetzung von PTFE erst bei etwa 400°C beginnt. Die in den meisten publizierten Arbeitsvorschriften angegebenen Temperaturwerte für den Aufschluß organischer Substanzen liegen bei 170-180°C.

Am stärksten wirken sich zu hoch gewählte bzw. unbeabsichtigt entstehende hohe Temperaturen und damit entsprechende Drücke auf die Tiegeldichtung aus. Sofern der Tiegeldeckel dabei nur gegen die Federkraft angehoben und der Druck abgebaut wird, ist dies für die Lebensdauer von Tiegel und Tiegeldeckel meist unerheblich. Lediglich der Erfolg der Aufschlußreaktion ist verloren. Bei Tiegeln, die mit ihrem Deckel über Kegeldichtungen verschlossen sind, läßt sich oft allerdings nicht vermeiden, daß durch Fließen des PTFE im Bereich der Dichtung bleibende Verformungen entstehen, wodurch Tiegel und/oder Deckel unbrauchbar werden. Vorteilhafter ist es deshalb, Tiegel und Deckel anstelle einer Kegeldichtung durch einen zwischengelegten PTFE-O-Ring abzudichten, der bei einer Beschädigung leicht und ohne große Kosten ersetzt werden kann.

Durch konstruktive Maßnahmen kann man schließlich auch vermeiden, daß der Tiegelrand, über den die aufgeschlossene Probenlösung ausgegossen wird, mit dem Metall des Druckmantels in Kontakt kommt. Kontaminationen durch die Bestandteile der Legierung werden so weitgehend vermieden.

Das Fassungsvermögen des Tiegels sollte den Ansprüchen an die Sicherheit bei der Anwendung des Drucksystems angepaßt sein. Systematische Untersuchungen zur Vollständigkeit von Aufschlüssen haben ergeben, daß für einen durch die Kraftkonstante der Feder vorgegebenen zulässigen Druck von etwa 20 bar organisches Probenmaterial, umgerechnet auf den

Kohlenstoffgehalt, von etwa 1,5–3 mg C/ml Tiegelvolumen als optimal anzusehen sind. Größere Volumina bei gleichen Probeneinwaagen vermindern die Aufschlußraten; bei Tiegeln mit geringerem Volumen würden Aufschlüsse von Proben mit dem genannten Kohlenstoffanteil „abblasen". Unter Berücksichtigung der aus Sicherheitsgründen maximal zulässigen Einwaagen bei organischen Proben sind Tiegel mit 25–40 ml Volumen demnach besonders günstig [17, 30].

11.3 Druckmantel

Im Handel erhältliche Aufschlußbomben benutzen überwiegend aus hochlegiertem VA-Stahl gefertigte Druckmäntel. Bei Fe, Cr und Ni sind also die höchsten Blindwerte zu erwarten, wenn die Aufschlußlösung mit Teilen des Mantels in Kontakt kommt. Dieser Gefahr kann man durch konstruktive Maßnahmen und durch Auskleiden bzw. Beschichten des Stahlmantels z. B. mit PTFE entgegenwirken. Unbeschichtete Geräte neigen außerdem bei längerem Gebrauch zur Korrosion, insbesondere, wenn sich nitrose Gase oder HCl-Dämpfe beim Abblasen von Überdruck und beim Öffnen des Mantelverschlusses auf der Stahloberfläche niederschlagen. Solche Korrosionsprodukte können durch Abreiben mit konzentrierter Orthophosphorsäure weitgehend wieder entfernt werden [25].

Konstruktive Unterschiede findet man an kommerziellen Systemen bei der Verbindung von Druckmantel und Verschluß, ein Detail, das einen deutlichen Einfluß auf die Handhabung vor allem beim Öffnen des noch unter Restdruck stehenden abgekühlten Systems haben kann. Durch Schraubgewinde mit dem Metalldeckel verschlossene Druckmäntel neigen z. B. dazu, zu verklemmen, solange noch Innendruck vorhanden ist. Die oft nur unter großer Kraftanwendung mit Hilfswerkzeugen zu trennenden Gewindeteile verschleißen dabei zunehmend, und zusammen mit der hier unvermeidbaren Korrosion führt dies schließlich zu unüberwindbarer Schwergängigkeit. Praktisch ohne Verschleiß und einfacher in der Handhabung sind Durckmäntel mit Bajonettverschluß, der den Innendruck des Systems aufnimmt. Mit Hilfe einer im Verschlußdeckel eingelassenen Spannschraube wird die Ventilfeder auf den Tiegeldeckel gedrückt, und dies erzwingt die notwendige Dichtigkeit. Gegenüber dem verschleißanfälligen großformatigen Gewinde eines Schraubverschlusses bleibt das Gewinde der Spannschraube leichtgängig und ohne merkliche Abnutzung.

Für einige kommerzielle Aufschlußsysteme werden auch Druckmäntel angeboten, die gleichzeitig mehrere Tiegel aufnehmen und deren Deckel durch eine gemeinsame Vorrichtung aufgepreßt werden; entsprechende Konstruktionen werden auch in der Literatur beschrieben [31, 32].

11.4 Sicherheitsvorrichtungen

Aufschlußreaktionen in geschlossenen Gefäßen und bei erhöhter Temperatur bewirken, je nach Probenmaterial und -einwaage, eine Druckerhöhung, die nach Ausmaß und Ursache sehr unterschiedlich sein kann. Allein durch die Dampfdrücke von Säure und Wasser sowie durch den Druck der gasförmigen Reaktionsprodukte und der eingeschlossenen Luft muß man bei der üblichen Aufschlußtemperatur mit einem Druckanstieg auf einige 10 bar rechnen [19, 33]. Die Federkonstante der vorgespannten Druckfeder - Spiralfeder oder Tellerfeder - die zugleich den Aufschlußtiegel dicht hält und als Teil des Sicherheitssystems dient, ist so bemessen, daß unerwünscht hohe Drücke ohne Gefahr durch selbsttätiges Öffnen des Ventils entlastet werden. Voraussetzung für das Funktionieren des Sicherheitsventils ist jedoch, daß der Federhub beim Vorspannen und Verschließen des Tiegels nur teilweise durch Zusammendrücken beansprucht wird. Andernfalls sind ein Anheben des Tiegeldeckels und der Druckausgleich nicht mehr möglich. Dabei muß man beachten, daß der Hub der Druckfeder durch die Beanspruchung im Laufe der Zeit abnimmt, wobei die Gefahr entsteht, daß die Feder schon beim Vorspannen vollständig zusammengedrückt wird und die Ventilwirkung verlorengeht. Die Funktionsfähigkeit des Ventils muß also laufend kontrolliert und die Feder, wenn erforderlich, ersetzt werden. Für eine unbehinderte Druckentlastung muß ferner sichergestellt sein, daß die Ventilöffnungen nicht durch eventuell verformte PTFE-Teile verstopft werden können. Zu empfehlen ist, diese Öffnungen innerhalb des Sicherheitsventils labyrinthartig verwinkelt nach außen zu führen, damit verhindert wird, daß heiße Säure im Strahl austreten kann.

Oxidationsreaktionen wie der Naßaufschluß organischer Stoffe mit Salpetersäure unterliegen oft kinetischen Hemmungen, die trotz ansteigender Temperatur einen verzögerten Reaktionsbeginn verursachen. Nach plötzlichem Aufheben der Hemmung kommt es zu einer steil ansteigenden Druckspitze im Aufschlußtiegel [33]. Ähnliche Effekte beobachtet man bei der Reaktion verklumpter Probenpulver oder von Ölen, die zunächst eine zweite Phase mit der Aufschlußsäure bilden. Ob dabei eine Entlastung durch das Druckventil erfolgt, hängt von der Höhe der Spitze und von der Trägheit des Federsystems ab. Andererseits sollte der Druckmantel so stabil sein, daß er auch hohe Druckspitzen ohne Zerstörung verträgt, oder eine entsprechend dimensionierte Berstscheibe sollte die Explosion des gesamten Druckmantels - allerdings unter Zerstören des Tiegels und Verspritzen seines Inhalts - verhindern. Da solche Ereignisse u. U. mit beträchtlichen Gefährdungen durch umherfliegende Geräteteile und Säure verbunden sind, ist der Betrieb von Drucksystemen zum Probenaufschluß nur in besonderen, für unbefugtes Laborpersonal gesperrten Autoklavenräumen zulässig [21].

Nicht ganz auszuschließen bei der Umsetzung mancher organischer Stoffe mit konzentrierter Salpetersäure ist wohl auch die Bildung von Produkten, die in ihrer brisanten Wirkungen Ähnlichkeit mit Sprengstoffen haben können. Dies gilt in verstärktem Maße, wenn die Salpetersäure im Gemisch mit wasserentziehender konzentrierter Schwefelsäure verwendet wird. Eine Reihe von Beispielen, in denen beim Versuch, bestimmte Fette und Öle aufzuschließen, heftigste Detonationen unter vollständiger Zerstörung des Drucksystems („Aufschlußbombe!") stattfanden, belegen dies [33-35]. Hier ist Vertrauen auf die Funktion eines Druckventils nicht angebracht: Die sich bei einer Detonation im Tiegelinnern ausbreitende Druckwelle ist so schnell, daß sie auf der gesamten Oberfläche von Tiegel und Metallmantel wirksam wird, bevor das Federventil mit seiner Trägheit das Entweichen des starken Überdrucks ermöglichen kann.

Um den Schaden bei unvorhersehbaren Reaktionen dieser Art zu begrenzen, sind die Beschränkung auf 100–300 mg entsprechender Probenmaterialien und die vorgeschriebene Benutzung von Autoklavenräumen mit Möglichkeiten zur Fernschaltung der Druckbombenheizung bzw. die Verwendung einer Zeitschaltuhr die sichersten Maßnahmen. Probeneinwaagen in dieser Größenordnung in Verbindung mit im Volumen angepaßten Aufschlußtiegeln resultieren auch aus publizierten Tests zur Überprüfung der Stabilität kommerzieller Systeme unter Einsatz definierter Mengen an brisanten Sprengstoffen [36].

11.5 Heizgeräte

Heizgeräte haben die Aufgabe, den vom Druckmantel umschlossenen, abgedichteten Aufschlußtiegel rasch und mit homogener Temperaturverteilung auf die vorgegebene Aufschlußtemperatur von meist 170–180°C zu erwärmen und ihn dann thermostatisiert über einige Stunden zu belassen. Nach Beendigung der Reaktion ist eine beschleunigte Abkühlung mit Hilfe einer Luft- oder Wasserzirkulation erwünscht. Neben normalen zeit- und temperaturgeregelten Wärmeschränken werden als Heizgeräte auch gebohrte Metallblöcke für die Aufnahme eines oder mehrerer Drucksysteme angeboten, die über einen Temperaturfühler von einer elektrischen Heizplatte oder von einem heizbaren Magnetrührwerk erwärmt werden. Stabile Metallblöcke als zusätzliche Ummantelung verbessern zugleich die Arbeitssicherheit bei der Durchführung von Druckaufschlüssen.

11.6 Aufschlußbedingungen

Wie zahlreiche systematische Untersuchungen ergeben haben, können die wichtigsten Aufschlußparamater wie Probeneinwaage, Aufschlußreagenz und -menge, Reaktionstemperatur und -zeit nur in begrenztem Umfang variiert werden. Dies gilt vor allem für den Aufschluß organischer Probenmaterialien. Wie bereits diskutiert wurde, lassen die Sicherheitsforderungen allenfalls Probeneinwaagen zu, die auf 100–300 mg begrenzt sind. Als Aufschlußmittel wird 65%ige Salpetersäure empfohlen, von der im allgemeinen 1–2 ml ausreichen. Die maximal mögliche Heiztemperatur ist vor allem durch die Eigenschaften des Tiegelmaterials vorgegeben und bei PTFE auf etwa 180°C begrenzt. Manche Systeme lassen zwar noch etwas höhere Temperaturen zu; Verformungen der Tiegelbestandteile unter Beeinträchtigung der Dichtung sind bei häufigem Gebrauch dann aber kaum vermeidbar. Zum optimalen Umsatz der in biologischen Probenmaterialien enthaltenen Matrixbestandteile ist eine Temperatur von 170–180°C erforderlich [37]. Bemerkenswert ist, daß eine Temperaturerhöhung bis auf etwa 220°C zu keiner nennenswerten Verbesserung des Aufschlusses bezüglich des umgesetzten Kohlenstoffanteils führt. Eine Auswahl von Arbeitsvorschriften ist in [11, 25, 30, 31, 33, 38–49] zu finden.

Zur Optimierung des Druckaufschlusses biologischer Probenmaterialien mit HNO_3 wurden umfangreiche Untersuchungen durchgeführt [17, 30, 37, 50, 51]. Aus diesen gingen folgende optimale Arbeitsbedingungen hervor:

Aufschlußzeit. Bei 170–180°C liegt die optimale Aufschlußzeit, unabhängig von der Art des biologischen Materials, bei 3 h [37]. Eine weitere Verlängerung führt zu keiner Reduzierung der in der Aufschlußlösung verbleibenden Menge an organischen Zersetzungsprodukten mehr.

Säuremenge. Für eine Einwaage von biologischem Material, die einem reinen Kohlenstoffanteil von 100 mg entspricht, reichen 2 ml HNO_3 in jedem Falle aus, unabhängig von der Art des aufzuschließenden Materials, wenn bei 170–180°C über 3 h aufgeschlossen wird [17, 37].

Einwaage. Die im folgenden als Beispiel dargestellten Angaben beziehen sich auf ein Aufschlußsystem, das einem Druck von 20 bar standhält und mit einem 35-ml-PTFE-Tiegel ausgestattet ist. Ferner wird angenommen, daß der Aufschluß bei der optimalen Temperatur von 180°C durchgeführt wird.

Unter diesen Bedingungen kann eine Einwaage aufgeschlossen werden, die einem reinen Kohlenstoffanteil von 100 mg entspricht. Unabhängig von der Art des biologischen Materials liegt der aufgebaute Druck in der Endphase des Aufschlusses bei etwa 20 bar, hervorgerufen durch die bei der Aufschlußreaktion entstehenden Gase CO_2 (aus dem Kohlenstoff der organischen Probenbestandteile) und NO/NO_2 (durch Reduktion der HNO_3) sowie durch den Dampfdruck von Wasser und Salpetersäure [26]. Die mögliche Einwaage eines biologischen Materials kann folglich leicht aus seinem Kohlenstoffgehalt berechnet werden. Die C-Gehalte einiger gefriergetrockneter Materialien sind in Tabelle 1 zusammengestellt. Bei frischen Materialien kann unter Berücksichtigung des Wassergehaltes eine entsprechend erhöhte Einwaage gewählt werden. Es können laut Tabelle 1 etwa 200 mg gefriergetrocknetes Gewebe (ca. 50% C), 200–300 mg gefriergetrock-

Tabelle 1. Kohlenstoffgehalte gefriergetrockneter biologischer Probenmaterialien

Probenmaterial	Kohlenstoff-gehalt (%)	Probenmaterial	Kohlenstoff-gehalt (%)
Pflanzliche Stoffe		Rinderleber	51
Braunalgen	35	Fischfilet	52
Weizenmehl	45	Human-Vollblut	52
Spinat	38	Schweine-Vollblut	52
Pappelblätter	44	Austerngewebe	46
Buchenblätter	48	Schweineniere	49
Ahornblätter	48	Muschelgewebe	41
Gras	39	Voll-Hühnerei	50
Klee	36	*Reine Kohlenhydrate*	
Kiefernadeln	51	Glucose-monohydrat	37
Fichtennadeln	48	Rohrzucker (Saccharose)	42
Fichtentriebe	49	Milchzucker (Lactose)	42
Fichtenrinde	36	Cellulose	43
Pfirsich (Fruchtfleisch)	40	Stärke	41
Animalische Stoffe		*Fette*	
Magermilchpulver	42	Butter, pflanzliche Öle,	
Vollmilchpulver	52	pflanzliche Fette, Talg	74–78
Rindfleisch,mager	50		

netes pflanzliches Material (30–50% C), jedoch nur 120 mg reines Fett (ca. 78% C) eingesetzt werden.

Es ist aber auch zu beachten, daß, um einen optimalen Aufschluß zu erzielen, ein Verhältnis von Probeneinwaage (bezogen auf C) zu Tiegelvolumen von etwa 1,5 mg C/ml nicht unterschritten werden darf, damit die Menge an reaktivem Stickstoffoxid in der Säure ausreichend hoch ist [17]. Aus diesen Überlegungen folgt auch, daß bei undichten Aufschlußsystemen, aus denen NO_2 entwichen ist, mit einer Verschlechterung des Kohlenstoffumsatzes gerechnet werden muß.

Für den Aufschluß der weitgefächerten Palette anorganischer Materialien können nur wenige allgemeingültige Empfehlungen gegeben werden: Jedes Material verlangt eigene lösende bzw. oxidierende Reagenzien oder Reagenziengemische. Sofern reaktionsbedingte Explosionen nicht zu befürchten sind, werden neben HNO_3 allein auch Gemische mit H_2SO_4 und HCl verwendet. Ebenso wurden Zusätze von H_3PO_4, H_2O_2, Br_2 u. a. beschrieben. Mit Perchlorsäure sollte allerdings auch hier äußerst vorsichtig umgegangen werden. Für den Aufschluß von Silicaten wird vorzugsweise 40%ige Flußsäure allein oder im Gemisch mit weiteren Säuren empfohlen. Die Ausfällung schwerlöslicher Metallfluoride kann durch Zusatz von Borsäure verhindert werden [9, 52]. Bei unbedenklichen Materialien sind Probeneinwaagen von 1 g oder mehr erlaubt.

Als optimale Aufschlußzeit für organische und anorganische Proben werden Werte zwischen 0,5 und 3,5 h in der Literatur angegeben [11, 25].

Diese Zeit hängt dabei nicht nur von der Art des Probenmaterials, sondern auch von der Wärmekapazität des metallummantelten Tiegels ab und sollte deshalb in Vorversuchen jeweils speziell ermittelt werden. Der Aufschluß vieler anorganischer Materialien kann jedoch durch Pulverisieren und durch Rühren der Reaktionsmischung oft wesentlich beschleunigt werden. Eine Auswahl von Arbeitsvorschriften für Minerale von unterschiedlicher Zusammensetzung ist im Literaturverzeichnis unter [4, 10, 32, 38, 52-62] zu finden.

11.7 Zur Leistungsfähigkeit von Druckaufschlüssen

Seit Einführung der Druckaufschlußtechnik in die Elementspurenanalyse wird in Publikationen immer wieder nachgewiesen, daß bestimmte organische Stoffe mit Salpetersäure bei 180°C nur unvollständig mineralisiert werden [17, 19, 25, 30, 33, 37, 50, 63-65]. In solchen Fällen verbleiben in der Aufschlußlösung Artefakte, die auch bei drastischer Verlängerung der Aufschlußzeit oder bei Erhöhung des Salpetersäurezusatzes nicht weiter umgesetzt werden können. Analysenstörungen bei der nachfolgenden Spurenbestimmung entstehen vor allem bei den nachweisstarken voltammetrischen Verfahren, wo Spurensignale in ihrer Höhe u. U. stark beeinträchtigt werden und außerdem „Geisterpeaks" auftreten, die zu nicht tolerierbaren Signalinterferenzen führen [25, 51, 63, 66-71].

Zur Vollständigkeit des Druckaufschlusses biologischer Probenmaterialien mit HNO_3 und zur Identifizierung der mit HNO_3 nicht quantitativ reagierenden Verbindungen und ihrer inerten Rückstände wurden weitere umfangreiche Untersuchungen durchgeführt [17, 30, 37, 50, 51, 64, 70].

Danach lassen sich unter den angegebenen Bedingungen (180°C, 3 h, 2 ml 65%ige HNO_3 pro 100 mg C, Verhältnis Einwaage zu Tiegelvolumen $\geq$ 1,5 mg C/ml) alle biologischen Materialien zu klaren Lösungen aufschließen. In manchen Proben enthaltene Silicate (beispielsweise in Pflanzen und Muscheln) können allerdings nur mit einer Mischung aus Salpeter- und Flußsäure in Lösung gebracht werden [17]. Die nach einem solchen Aufschluß häufig vorliegenden unlöslichen Verbindungen (CaF_2, Fluorosilicate) können in Lösung überführt werden, wenn im Anschluß an den Druckaufschluß zur Trockene eingeengt wird, wozu in einigen Fällen noch etwas HNO_3 zugesetzt werden muß. Unlösliche Fluoride und Fluorosilicate werden so in lösliche Nitrate überführt [17].

Der nach dem Abrauchen erhaltene Rückstand kann in verdünnter Salpetersäure gelöst werden und ist frei von fluorhaltigen Verbindungen. Je nach Analysenproblem können die nach dem Aufschluß ohne HF-Zusatz ungelöst vorliegenden Silicate aber auch toleriert werden, wenn sichergestellt ist, daß sie keine interessierenden Spurenelemente gebunden haben. Dies ist besonders für den weiter unten beschriebenen Druckaufschluß mit

HNO_3 in Quarzgefäßen wichtig, bei dem Flußsäure nicht eingesetzt werden kann.

Organische Matrixbestandteile bzw. deren Reaktionsprodukte mit HNO_3 werden aber in allen Fällen vollständig in Lösung überführt. Die große Mehrzahl der in biologischen Materialien enthaltenen Verbindungen wird auch vollständig, d. h. bis auf coulometrisch nicht mehr nachweisbare „Restkohlenstoffgehalte" zu CO_2, H_2O und zu flüchtigen Produkten umgesetzt, die beim Einengen der Aufschlußlösung (120°C) entweichen. Aus eiweißhaltigen Materialien und einigen Fetten entstehen jedoch lösliche organische Rückstände [17, 51], die bei 180°C durch Salpetersäure nicht angegriffen werden. Reine Kohlenhydrate (Zucker, Stärke, Cellulose etc.) werden von HNO_3 bei 180°C vollständig mineralisiert [17, 37]. In den resultierenden Aufschlußlösungen können Metallspurengehalte problemlos durch Inversvoltammetrie oder andere geeignete Analysenverfahren bestimmt werden.

Beim Aufschluß aller Fette, die keine mehrfach ungesättigten Fettsäuren enthalten, erhält man ebenfalls kohlenstofffreie Aufschlußlösungen. Enthalten die zu untersuchenden Fette jedoch Linolsäure- oder Linolensäureester, so werden die nach saurer Primärhydrolyse der Fette freigesetzten Säuren Linolsäure und Linolensäure durch HNO_3 zu 1,2-Cyclopropandicarbonsäuren umgesetzt, die bei 180°C gegen HNO_3 beständig sind und somit im Aufschlußrückstand zurückbleiben [51]. Obwohl diese Stoffe elektrochemische Elementbestimmungen nicht stören [17, 51], sind Interferenzen bei anderen Bestimmungsmethoden nicht auszuschließen.

Der Aufschluß eiweiß- und somit aminosäurehaltiger Materialien führt zu nitrierten Benzoesäuren, die aus Phenylalanin durch Abbau mit HNO_3 entstehen und elektrochemisch aktiv sind. Sie stören z. B.die inversvoltammetrischen Bestimmungen von Zn, Cd, Pb und Cu durch intensive Störsignale. Oft wird die Bestimmung sogar verhindert [17, 51]. Da neben den Nitrobenzoesäuren noch weitere Aminosäure-Abbauprodukte zurückbleiben [17, 51], muß hier, wie auch beim Aufschluß linolsäure- und linolensäurehaltiger Fette mit Störungen verschiedenartiger Bestimmungsverfahren gerechnet werden.

Die durch diese organischen Rückstände hervorgerufenen Störungen atomspektrometrischer Verfahren sind im allgemeinen weniger gravierend als die der Voltammetrie. Man muß jedoch damit rechnen, daß solche Stoffe im Spurenkonzentrat - obwohl bisher kaum untersucht - auch verschiedene atomspektrometrische Verfahren beeinträchtigen können, etwa durch Veränderungen der Ansaugrate und Aerosolausbeute bei Zerstäubersystemen oder durch ihren Einfluß auf die Verdampfung der Spurenverbindungen und als Untergrundquelle bei der Graphitrohr-AAS. Gegenüber matrixfreien Spurenlösungen zum Kalibrieren der Verfahren verursachen sie u. U. merkliche additive und multiplikative systematische Fehler, die nur schwierig korrigiert werden können. Hilfreich zur Kontrolle der durch Aufschlußrückstände verursachten systematischen Fehler bei der Elementspurenanalyse ist in jedem Fall die Verwendung artgleicher zertifizierter Referenzmaterialien [72]. Neben dem Zwang zur Begrenzung der Probeneinwaage auf wenige 100 mg ist der unvollständige Aufschluß einiger Probenmaterialien wohl der schwerwiegendste Nachteil des Druckaufschlusses biologischer Proben im PTFE-Tiegel.

Einzige Ursache für den Verbleib unaufgeschlossener Verbindungen im Aufschlußrückstand organischer Materialien ist das zu niedrige Oxidationspotential der Salpetersäure bei den maximal zulässigen Temperaturen um 180 °C. Verlängern der Aufschlußzeit und Erhöhen der HNO_3-Menge führen - wie erwähnt - zu keiner wesentlichen Verbesserung des Resultates. Hier unterscheiden sich organische Stoffe oft von solchen anorganischen Materialien, die sich einem Säureaufschluß hartnäckig widersetzen: Durch Vergrößern der Säuremenge und vielstündiges Erhitzen unter intensivem Rühren kann der Aufschlußerfolg meist deutlich verbessert werden. Zwar lassen sich auch praktisch alle verbleibenden organischen Reste durch Abrauchen des Aufschlußrückstandes unter Zusatz von wenig Perchlorsäure entfernen, dies erhöht jedoch den Aufwand und die Blindwertbelastung und verlangt natürlich den für den Einsatz von $HClO_4$ vorgeschriebenen wasserberieselten Abzug.

Ohne zusätzliches Abrauchen gelingt der praktisch vollständige Aufschluß organischer Probenmaterialien allein mit HNO_3 in geschlossenen Systemen, die Temperaturen auch noch oberhalb von 300 °C zulassen. Mit der hier beschriebenen Technik ist dies bisher nicht (oder nicht zumutbar) möglich. Ein erfolgreicher Weg führt zu dem von G. Knapp beschriebenen und auch kommerziell erhältlichen „Hochdruckveräscher" [73]. Das Gerät ist ein heizbarer Edelstahl-Autoklav. In diesen werden Quarzglas-Aufschlußgefäße eingesetzt, die durch dünne PTFE-Folien und Quarzglas-Deckel verschlossen werden. Die beim Erwärmen der Aufschlußmischung entstehenden Dampf- und Reaktionsgasdrucke werden durch Anlegen eines Außendruckes von 100 bar (Füllung des Autoklaven mit Stickstoff) kompensiert.

Unabhängig von der Art des biologischen Materials erhält man kohlenstofffreie Aufschlußlösungen, in denen die zu bestimmenden Elemente in anorganisch-ionischer Form vorliegen, so daß die Lösungen universell mit jedem für die Metallbestimmung geeigneten Verfahren analysiert werden können. Dies gilt auch für Bestimmungsverfahren, die aufgrund der bei einem Aufschluß bei nur 180 °C zurückbleibenden organischen Abbauprodukte bisher nach Druckaufschluß mit Salpetersäure nicht eingesetzt werden konnten, im wesentlichen also für Inversvoltammetrie und Hydrid-AAS.

In Abb. 2 sind die durch inverse Square-Wave-Voltammetrie erhaltenen Analysensignale für Zn, Cd, Pb und Cu nach Aufschluß einer Algenprobe (NIES Referenzmaterial Sargassum fulvellum Nr. 9) und einer Muschelprobe (NIES Referenzmaterial Mytilus edulis Nr. 6) dargestellt. Vor der eigentlichen Metallbestimmung wurden die Aufschlußlösungen zur Trockene eingeengt, um die nach dem Aufschluß vorliegenden gelösten Stickstoffoxide zu entfernen, die andernfalls die inversvoltammetrische Bestimmung durch ihre Reduktionssignale stören [17, 70]. Der Verlauf des Grundstroms

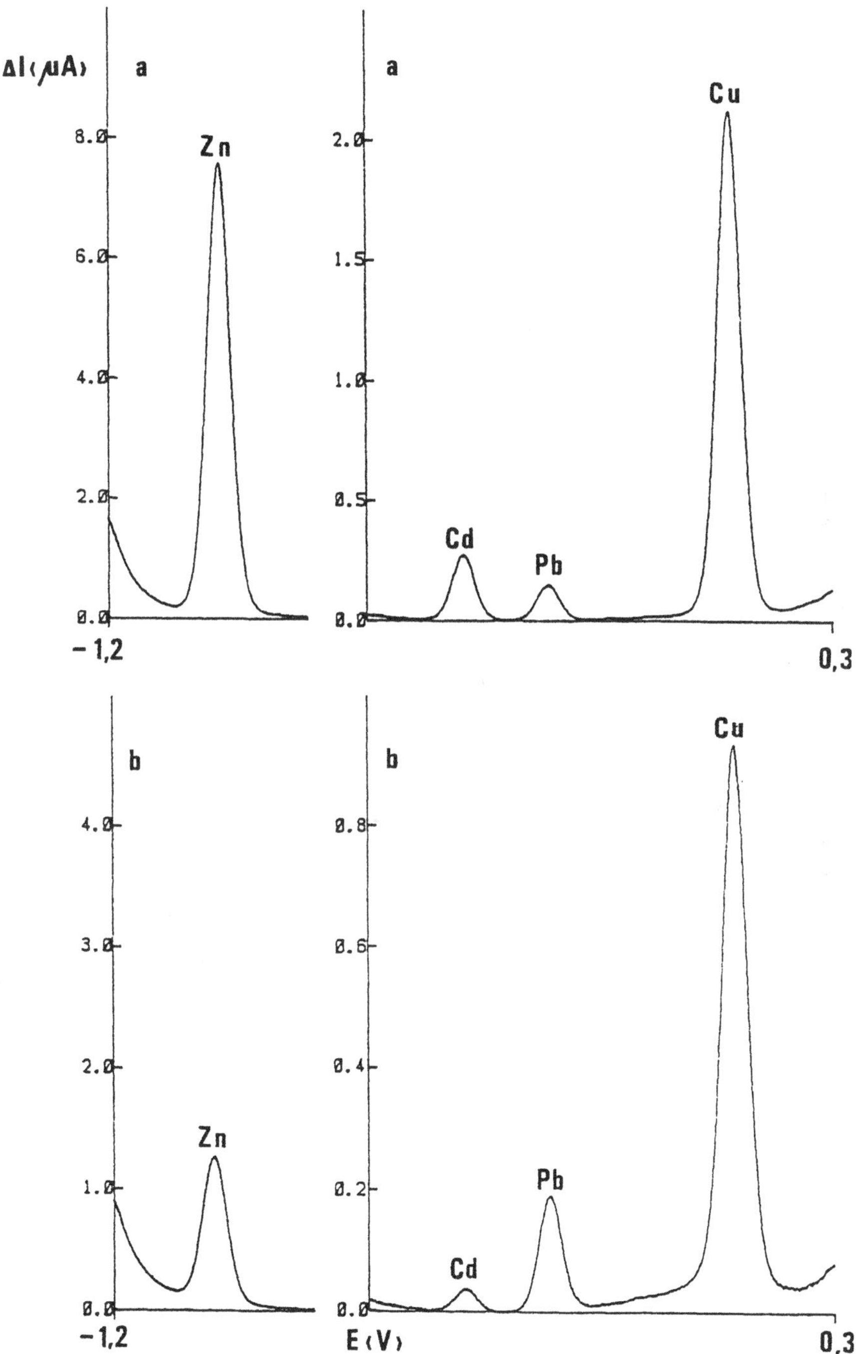

Abb. 2. Square-Wave-Inversvoltammogramme von Aufschlußlösungen der Muschel Mytilus edulis (a) und der Alge Sargassum fulvellum (b) nach Salpetersäure-Druckaufschluß bei 300°C

unterscheidet sich nur unwesentlich von dem wäßriger Vergleichslösungen der Elementspuren. Die Voltammogramme sind störungsfrei und lassen sich problemlos auswerten; analoges gilt auch für Signale der inversen differentiellen Pulsvoltammetrie.

Das Aufschlußverfahren wurde an einer Vielzahl von biologischen Materialien überprüft. In allen Fällen erhält man störungsfreie Voltammogramme. Neben Zn, Cd, Pb und Cu können auch Ni und Co störungsfrei adsorptionsvoltammetrisch bestimmt werden. Nach Druckaufschluß bei 300 °C kann auch As durch Hydrid-AAS in praktisch allen biologischen Materialien bestimmt werden, so daß auf die aufwendige und nicht ungefährliche Nachbehandlung des Aufschlußrückstandes mit $HClO_4$/H_2SO_4 verzichtet werden kann. Folgende Punkte fassen die wesentlichen Vorteile dieses Aufschlußprinzips zusammen:

- Sämtliche biologische Materialien und Lebensmittel können ohne Perchlorsäure vollständig aufgeschlossen werden, so daß die Gefahr beim Arbeiten mit Perchlorsäure entfällt.
- Die Aufschlußlösungen können mit jedem zur Bestimmung der Elemente geeigneten Verfahren analysiert werden.
- Es treten keine Störungen der Elementbestimmung durch organische Aufschlußrückstände auf, da der Kohlenstoffanteil biologischer Stoffe vollständig zu CO_2 oxidiert wird. Durch die Eliminierung dieser Quelle für Interferenzen und Untergrundsignale können Richtigkeit und Reproduzierbarkeit der Elementbestimmung gegenüber bisher eingesetzten Aufschlußverfahren teilweise erheblich verbessert werden, was die Zuverlässigkeit der ermittelten Daten über Elementgehalte erhöht.

Abschließend die Bedingungen für den optimalen Aufschluß bei 300 °C: Bei einer am Gerät eingestellten Autoklavtemperatur von 320 °C, die einer Temperatur im Inneren der Aufschlußgefäße von 300 °C entspricht, können Einwaagen biologischer Materialien entsprechend einem reinen Kohlenstoffanteil von 100 mg C, wie auch beim Aufschluß im PTFE-Gefäß, mit 2 ml 65%iger HNO_3 im 30-ml-Quarzgefäß über 1–2 h vollständig zu kohlenstofffreien Analytlösungen aufgeschlossen werden [17].

Literatur

1. Carius GL (1860) Ann Chem 136:1
2. Carius GL (1870) Ber Dtsch Chem Ges 3:697
3. May J, Rowe JJ (1965) Anal Chim Acta 33:648
4. Lounamaa K (1955) Fresenius Z Anal Chem 146:422
5. Ito J (1962) Bull Chem Soc Japan 35:225
6. Wahler W (1964) Neues Jahrb Mineral Abhandl 101:109
7. Langmyhr FJ, Graff PR (1965) Norg Geol Undersokelse 230
8. Langmyhr FJ, Sveen S (1965) Anal Chim Acta 32:1

9. Bernas B (1968) Anal Chem 40:1682
10. Doležal J, Lenz J, Šulcek Z (1969) Anal Chim Acta 47:517
11. Kotz L, Kaiser G, Tschöpel P, Tölg G (1972) Fresenius Z Anal Chem 260:207
12. Šulcek Z, Povondra P, Doležal J (1977) CRC Crit Rev Anal Chem 6:255
13. Tschöpel P, Kotz L, Schulz W, Veber M, Tölg G (1980) Fresenius Z Anal Chem 302:1
14. Kahane E (1937) Fresenius Z Anal Chem 111:14
15. Sichere Chemiearbeit, Mittbl Berufsgen chem Ind (1983) 35:85
16. Analytical Methods Commitee (1959) Analyst 84:214
17. Würfels M (1988) Dissertation Ruhr-Universität Bochum
18. Kaiser H (1966) Fresenius Z Anal Chem 216:80
19. Jackwerth E, Gomišcek S (1984) Pure Appl Chem 56:479
20. Göller O, Steyrer H, Doktor KJ (1984) Druckbehälterverordnung, Verlag C. Heymanns, Köln
21. Göller O, Steyrer H, Doktor KJ, Druckbehälterverordnung (1985) Technische Regeln Druckbehälter, Verlag C. Heymanns, Köln
22. Neumüller OA (1977) Römpps Chemie Lexikon, Frankh'sche Verlagshandlung Stuttgart
23. Zief M, Mitchell JW (1976) Contamination Control in Trace Element Analysis. Wiley, New York
24. Angst + Pfister, Technische Daten, Produktinformation BE 15387, 11/75 Zürich
25. Kotz L, Henze G, Kaiser G, Pahlke S, Veber M, Tölg G (1979) Talanta 26:681
26. Kaiser G, Götz D, Tölg G, Knapp G, Maichin B, Spitzy H (1978) Fresenius Z Anal Chem 291:278
27. Knapp G (1984) Fresenius Z Anal Chem 317:213
28. Mitchell JW (1973) Anal Chem 45:492A
29. Kunststoffe Hoechst Hostaflon Firmenschrift Hoechst AG
30. Würfels M (3/1989) Labo 7
31. Stoeppler M, Backhaus F (1978) Fresenius Z Anal Chem 291:116
32. Heinrichs H (1989) Laborpraxis 1140
33. Stoeppler M, Müller KP, Backhaus F (1979) Fresenius Z Anal Chem 297:107
34. Sunderman jr FW, Wacinski ET (1974) Ann Clin Lab Sci 4:299
35. Tyler LJ (1973) Chem Engineer News 32:20
36. Eustermann K, Seifert D (1977) Fresenius Z Anal Chem 285:253
37. Würfels M, Jackwerth E (1985) Fresenius Z Anal Chem 322:354
38. Tölg G (1975) Pure Appl Chem 44:645
39. Adrian WJ (1971) At Absorpt Newsl 10:96
40. Sinko I, Gomišcek S (1972) Mikrochim Acta 163
41. Paus PE (1972) At Absorpt Newsl 11:129
42. Bernas B (1970) At Absorpt Newsl 9:52
43. Holak W, Krinitz B, Williams JC (1972) J Assoc Off Anal Chem 55:741
44. Holak W (1974) Amer Lab 6:10
45. Holak W (1975) J Assoc Off Anal Chem 58:777
46. Holak W (1980) J Assoc Off Anal Chem 63:485
47. Nelson G, Smith DL (1972) Proc Soc Anal Chem 1968
48. Franco V, Holak W (1975) J Assoc Off Anal Chem 58:293
49. Hartstein AM, Freedman RW, Platter DW (1973) Anal Chem 45:611
50. Würfels M, Jackwerth E, Stoeppler M (1989) Anal Chim Acta 226:1
51. Würfels M, Jackwerth E, Stoeppler M (1988) Fresenius Z Anal Chem 330:160
52. Hendel Y (1973) Analyst 98:450
53. Gomišcek S, Hudnik V, Veber V (1977) Development in Toxicology and Environmental Science Vol 1, Clinical Chem and Chem Toxicology of Metals, Elsevier, Amsterdam
54. Langmyhr FJ, Paus PE (1968) Anal Chim Acta 43:397
55. Langmyhr FJ, Paus PE (1969) Anal Chim Acta 47:371
56. Omang SH, Paus PE (1971) Anal Chim Acta 56:393

57. Buckley DE, Cranston RE (1971) Chem Geol 7:273
58. Grobenski Z (1973) Perkin Elmer Analysentechn Ber 31E
59. Langmyhr FJ, Paus PE (1968) Anal Chim Acta 43:508
60. Langmyhr FJ, Paus PE (1969) Anal Chim Acta 45:157
61. Langmyhr FJ, Paus PE (1969) Anal Chim Acta 45:173
62. Langmyhr FJ, Paus PE (1979) Anal Chim Acta 50:515
63. Hertz J, Pani R (1987) Fresenius Z Anal Chem 328:487
64. Würfels M, Jackwerth E, Stoeppler M (1989) Anal Chim Acta 226:17
65. Pratt KW, Kingston HM, MacCrehan WA, Koch WF (1988) Anal Chem 60:2024
66. Hasse S, Schramel P (1983) Microchim Acta Teil III 449
67. Oehme M, Lund W (1979) Fresenius Z Anal Chem 298:260
68. Baumgardt B (1982) Diplomarbeit Ruhr-Universität Bochum
69. Adeloju SB, Bond AM, Briggs MH (1984) Anal Chem 56:2397
70. Würfels M, Jackwerth E, Stoeppler M (1989) Anal Chim Acta 226:31
71. Kinard JT (1977) Anal Lett 10:1147
72. Griepink B (1984) Fresenius Z Anal Chem 317:210
73. Knapp G (1984) Fresenius Z Anal Chem 317:213

12 Mikrowellenaufschluß

Lothar Dunemann

12.1 Einführung und Überblick

Seit langem wird die Anwendung schneller, unkomplizierter Aufschlußverfahren in den unterschiedlichsten Disziplinen gefordert. Das Mißverhältnis zwischen der Dauer eines konventionellen Aufschlusses von mehreren Stunden und der Bestimmung von Elementen in wenigen Sekunden oder Minuten ist in den letzten Jahren durch die Automatisierung vieler Bestimmungsverfahren noch augenfälliger geworden. Die kürzlich eingeführten schnellen Aufschlußverfahren, die durch die moderne Mikrowellentechnologie einen rasanten Aufschwung genommen haben, können dazu beitragen, dieses Mißverhältnis etwas zu korrigieren. Ob sie aber auch zuverlässig und reproduzierbar zu richtigen Ergebnissen führen, soll im folgenden diskutiert werden.

Die erste Arbeit zur Mikrowellenveraschung wurde 1975 von Koirtyohann und Mitarbeitern publiziert [1], fand jedoch zunächst wenig Beachtung, da entsprechende Erfahrungen und die erforderliche apparative Ausstattung fehlten.

Die heutigen kommerziellen Mikrowellenöfen arbeiten mit einer Frequenz von 2,45 GHz. Aufgrund ihrer niedrigen Energie sind die Mikrowellen nicht in der Lage, Molekülbindungen direkt aufzubrechen. Sie können lediglich die Rotationsanregung von Dipolen und die Molekularbewegung durch Wanderung von Ionen bewirken, nicht jedoch Schwingungs- oder Elektronenanregungen [2, 3]. Deshalb sollte die Bezeichnung Mikrowellen-*unterstützter* Aufschluß gewählt werden.

Die Durchdringung von MW-transparenten Materialien (Glas, PTFE) ist unendlich groß, die von MW-reflektierenden Materialien (Metalle) ist hingegen Null. Die Absorptionsrate ($\tan\delta$) hat in MW-absorbierenden Materialien (Wasser und andere dipolartige Substanzen) einen endlichen Wert. Je höher $\tan\delta$ ist, desto größer ist bei gegebener Frequenz die Eindringtiefe der Mikrowellenstrahlung.

Die eingestrahlte Mikrowellenenergie wird durch Ionenleitung und Dipolrotation dissipiert (in Wärme umgewandelt). Der starke Einfluß der Ionenleitung kann durch einen Zusatz von NaCl zu Wasser nachgewiesen werden, durch den der Dissipationsfaktor deutlich ansteigt. Das oszillierende Ausrichten und die darauf folgende Relaxation der Dipole erfolgen bei einer Frequenz von 2,45 GHz etwa $5 \cdot 10^9$ mal pro Sekunde und bewirken so die rasche Aufheizung der Probe.

Mikrowellenstrahlung wird mit Hilfe eines Magnetrons (Mikrowellendiode) erzeugt. Die Strahlung wird dann über einen Wellenleiter und einen Modenrührer in den Ofeninnenraum geleitet. Für die Verteilung der Strahlung sorgt neben dem Modenrührer noch ein Drehteller oder eine unterhalb der Standfläche befindliche Drehantenne.

Die Anwendung des Mikrowellen-untersützten Aufschlusses für die Veraschung von geologischen und biologischen Proben aber auch in der Materialanalytik und der Rückstandskontrolle wird seit etwa 1988 von einer steigenden Zahl von Laboratorien betrieben [4–7]. Die Erfahrungen, die inzwischen mit dieser Art der Probenveraschung vorliegen, geben Anlaß zu der Hoffnung, daß hier in absehbarer Zeit eine dem konventionellen Druckaufschluß vergleichbare, ähnlich verläßliche Methode etabliert werden kann.

12.2 Anwendung Mikrowellen-unterstützter Aufschlußverfahren

12.2.1 Sicherheitsaspekte beim Umgang mit MW-unterstützten Aufschlußtechniken

Im Zusammenhang mit der Anwendung der Mikrowellentechnologie sind einige Sicherheitsaspekte für ein gefahrloses Arbeiten zu beachten. Wichtig ist zunächst die richtige Arbeitsweise des Mikrowellengerätes, d. h. es dürfen keine nennenswerten Mengen an Mikrowellenstrahlung austreten (regelmäßige Leckprüfungen durch einen Fachmann sind notwendig!). Es dürfen keine Gefäße und sonstigen Gegenstände aus Metall in den Ofenraum eingebracht werden. Ferner darf das Mikrowellengerät nicht leer (d. h. ohne Probenflüssigkeit, Wasser, Säure etc.) betrieben werden, da sonst das Magnetron durch die reflektierten Wellen zerstört werden kann. Das gleiche trifft auf die Anwendung hoher Leistungen bei geringem Probenvolumen zu.

Bei der Methodenentwicklung, also bei Anwendung auf (im Hinblick auf die Reaktion im Mikrowellenofen) unbekannte Proben, darf zunächst nur mit geringen Probenmengen (bis maximal 100 mg, bei rein organischen Proben bis maximal 50 mg) gearbeitet werden. Der Druck bei der Veraschung organischer Matrices kann innerhalb kurzer Zeit extrem ansteigen. Dabei kann die Reaktion außer Kontrolle geraten. Die Gefahren durch das Bersten der Druckbehälter können nicht ernst genug eingeschätzt werden. Von den Herstellern von MW-Aufschlußsystemen sind Sicherheitseinrichtungen zu fordern, die bei Beachtung der vorgenannten Hinweise eine ausreichende Sicherheit bieten.

12.2.2 MW-Druckaufschluß mit einfachen Systemen

Aufschlüsse von gering belasteten Wässern, vielen geologischen Proben sowie fettarmen pflanzlichen Matrices lassen sich bereits mit Haushalts-Mikrowellenöfen und einfachen Probengefäßen erfolgreich durchführen [8, 9], wenn die oben erwähnten Sicherheitsregeln beachtet werden. Probeneinwaage und Säuremenge müssen in einem sinnvollen Verhältnis zueinander stehen. Allgemeingültige Empfehlungen können jedoch nicht gegeben werden, da das Verhältnis im wesentlichen von der Probenmatrix und der Bestimmungsmethode abhängig ist. Komplizierter werden solche Empfehlungen dann, wenn mit einem mehrstufigen Aufschluß (s. u.) gearbeitet werden muß. Beispiele für Veraschungsverfahren für biologische und geologische Matrices sind in Tabelle 1 aufgeführt.

Die Anwendung von Salpetersäure allein führt nicht immer zu einem ausreichenden Veraschungsergebnis, die Zugabe von Salpetersäure oder Wasserstoffperoxid ist häufig hilfreich, bei silicatischen Materialien muß selbstverständlich Flußsäure zugesetzt werden. Der Druck, der in solchen Gefäßen erreicht werden kann, ohne daß die Sicherheitsvorrichtungen (Berstscheiben, Druckventile, Sollbruchstellen etc.) ansprechen, liegt häufig nicht höher als ca. 10 bar.

Ein gravierender Nachteil dieser einfachen Technik ist in der häufig erforderlichen mehrstufigen Veraschung zu sehen. Darunter ist die Tatsache zu verstehen, daß ein einmaliger Aufschluß mit einer Säure oder einer Säuremischung allein häufig nicht zu einer vollständigen Veraschung führt. Schuld daran ist die kurze Aufschlußzeit von wenigen Minuten bei einer relativ niedrigen Aufschlußtemperatur von maximal 180°C. Zur Optimierung des Ergebnisses ist es notwendig, das Gefäß nach dem ersten Aufschluß zu öffnen und nach dem Abkühlen nochmals unter ähnlichen Bedingungen zu behandeln. Besonders hilfreich ist hier der Zusatz von Wasserstoffperoxid, der allerdings wegen der zu erwartenden heftigen Reaktion frühestens

Tabelle 1. Kurzbeschreibung der verwendeten MW-Verfahren mit einfachen Systemen (ausführliche Anleitungen in [8, 9])

Biologische Proben (z. B. fettreiche pflanzliche Matrices):	
Probeneinwaage	100–200 mg
Säuremenge	2 ml HNO_3
Veraschungsstufen	3 min/280 W, 3 min/420 W, 2 min/560 W zwischen den Behandlungen ca. 1 min abkühlen lassen
wenn erforderlich	2 min/560 W nach Zugabe von 1 ml H_2O_2
Geologische Proben (Braunerde, Erzschlacken):	
Probeneinwaage	100 mg
Säuremenge	2 ml HNO_3 + 2 ml HCl + 2 ml HF
Veraschungsstufen	3 min/140 W, 3 min/280 W, 3 min/420 W, 1 min/560 W zwischen den Behandlungen ca. 1 min abkühlen lassen

beim zweiten Aufschlußzyklus erfolgen darf. Je nach Aufgabenstellung und Matrix können weitere Zyklen erforderlich werden. Diese mehrstufige Veraschung ist naturgemäß arbeitsintensiv und mit einem hohen Zeitaufwand verbunden, so daß der Zeitvorteil der MW-unterstützten Probenvorbereitung wieder aufgezehrt wird.

Die Verteilung der Mikrowellen ist bei Haushalts-Mikrowellengeräten häufig nicht homogen genug, um exakt reproduzierbare Aufschlüsse durchführen zu können. Trotz technischer Vorrichtungen wie Drehteller oder Drehantenne machen sich Inhomogenitäten im Mikrowellenfeld durch ungleichmäßige Aufschlüsse bemerkbar. In vielen Fällen kann dieses Manko nur durch Anwendung geringerer Leistung und Verlängerung der Aufschlußdauer ausgeglichen werden.

In der täglichen Routine eines industriellen Labors zur Produktkontrolle oder eines anderen kommerziellen Labors sind solche Systeme sicherlich nur von marginaler Bedeutung. Der nicht zu unterschätzende Vorteil solcher Aufschlußsysteme liegt jedoch nach wie vor in den niedrigen Kosten und könnte viele veraltete und unzuverlässige Veraschungstechniken (z. B. die Heizplatte) ablösen.

Vor allzu sorglosem Experimentieren mit solchen einfachen Veraschungssystemen sei allerdings eindringlich gewarnt. Die von den Anbietern der MW-Druckaufschlußgefäße gegebenen Hinweise müssen besonders genau beachtet werden, da zusätzliche Sicherheitseinrichtungen bei Haushaltsmikrowellenöfen nicht vorhanden sind. Das Arbeiten im Abzug hinter einer Plexiglasscheibe sollte Mindeststandard sein.

12.2.3 MW-Druckaufschluß mit kommerziellen Systemen

Die Markteinführung kompletter kommerzieller Mikrowellensysteme für die Probenveraschung hat in den letzten Jahren zu beachtlichen Weiterentwicklungen geführt [10]. Diese Systeme sind für Säureaufschlüsse im Spurenbereich besonders geeignet, verursachen aber naturgemäß höhere Kosten bei der Anschaffung und im laufenden Betrieb als die einfachen Systeme. Diese höheren Ausgaben können jedoch in vielen Fällen akzeptiert werden, da spezielle Sicherheitseinrichtungen, bessere Steuerungs- und Kontrollmöglichkeiten des Drucks und/oder der Temperatur sowie ein bequemeres Arbeiten ganz wesentliche Vorteile mit sich bringen.

Die Palette reicht von der simplen Automatisierung der oben beschriebenen Systeme über Vorrichtungen zum bequemen Handling der Aufschlußgeräte bis zu Hochdruckaufschlußgefäßen. Die Mikrowellen-Verteilung im Ofeninnenraum ist bei diesen Geräten im allgemeinen wesentlich homogener, weil die Regelung des Magnetrons durch kürzere Schaltzyklen als in Haushaltgeräten erfolgt und bestimmte weitere Maßnahmen vorgenommen werden (dies sollte man sich allerdings von Hersteller oder Vertreiber bestätigen lassen).

Tabelle 2. Kurzbeschreibung der Veraschung mit dem kommerziellen MW-System PMD [13]

Biologische Proben (z. B. Pflanzenproben)		Biologische Proben (z. B. Organproben)	
Probeneinwaage	100 mg	Probeneinwaage	150–200 mg
Säuremenge	2 ml HNO_3	Säuremenge	2 ml HNO_3
Veraschungsstufe	10 min/500 W	Veraschungsstufe	10 min/500 W

Für Routinearbeiten sind einige dieser Optimierungen sehr wertvoll und erhöhen sicherlich die Akzeptanz der MW-unterstützten Veraschung ganz wesentlich. Bei vielen Probenmatrices und Aufgabenstellungen reichen diese jedoch nicht aus. Als Beispiele für bei Temperaturen um 180°C nicht vollständig mineralisierbare Matrices sind hier resistente anorganische und fettreiche organische Proben zu nennen. Ebenfalls kritische Aufgabenstellungen sind die Anwendung elektrochemischer Bestimmungsmethoden oder die Veraschung „unbekannter" Matrices. Erst bei höheren Veraschungstemperaturen können Probleme mit unvollständigen Aufschlüssen weitgehend gelöst werden [11, 12] (vgl. Kap. 11).

Die Druckbegrenzung setzt bei den sog. Hochdruck- (Hochtemperatur-) Verfahren erst bei Drucken oberhalb beispielsweise 70 bar ein. Der höhere Druck erlaubt bei gleicher Aufschlußdauer das Erreichen einer wesentlich höheren Temperatur (z. B. bis 300°C). Die Höhe und die Dauer der Wärmezufuhr bestimmen schließlich die Vollständigkeit des Aufschlusses, zu deren quantitativer Beurteilung der Restkohlenstoff-Gehalt als meßbarer Parameter herangezogen werden kann. Der unschätzbare Vorteil solcher MW-Aufschlußsysteme ist, daß auch bei fettreichen Proben mit einstufigen Verfahren vollständige Aufschlüsse erzielt werden können [13] (s. Tabelle 2).

Wichtig für die Reproduzierbarkeit und die Zuverlässigkeit ist insbesondere auch der Mechanismus im Falle des Ansprechens der Sicherheitsvorrichtungen. Werden Probenbestandteile beim Abblasen mitgerissen, sind gravierende Verluste zu befürchten. Wenn eine irreversible Vorrichtung (z. B. Berstscheibe) vorhanden ist, kann das Ansprechen wegen der unvermeidlichen Zerstörung erkannt werden. Ist jedoch eine reversible Vorrichtung vorhanden, kann das Ansprechen zwar im allgemeinen nicht dokumentiert werden, durch das automatische Wiederverschließen der Vorrichtung können jedoch in Einzelfällen größere Verluste vermieden werden. Hier muß für den speziellen Anwendungsfall die Entscheidung getroffen werden, welche technische Lösung die günstigere ist.

12.2.4 Drucklose MW-Aufschlußsysteme

MW-unterstützte Aufschlüsse in „offenen" Gefäßen (drucklose Aufschlüsse) können im allgemeinen nur bei einfachen Matrices oder streng definierten Aufgabenstellungen angewendet werden und sind auch nur bei exakter Einhaltung der Veraschungsbedingungen reproduzierbar. Bei Anwendung dieser Technik können Verluste von Quecksilber, möglicherweise auch von metallorganischen Verbindungen (As, Sb, Sn) auftreten. Um die erforderlichen Aufschlußtemperaturen bei den mit Atmosphärendruck arbeitenden Geräten („offener" Aufschluß: Siedepunkt der eingesetzten Säure = maximale Veraschungstemperatur) zu erreichen, kann auf den Zusatz von Schwefelsäure nicht verzichtet werden. Gerade bei diesen Aufschlußlösungen muß daher beachtet werden, daß die Anwesenheit von Sulfat die Metallbestimmung vieler Verfahren (z. B. GF-AAS) stört. Die experimentellen Bedingungen für MW-unterstützte Aufschlüsse sind in [8, 9] in Abhängigkeit von der zu veraschenden Matrix zusammengestellt.

Drucklose Systeme sind hinsichtlich der Arbeitssicherheit die beste Option, da systembedingt kein Überdruck entstehen kann. Sie eignen sich auch für on line-Aufschlüsse in Fließsystemen [14].

12.3 Vergleich von MW-unterstützten Aufschlußverfahren an fettreichen Lebensmitteln

Fettreiche Proben bereiten beim Aufschluß besondere Probleme, da sie sich aufgrund ihrer sehr resistenten Inhaltsstoffe häufig nur unvollständig veraschen lassen. Wegen der Bildung reaktionsfähiger Radikale in solchen Aufschlußlösungen ist die Gefahr einer explosionsartigen Zersetzung zu beachten. Um die an fettarmen Materialien erprobten Aufschlußverfahren auch auf diese resistenteren Matrices zu übertragen, wurden die in den Tabellen 3 und 4 aufgeführten Lebensmittel mit einem Fettgehalt von mindestens 20% in die Untersuchungen einbezogen. Die Aufschlußbedin-

Tabelle 3. Ergebnisse der Schwermetallbestimmungen. Lebensmittel mit mittlerem Fettgehalt, Metallgehalte in [mg/kg]

Technik	Zink	Eisen	Kupfer	Nickel
Voll-Soja				
MW offen	33,4 ± 2,7	48,3 ± 3,1	9,9 ± 0,6	7,1 ± 0,5
MW Druck	38,2 ± 1,9	58,3 ± 6,2	11,7 ± 1,8	9,4 ± 1,4
Kalt-Plasma	36,3 ± 2,0	56,9 ± 4,6	11,3 ± 1,1	9,3 ± 2,8
Druck (Tölg)	41,6 ± 6,0	60,1 ± 2,4	11,8 ± 0,8	10,8 ± 1,0
Leinsamen				
MW offen	29,1 ± 1,8	36,4 ± 2,6	5,7 ± 0,6	3,0 ± 1,0
MW Druck	39,5 ± 3,1	56,3 ± 8,9	10,0 ± 1,3	5,5 ± 1,4
Kalt-Plasma	35,8 ± 4,7	53,3 ± 2,5	8,6 ± 1,1	4,5 ± 1,8
Druck (Tölg)	33,9 ± 2,2	62,0 ± 7,5	8,2 ± 1,1	5,5 ± 1,5

Tabelle 4. Ergebnisse der Schwermetallbestimmungen in Erdnußbutter, Metallgehalte in [mg/kg]

Technik	Zink	Eisen	Kupfer	Nickel
MW offen	21,1 ± 0,8	20,9 ± 1,7	3,2 ± 0,3	2,3 ± 0,5
MW Druck	25,8 ± 1,2	25,6 ± 1,5	5,4 ± 0,6	3,0 ± 0,8
Kalt-Plasma	23,3 ± 2,0	23,1 ± 1,5	5,2 ± 0,5	2,3 ± 0,4
Druck (Tölg)	25,1 ± 2,0	25,9 ± 4,6	5,1 ± 0,7	3,8 ± 1,6

gungen mußten dazu zum Teil wesentlich abgeändert werden, insbesondere war eine höhere Veraschungsdauer und eine erhöhte Menge an Aufschlußreagenzien erforderlich.

12.3.1 Verwendete Aufschlußsysteme

Die derzeit auf dem Markt angebotenen Aufschlußsysteme mit Mikrowellenanregung und Angaben über die für die Vergleiche mit anderen Aufschlußtechniken herangezogenen Systeme sind in einer kürzlich erschienenen Marktübersicht [10] zusammengestellt. Die hier verwendeten Systeme für den Mikrowellen-unterstützten Aufschluß sind:

- MW-Druckaufschluß mit „einfachen" Systemen: MW-Aufschlußgefäße der Fa. Berghof (Modell DAP 50, 50 ml) und der Fa. Kürner (Parr-Instruments No 4781, 23 ml) in Haushalts-Mikrowellenöfen (700 W ohne Drehteller bzw. 650 W mit Drehteller);
- MW-Druckaufschluß mit kompletten kommerziellen Systemen: MLS 1200 (Büchi), MDS-81 (CEM), PMD (Kürner);
- MW-Aufschluß drucklos; Microdigest 300M (200 W, Prolabo, Vertrieb: Pabisch) mit Kjeldahl-Kolben (30 ml).

Diese konventionellen Vergleichsverfahren sind:

- Konventioneller Druckaufschluß: *nach Knapp:* HPA (Kürner), *nach Tölg:* Heizblock mit Zeit- und Temperaturregelung und Edelstahl-Autoklaven mit PTFE-Einsätzen (Berghof).
- Kaltplasma-Veraschung: Plasma-Processor 200-G (Technics Plasma) mit Petrischalen.

Der MW-Druckaufschluß mit „einfachen" Systemen und der drucklose MW-Aufschluß sind ausführlich beschrieben in [9]. Die Vergleichsverfahren sind u. a. beschrieben in [15–17].

Funktionsbeschreibung des Mikrowellen-Druckaufschlußsystems PMD. Zu dem PMD-System ist eine Publikation in Vorbereitung [13], die Funktionsweise soll hier nur kurz zusammengefaßt werden. Das Aufschlußsystem besteht aus einem Mikrowellenofen und einer Absaug- und Kühlvorrichtung. Die Mikrowellenleistung beträgt 750 W und ist wie die Aufschlußzeit stufenweise regelbar (Leistung: Stufe 2–12; Zeit: 0–60 min).

Es können jeweils 2 Proben gleichzeitig aufgeschlossen werden. Dazu werden die mit Probe und Säure beschickten Aufschlußgeräte (Quarzglas oder PFA) mit einem Titanstopfen mit Lippendichtung und Berstscheibe verschlossen und zentrisch in ein Druckaufschlußgefäß mit Schraubdeckel positioniert. Dieses Druckgefäß besteht aus einem mikrowellendurchlässigen Hochleistungskunststoff und befindet sich während des Aufschlusses in einem zusätzlichen Schutzmantel. Zusätzlich zur Berstscheibe ist eine weitere Sicherheitsvorkehrung installiert. Es handelt sich dabei um eine in den Schraubdeckel eingebaute druckkontrollierte Abschaltvorrichtung auf Lichtsensorbasis: Ein im Schraubdeckel befindliches Federelement wird durch den entstehenden Reaktionsdruck soweit komprimiert, daß der Reflektor aus dem Erkennungsbereich des Lichtleiters gelangt und die Mikrowellenzufuhr gestoppt wird, bis der Reaktionsdruck soweit gesunken ist, daß der Reflektor wieder im Erkennungsbereich ist. Der Ansprechdruck des verwendeten Federelementes liegt bei etwa 80 bar; es sind jedoch auch Federelemente mit niedrigeren Ansprechdrucken erhältlich.

12.3.2 Bewertungskriterien

Die angewendeten Aufschlußtechniken wurden nach den Kriterien Restkohlenstoffgehalt (Vollständigkeit), Spurenverluste, Spurenkontaminationen, Reproduzierbarkeit, Veraschungsdauer und Handling beurteilt.

Restkohlenstoffgehalt. Im Gegensatz zu elektrochemischen Bestimmungsmethoden, die eine vollständige Zerstörung der organischen Substanzen erfordern [12], ist bei der AAS (besonders der Flammentechnik) ein gewisser Restkohlenstoffgehalt tolerierbar. Am Beispiel des Vollmilchpulvers wurde das Ausmaß der Störungen elektrochemischer Methoden durch eine unvollständige Veraschung näher untersucht. Für die AAS-Bestimmungen genügte eine Aufschlußlösung, die farblos und frei von Partikeln war. Diese Forderung erfüllten alle Techniken, wenn auch z. T. erst nach sehr langer Veraschungszeit (Tabelle 5).

Tabelle 5. Gesamt-Veraschungszeit der eingesetzten Verfahren

Material	MW Druck*	MW offen	Tölg**	Knapp**	Kalt-Plasma
Pflanzl. Matrix	40 min	55 min	4,5 h	3 h	10 h
Sonnenblumenöl	45 min	55 min	4,5 h	3 h	20 h

* einstufige Aufschlüsse; ** konventionelle (konvektive) Aufheizung.

Tabelle 6. Wiederfindung von Se und Hg in Sojamehl nach druckloser MW-Veraschung. Je 20 µg/l Se und Hg (anorg.) wurden zur Probe zugesetzt (n = 9)

Analyt	Wiederfindung
Selen	97,5 ± 6,8%
Quecksilber	26 ± 12,5%

Das PMD-System (Fa. Kürner) und nach ersten Erfahrungen auch der Hochdruckeinsatz beim System der Fa. Büchi erfüllen die Kriterien besser und schneller als die einfachen Systeme. Der Restkohlenstoffgehalt in den Aufschlußlösungen des PMD beträgt nach Angaben von Kürner für Rinderleber ca. 94% und für Milchpulver 98%.

Spurenverluste. Bei den MW-Veraschungen in offenen Gefäßen ist die Gefahr von Analyt-Verlusten bei fettreichen Proben trotz des benutzten Rückflußkühlers sehr hoch. Eine Vermeidung solcher Verluste ist nur durch eine entsprechend starke Leistungsminderung möglich, was aber zu sehr langen Veraschungszeiten führen würde. Bei fettarmen Proben treten dagegen Verluste von mehr als 10% nur bei Quecksilber auf, für das ebenfalls flüchtige Selen wurde eine Wiederfindung von 97,5% (bei Zugabe anorganischer Se-Verbindungen) ermittelt (Tabelle 6). Diese Wiederfindungsrate kann bei organischen Se-Verbindungen allerdings wegen der höheren Flüchtigkeit bedeutend schlechter sein.

Bei den MW-Druckaufschlußsystemen konnten keine höheren Verluste als bei den entsprechenden konvektiven Systemen festgestellt werden.

Spurenkontaminationen. Kontaminationen bei Veraschungen sind überwiegend auf die verwendeten Reagenzien und Gefäßwände zurückzuführen, bei offenen Gefäßen auch auf die Laborluft. Die Ergebnisse zeigen, daß Memory-Effekte bei den MW-Techniken niedriger sind als bei konventionellen Heizquellen [9, 13].

Reproduzierbarkeit. Die Ergebnisse in den Tabellen 3 und 4 sind Mittelwerte von mindestens 5 Wiederholungen. Die beste Reproduzierbarkeit (niedrigste Standardabweichung) weist interessanterweise das MW-Verfahren in offenen Gefäßen auf, obwohl gravierende Probleme mit Analytverlusten (s. o.) auftreten können.

Veraschungsdauer. Die Zeit für den eigentlichen Aufschluß wurde gerechnet vom Einbringen der Probe in das Veraschungsgefäß bis zum Vorliegen einer auf Raumtemperatur abgekühlten, klaren und weitgehend farblosen Probelösung. Demnach ist die MW-unterstützte Druckveraschung die schnellste Technik. Bei einstufigen Aufschlüssen wird gegenüber mehrstufigen wesentliche Aufschlußzeit gespart. Die MW-Veraschung in offenen Gefäßen

Tabelle 7. Vergleich des Zeitbedarfs zwischen MW-Druckaufschluß und dem Aufschluß nach Tölg (in min)

	MW-Aufschluß einstufig	Aufschluß nach Tölg
Vorbereitung des Aufschlusses	10	10
Veraschungsdauer[a]	10–20	180–210
Abkühlphase	5–10[b]	20
Vorbereitung zur Bestimmung	5–10	5–10
Reinigung der Gefäße	10–20	10–20
Gesamtdauer	40–70	225–270

[a] einschließlich Aufheizphase.
[b] entfällt bei der „Büchi"-Apparatur.

benötigt 30% mehr Zeit. In dieser Berechnung ist die häuft verwendete Aufschlußtechnik nach Tölg um den Faktor 5 langsamer (Tabelle 7). Noch mehr Zeit benötigt die Kaltplasma-Veraschung [16] (vgl. Tabelle 5).

Handling. Der MW-unterstützte Druckaufschluß mit einfachen Geräten ist sehr arbeitsintensiv, da die Gefäße bei jeder Säurezugabe per Hand geöffnet und wieder verschlossen werden müssen. Im Gegensatz zu fettarmen Proben ist bei fetthaltigen eine einstufige MW-Veraschung mit dem oben beschriebenen einfachen MW-Verfahren nicht möglich [8, 9]. Bei der offenen Version des MW-Aufschlusses kann dieser Vorgang automatisiert werden, so daß einige Arbeitsschritte entfallen. Mit Hilfe des PMD-Veraschungssystems reicht nach unseren Erfahrungen eine einstufige Veraschung aus. Trotz der offensichtlichen Vorteile dieses Systems ist für Routineanwendungen störend, daß ein gleichzeitiger Aufschluß von nur zwei Proben möglich ist [13].

Auch on line-Aufschlüsse sind mit Hilfe MW-unterstützter Aufschlußtechniken möglich [14].

12.4 MW-unterstützte Aufschlußverfahren für die Bestimmung von Nichtmetallen

Die positiven Erfahrungen mit dem MW-unterstützten Druckaufschluß bei der Metallanalytik ließen eine Anwendung auch auf Nichtmetalle möglich erscheinen. Als Beispiel wird hier der Aufschluß von Wässern und Lebensmitteln mit Peroxodisulfat in Anlehnung an Koroleff [18] genannt. Nach diesem Verfahren läßt sich der gesamte gebundene Stickstoff in Meerwasser, Binnengewässern, Niederschlagswasser, Grundwasser und Abwasser bestimmen. Der bestimmbare Konzentrationsbereich reicht von 0,02–4 mg

N/l. Die N-haltige Probe wird dabei einem Druckaufschluß unterworfen, in dessen Verlauf organische Stickstoffverbindungen sowie Nitrit und Ammonium zu Nitrat oxidiert werden. Diese Oxidation verläuft nur im alkalischen pH-Bereich quantitativ zu Nitrat, was durch ein Puffersystem aus Borsäure und Natronlauge erreicht wird. Die Reaktion beginnt bei pH 9,7 und endet bei pH 5–6. In der sauren Aufschlußlösung liegt das Nitrat dann in stabiler Form vor. Aus einigen heterocyclischen Fünfringsystemen kann der Stickstoff nicht freigesetzt werden [19], was aber bei den meisten zu untersuchenden Proben nur zu einem vernachlässigbaren Fehler führen dürfte.

In den Aufschlußlösungen wurde der Gesamtstickstoff-Gehalt mit photometrischen und ionenchromatographischen Verfahren bestimmt. Als Vergleichsverfahren diente der N-Aufschluß nach Kjedahl sowohl in der konventionellen Technik als auch mit Mikrowellen-unterstützter Aufheizung und das Koroleff-Verfahren im Autoklaven. Zur Absicherung der Richtigkeit der Ergebnisse wurde ein Standardreferenzmaterial eingesetzt (für Lebensmittel) und ein Ringversuch durchgeführt (für Wässer).

Fertige Chemikaliensätze für ein ähnliches Verfahren sind inzwischen kommerziell erhältlich („Oxisolv“-Mikrowellenaufschluß, Merck).

12.5 Fazit

Der wichtigste Vorteil der MW-unterstützten Veraschung besteht in der Zeitersparnis gegenüber den herkömmlichen Verfahren, gleich auf welchem Veraschungsprinzip sie beruhen. Vor allzu überschäumenden Erwartungen muß allerdings gewarnt werden. Es wird zwar die Dauer des eigentlichen Aufschlusses wesentlich verringert – und zwar von 2–6 Stunden auf ca. 10–20 min –, die ebenfalls nötigen weiteren Probenvorbereitungsschritte (Einwiegen der Probe, Zugabe von Säuren, Verschließen und erneutes Öffnen der (Druck-)Gefäße, Überführen der Aufschlußlösung in ein für die weitere Behandlung geeignetes Gefäß) verringern sich jedoch nicht. Besonders störend ist ferner die vergleichsweise lange Abkühlphase der Aufschlußlösung (ca. 10 min bei den meisten Gefäßen); zwar wird durch die Mikrowellen primär nur die Lösung aufgeheizt, eine sekundäre Erwärmung der Gefäßwände läßt sich aber nicht verhindern. Errechnet man also die Gesamtdauer für einen Aufschluß vom Einwiegen der Probe bis zu Entnahme der Aufschlußlösung, dann ergibt sich bei Systemen bis 180 °C immerhin noch eine Zeitersparnis um etwa einen Faktor 6, wie an der Beispielsrechnung (Tabelle 5) nachvollzogen werden kann. Bei Hochdrucksystemen (bis 300 °C) ergibt sich ein Zeitvorteil um einen Faktor 4. Die Anzahl der gleichzeitig zu veraschenden Proben muß jedoch ebenfalls berücksichtigt werden und kann den Zeitvorteil verringern.

Die kurze Aufheizphase bringt neben der reinen Zeitersparnis weitere Vorteile. Die Materialermüdung, die beim herkömmlichen (Konvektions-)

Aufschluß nach Tölg wegen der sehr lange unter hohem Druck herrschenden Temperatur von bis zu 180°C zum schnellen Verschleiß der Aufschlußbehälter (meist aus Fluorpolymeren bestehend) führt, ist beim Mikrowellen-unterstützten Verfahren geringer. Aus demselben Grund sind Spureneinschleppungen und -verluste aufgrund von Adsorptions-/Desorptionsprozessen geringer, die Probenbestandteile haben für solche Austauschvorgänge wesentlich weniger Zeit. Eine Reinigung z. B. durch Auskochen der Gefäße in konzentrierter Säure und anschließendem Ausdämpfen ist für exaktes Arbeiten unumgänglich und kann die Einsatzdauer der Gefäße verlängern.

Literatur

1. Abu-Samra A, Morris JS, Koirtyohann SR (1975) Anal Chem 47:1475
2. Neas ED, Collins MJ (1988) In: Kingston HM, Jassie LB (eds) Introduction to Microwave Sample Preparation. American Chemical Society, Washinton DC, S 7
3. Nadkarni RA (1984) Anal Chem 56:2233
4. Sulcek Z, Povondra P (1989) Methods of Decomposition in Inorganic Analysis. CRC Press, Boca Raton, Florida
5. Aysola P, Anderson P, Langford CH (1987) Anal Chem 59:1582
6. White RT, Douthit GE (1985) J Assoc Off Anal Chem 68:766
7. Xu L-Q, Shen W-X (1988) Fresenius Z Anal Chem 332:45
8. Dunemann L (1989) In: Welz B (Hrsg) 5. Colloquium Atomspektrometrische Spurenanalytik. Bodenseewerk Perkin-Elmer, Überlingen, S 593
9. Dunemann L, Meinerling M (1992) Fresenius J Anal Chem 342:714
10. Dunemann L (1991) Nachr Chem Tech Lab 39(10):M1
11. Würfels M, Jackwerth E, Stoeppler M (1987) Fresenius Z Anal Chem 329:459
12. Hertz J, Pani R (1987) Fresenius Z Anal Chem 328:487
13. Dunemann L, Theobald A (1993) (in Vorbereitung)
14. Karanassios V, Li FH, Liu B, Salin DS (1991) J Anal Atom Spectrom 6:457
15. Kotz LG, Kaiser L, Tschöpel L, Tölg G (1972) Fresenius Z Anal Chem 260:207
16. Schwedt G, Dunemann L (1990) LaborPraxis, Juni 1990:476
17. Schramel P, Haase S, Knapp G (1987) Fresenius Z Anal Chem 326:142
18. Koroleff F (1977) Baltic Intercalibration Workshop 7.-14. 3. 1977 in Kiel, BIW Inf. 30
19. Grasshoff K (1983) Methods of Seawater Analysis. Verlag Chemie, Weinheim, S 164

13 Aufschlußverfahren zur elektrochemischen Bestimmung von Metallen

PETER OSTAPCZUK

13.1 Einleitung

In der Routineanalytik von Umwelt- und biologischen Materialien, die den Konzentrationsbereich von ng/kg bis mg/kg abdecken muß, behaupten sich elektrochemische Methoden nach wie vor recht erfolgreich neben atomspektroskopischen. Vor allem moderne Varianten der Voltammetrie wie die inverse differentielle Pulsvoltammetrie und die Square-Wave-Voltammetrie zeichnen sich durch ihr Nachweisvermögen, das Potential für Oligoelementbestimmungen und ihre Anwendbarkeit in einem weiten Konzentrationsbereich aus. In letzter Zeit haben auch potentiometrische Verfahren, bedingt durch die rasante Entwicklung der Mikroelektronik, an Bedeutung gewonnen. Trotz der im Vergleich zur Atomspektroskopie begrenzteren Metallpalette werden elektrochemische Methoden bei zahlreichen analytischen Aufgaben im Umweltschutz, in der Analytik biologischer Materialien und von Lebensmitteln sowie in der analytischen Qualitätskontrolle routinemäßig eingesetzt, da sie für so umweltrelevante Metalle wie Cd, Pb, Cu, Zn, Co und Ni außerordentlich nachweisstark sind. Nachfolgend wird anhand ausgewählter Beispiele, die in Tabellen zusammengefaßt sind, ein Überblick über Aufschluß bzw. Probenvorbereitung zur elektrochemischen Bestimmung von Metallen in einer Reihe von Materialien gegeben.

13.2 Beispiele für verschiedene Matrices

13.2.1 Wasser

Elektroanalytische Methoden sind für die Wasseranalyse besonders geeignet [1]. In nicht oder nur mäßig mit organischen Stoffen belasteten Wässern kann die polarographische oder voltammetrische Bestimmung direkt in der angesäuerten oder mit einem Puffer bzw. Grundelektrolyten versetzten Analytlösung durchgeführt werden. Häufig muß jedoch vor der voltammetrischen Analyse in Wässern mit nur geringen Anteilen organischer Substanzen wie etwa Regenwasser nach Passieren des Filters (vgl. Kap. 2) eine UV-Photolyse durchgeführt werden, bei der ein Abbau der störenden Stoffe durch OH-Radikale erfolgt. Da diese Technik in den anderen Kapiteln nicht

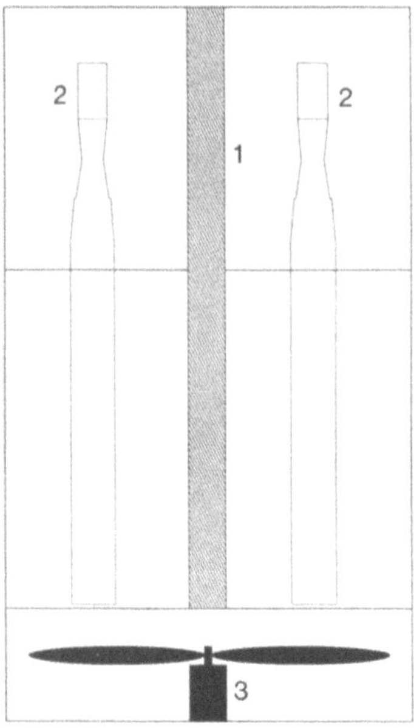

Abb. 1. Schema des UV-Aufschlusses (nach [2])

besprochen wird, soll sie hier eingehender beschrieben werden. Kommerziell sind mehrere UV-Aufschlußsysteme in unterschiedlichen Preisklassen erhältlich. Abbildung 1 zeigt schematisch eine Aufschlußapparatur zum gleichzeitigen Aufschluß mehrerer Proben, die in unserem Institut entwickelt wurde [2]. Die Leistung der UV-Lampe soll mindestens 500 W betragen. Etwa 20 ml der auf pH 2 angesäuerten Probe werden in vorher sorgfältig (z. B. durch Ausdämpfen, vgl. Kap. 10) gereinigten Quarzgefäßen mit 20–50 µl Wasserstoffperoxid (30% Suprapur, MERCK) vermischt und in Abhängigkeit der Konzentration der organischen Stoffe 6–12 Stunden bestrahlt. Die Luftkühlung verhindert eine unzulässige Erwärmung der Proben.

Auch biologisch belastete Abwässer lassen sich mit dieser Methode aufschließen, wobei, analog zum Niederschlag, die abfiltrierten Schwebstoffe getrennt (z. B. mit dem HPA, vgl. Kap. 11) aufgeschlossen werden müssen. Bei höheren Anteilen organischer Stoffe muß 2% hochreine Salpetersäure vor der UV-Bestrahlung zugegeben werden. Eine automatisch und kontaminationsfrei arbeitende Apparatur (vergleichbar der in Abb. 1 skizzierten) verwendet eine 1200 W Hg-Hochdrucklampe, kleinere Probenvolumina und eine besonders intensive Kühlung. So lassen sich deutlich verringerte Bestrahlungszeiten zwischen 30 und 60 Minuten erzielen [3].

Die Mehrzahl der stärker belasteten Wässer erfordert chemische Aufschlüsse. Meistens werden oxidierende naßchemische Aufschlüsse in Kombination mit Rückflußkühlern oder mit einem nach dem Prinzip des Rotationsverdampfers automatisch arbeitenden Gerät (Büchi) durchgeführt. Hier werden mehrere Proben gleichzeitig in rotierenden Quarzkolben, die periodisch in ein Salzbad von vorgegebener Temperatur tauchen, aufgeschlossen. Die abfiltrierten Schwebstoffe werden ebenfalls naßchemisch - überwiegend mit Schwefelsäure/Salpetersäure bzw. Schwefelsäure/Wasserstoffperoxid (30%ig) - aufgeschlossen.

In Tabelle 1 sind Beispiele angeführt, bei denen entweder eine direkte oder eine Bestimmung nach UV-Aufschluß möglich ist. Für Regenwasser sei auf Kap. 2 verwiesen. Im Anschluß an Tabelle 1 sind die in dieser und den nachfolgenden Tabellen verwendeten Abkürzungen für die angewandten Methoden und ihre Details aufgeführt.

Tabelle 1. Bestimmung einzelner Elemente in Wässern

Element	Probe	Methode	Bemerkungen	Lit.
Ag	Flußwasser	LSV/GCE	direkt	[4]
	Wasser	DC/CME	keine realen Proben	[5]
Al	Meerwasser	ADPV/HMDE	direkt, nach Adsorption des Al-Komplexes	[6]
	Wasser	ADPV/HMDE	direkt, nach Erwärmung bis 90 °C	[7]
As	nat. Wässer	DPP/DME	Best. von As (III) und As (V) nach Oxidation mit $KMnO_4$	[8]
	Meerwasser	PSA/AuFE	direkt, nach der Reduktion des As (V) mit J^-	[9]
Bi	Meerwasser	SWV/GCRDE	direkt bei pH 8,1	[10]
	Wasser	AC1/MFE, HMDE	1M HCl-Grundlösung	[11, 12]
	Wasser	DPP/MDE	keine realen Proben	[13]
Cd	Meerwasser	iDPV/MFE	nach UV-Bestrahlung	[14, 15]
	Flußwasser	iDPV/HMDE	nach UV-Bestrahlung	[16]
	Wasser	ADPV/CPE	keine realen Proben	[17]
Co	Meerwasser	ADPV/HMDE	nach UV-Bestrahlung	[15]
	Flußwasser	iDPV/HMDE	nach UV-Bestrahlung	[16]
	Meerwasser	ADPV/HMDE	nach UV-Bestrahlung	[18]
	nat. Wässer	PSA/MFE	direkt, nach Zugabe von DMG und Puffer	[19]
	Meerwasser	PSA/Fl. Sys.	direkt, nach Zugabe von DMG und Puffer	[20]
	nat. Wässer	ADPV/HMDE	direkt, nach Zugabe von DMG und Triethanolamin	[21]
	Wasser	DPP/MDE	keine realen Proben	[22]
Cr	nat. Wässer	ADPV/HMDE	nach UV-Bestrahlung	[23]
	Kühlwasser	ADPV/HMDE	direkt	[24]
	Kühlwaser	DPP/MDE	direkt	[25]
	nat. Wässer	DC/MDE	direkt	[26]

Tabelle 1 (Fortsetzung)

Element	Probe	Methode	Bemerkungen	Lit.
Cu	Meerwasser	iDPV/MFE	nach UV-Bestrahlung	[14, 15]
	Flußwasser	iDPV/HMDE	nach UV-Bestrahlung	[16]
	Meerwasser	PSA/Flow Syst.	direkt, nach Zugabe von Komplexbildner und Puffer	[20]
Fe	Schnee, Regen	DPP/MDE	direkt, nach Zugabe von Puffer und Komplexbildner	[27]
	Meerwasser	ADPV/HMDE	direkt, nach Zugabe von Puffer und Komplexbildner	[28]
	Wasser	PSA/CFE	keine realen Proben	[21]
Ga	nat. Wässer	ADPV/HMDE	keine realen Proben	[29]
	Grundelektr.	iDPV/HMDE	keine realen Proben	[30]
	Wasser	GSA/MFE	keine realen Proben	[31]
Mn	Grundelektr.	ADPV/HMDE	keine realen Proben	[32]
Mo	nat. Wässer	ADPV/SMDE	UV-Bestrahlung	[33]
	Wasser	ADPV/HMDE	keine realen Proben	[32]
Ni	Meerwasser	ADPV/HMDE	nach UV-Bestrahlung	[14, 15]
	Flußwasser	iDPV/HMDE	nach UV-Bestrahlung	[16]
Ni	Meerwasser	ADPV/HMDE	nach UV-Bestrahlung	[18]
	nat. Wässer	PSA/MFE	direkt, nach Zugabe von DMG und Puffer	[19]
	Meerwasser	PSA/Fl. Sys.	direkt, nach Zugabe von DMG und Puffer	[20]
	Wasser	DPP/MDE	keine realen Proben	[22]
Pb	Meerwasser	ADPV/HMDE	nach UV-Bestrahlung	[14, 15]
	Flußwasser	iDPV/HMDE	nach UV-Bestrahlung	[16]
	Wasser	GSA/MFE	keine realen Proben	[34]
	Wasser	GC/CME	keine realen Proben	[35]
Pd	Meerwasser	ADPV/HMDE	direkt	[36]
Pt	Meerwasser	ADPV/HMDE	UV-Bestrahlung	[37]
	Wasser	DPP/MDE	keine realen Proben	[38]
Sb	Grundelektr.	iDPV/MFE	keine realen Proben	[39]
Se	Meerwasser	ADPV/HMDE	nach Extraktion	[40]
	Grundelektr.	ADPV/HMDE	keine realen Proben	[41]
	Wasser	iDPV/HMDE	keine realen Proben	[42]
Sn	nat. Wässer	iDPV/HMDE	UV-Bestrahlung, Anreicherung an Ionenaustauscher	[43]
	Flußwasser	iDPV/HMDE	direkt, nach Zugabe von Tropolon und Puffer	[44]
	Meerwasser	ADPV/HMDE	UV-Bestrahlung	[45]
Tc	Grundelektr.	ADPV/GCE	keine realen Proben	[46]
Ti	Meerwasser	ADPV/HMDE	UV-Bestrahlung	[47]
Tl	Flußwasser	iDPV/HMDE	nach UV-Bestrahlung	[16]

Tabelle 1 (Fortsetzung)

Element	Probe	Methode	Bemerkungen	Lit.
U	Meerwasser	ADPV/HMDE	nach UV-Bestrahlung	[48]
	Meerwasser	PSA/Fl. Sys.	direkt, nach Zugabe von Komplexbildner und Puffer	[20]
	Meerwasser	ADPV/HMDE	direkt	[49]
Zn	Flußwasser	iDPV/HMDE	nach UV-Bestrahlung	[16]

Verwendete Abkürzungen

iDPV – inverse differentielle Puls-Voltammetrie
CPE – Kohlepaste Elektrode (carbon paste electrode)
GCE – Glaskohlenstoff Elektrode (glassy carbon electrode)
DC – Gleichspannungs-Voltammetrie (direct current)
CME – chemisch modifizierte Elektroden (chemically modified electrodes)
ADPV – Adsorptive differentielle Puls-Voltammetrie
HMDE – hängende Quecksilbertropfenelektrode
DPP – differentielle Puls-Polarographie
DME – tropfende Quecksilberelektrode
iDC – inverse Gleichspannungs-Voltammetrie
AuE – Goldelektrode
AuFE – Goldfadenelektrode (gold fibre electrode)
RAuE – rotierende Goldelektrode
PSA – potentiometrische „stripping“ Analyse
MFE – Quecksilberfilmelektrode
GCRDE – Glaskohlenstoff rotierende Diskelektrode
AC1 – Wechselstrom-Voltammetrie
iAC – inverse Wechselstrom-Voltammetrie
RMFE – rotierende Quecksilberfilmelektrode
Fl. Sys. – Durchflußzelle
CFE – Kohlefadenelektrode
GSA – galvanostatische „stripping“ Analyse
SMDE – statische Quecksilberelektrode

13.2.2 Metalle, anorganische und geologische Proben

In der älteren Literatur finden sich zahlreiche Anwendungen mit Arbeitsvorschriften zur polarographischen Bestimmung von Elementen in verschiedenartigen Matrices, die meist mit der Gleichstrompolarographie durchgeführt wurden. Viele dieser Verfahren können auch mit modernen Methoden wie der inversen differentiellen Puls-Voltammetrie oder der Square-Wave-Voltammetrie durchgeführt werden. Nach dem Lösen bzw. dem Aufschluß sind oft vor der eigentlichen elektrochemischen Bestimmung noch Trennoperationen zur Erhöhung der Selektivität oder zur Anreicherung der zu bestimmenden Elemente erforderlich. Weiter sind bei diesen Materialien bisweilen noch zusätzliche Aufschlüsse erforderlich, um die bei den Trennvorgängen angefallenen Reste organischer Reagentien und Lösungsmittel zu entfernen.

Tabelle 2. Polarographische und voltammetrische Bestimmung von Elementen in anorganischen Proben

Matrix	Elemente	Probenvorbereitung	Lit.
Geologische Proben	Sn	Na_2O_2-Schmelze. Bestimmung an Gold-Elektrode	[50]
Böden	Cd, Tl	$H_2F_2 + HClO_4$, ohne Trennung	[51]
Böden	Ni	$HNO_3/HClO_4$	[52]
$MnSO_4$-Elektrolyt	Zn, Cd, Cu	direkt	[53]
Zn-Elektrolyt	Tl, Pb, Cd, In, Sn, Cu, Bi, Sb	direkt	[52]
Silizium	Sb	$H_2F_2 + HNO_3$	[54]
Sediment	Hg	Königswasseraufschluß ist besser als Druckaufschluß in PTFE	[55]
Reaktorbrennstoff	W	ortho-$H_3PO_4 + H_2SO_4$	[56]
Erze	Th	mehrere Schritte (Ammoniumsalze, Königswasser, HCl) danach Extraktion und Reextraktion mit HCl	[57]
Zement	Ti	$HClO_4/HF$	[58]
Stahl	Ti	HCl/HNO_3	[58]
Sediment	V	$HNO_3 + HClO_4$ (Druck)	[59]

In Tabelle 2 sind einige Beispiele für die Vorbereitung solcher Materialien zur elektrochemischen Bestimmung aufgeführt.

13.2.3 Humanmaterial

Zur Bestimmung von Schwermetallspuren in Körperflüssigkeiten und Festproben werden die inverse Voltammetrie und die inverse Chronopotentiometrie angewandt. Sie werden auch als sog. „Screening-Verfahren" zur Simultanbestimmung von Schwermetallen bei toxikologischen Fragestellungen empfohlen. Ebenfalls von Bedeutung für die klinische Chemie sind direkte potentiometrische Bestimmungen von Na^+, K^+, Ca^{2+}, Cl^-, F^- mit ionensensitiven Elektroden in Blut und Serum. Die Reproduzierbarkeit und Richtigkeit dieser Analysen ist mit den Ergebnissen der im klinischen Laboratorium üblichen Routinemethoden vergleichbar. In Blut, Blutserum und Harn können einige Schwermetalle direkt invers-chronopotentiometrisch bestimmt werden. Am nachweisstärksten ist jedoch die Elementbestimmung durch inverse differentielle Puls-Voltammetrie oder Square-Wave-Voltammetrie in den aufgeschlossenen Proben. Naßaufschlüsse mit Gemischen von Salpetersäure, Perchlorsäure und Schwefelsäure werden in offenen Gefäßen durchgeführt. Im geschlossenen System führt der Hochdruckaufschluß (HPA, vgl. Kap. 11) bei ca. 300°C zu sehr gut für voltamme-

Tabelle 3. Voltammetrische und potentiometrische Bestimmung von Schwermetallspuren in Humanproben

Proben	Element	Methode	Probenvorbereitung	Lit.
Blut	Pb	iDPV/HMDE	HPA-Aufschluß mit HNO_3 und chromatographische Trennung	[60]
	Se	PSA/CFE	Druckaufschluß mit HNO_3 bei 180°C	[61]
	Se	CDPV/HMDE	Naßaufschluß $HNO_3 + HClO_4$	[62]
	Se	DPP/MDE	Trockenveraschung bei 480°C und danach Naßaufschluß mit $H_2SO_4 + HCLO_4$	[63]
	Pb	iDPV/GCE	direkt, nach Zugabe von HCl	[64]
	Pb	iDPV/HMDE	HPA-Aufschluß HNO_3 + $HClO_4$	[65]
	Cd, Pb	PSA/MFE	direkt, nach Zugabe von HCl	[66]
	Cd, Pb	PSA/Fl. sys.	direkt, nach Zugabe von HCl	[67]
	Cu	iDPV/GCE	nach Einfrieren, Zentrifugieren und HCl-Zugabe	[64]
	Se	CDPV/HMDE	Naßaufschluß HNO_3 + $HClO_4$	[62]
Urin	Pb	iDPV/GCE	direkt, nach Zugabe von HCl	[64]
	Tl	iDPV/MFE	direkt, nach Zugabe von Puffer und EDTA	[68]
	Mo	ADPV/HMDE	Naßaufschluß mit $HNO_3/HClO_4$	[69]
	Pt	ADPV/HMDE	direkt, nicht empfindlich	[70]
	Hg	iACV/RAuE	Zugabe von Thioacetamid und Ansäuern auf pH < 1 mit HNO_3 (HgS), Aufschluß mit HNO_3 + H_2O_2	[71]
	Zn, Cd, Pb	PSA/Fl. sys.	direkt, nach Zugabe von HCl	[72]
	Hg, Cu, Bi	PSA/AuFE	Bestimmung nach Zugabe von HNO_3 und $KMnO_4$	[73]
	Ni, Co	SWV/HMDE	Naßaufschluß mit HNO_3 + $HClO_4$	[74]
Haare	Ni, Co	SWV/HMDE	Naßaufschluß mit HNO_3 + $HClO_4$	[74]
	Se	iDPV/AuFE	Naßaufschluß mit H_2SO_4 + $HClO_4$	[75]
	Se	iDPV/HMDE	Vergleich Naß- u. Trockenaufschl.	[66]
	Pb	PSA/HMDE	LUMATOM	[76]

trische Verfahren nutzbaren Analytlösungen. In Tabelle 3 sind Beispiele der Bestimmung von Schwermetallspuren in flüssigen und festen Humanproben durch inverse Voltammetrie und inverse Chronopotentiometrie (sog. Potentiometric Stripping Analysis, PSA) zusammengefaßt.

13.2.4 Lebensmittel und andere Biomatrices

Mit elektrochemischen Methoden sind sowohl anorganische als auch organische Inhalts- und Schadstoffe in Lebensmitteln und anderen biologischen Materialien bestimmbar. Hier stehen vor allem die Bestimmungen von Schwermetallspuren im Vordergrund. Relativ einfach ist die Analyse von Trinkwasser. Nach Zugabe eines geeigneten Leitsalzes können Schwermetalle durch inverse Voltammetrie (DPASV oder SWV) simultan und bis in den unteren µg/kg-Bereich direkt bestimmt werden (vgl. hierzu auch Tabelle 1).

In Getränken mit organischer Matrix sowie in Festproben ist die Probenvorbereitung aufwendiger. Für die Schwermetallbestimmung in Wein mit geringem Zuckergehalt (< 10 g/l) wurde der photolytische Aufschluß durch UV-Bestrahlung vorgeschlagen. Die Bestrahlung erfolgt dabei in einem Quarzgefäß, das anschließend als Meßzelle verwendet wird.

Bei der trockenen Veraschung wird die organische Matrix in Gegenwart von Sauerstoff oder Luft bei Temperaturen bis maximal 500 °C zerstört. Bei höheren Veraschungstemperaturen können leichtflüchtige Elemente wie Quecksilber, Arsen, Antimon, Selen, Cadmium, Thallium und Blei teilweise oder sogar vollständig verflüchtigt werden. Elementverluste sind bei der Probenveraschung auch durch Verbindungsbildung (z. B. Chrom als $CrCl_3$) oder durch Einschlüsse in schwerlöslische Verbindungen (z. B. $PbSO_4$ in $CaSO_4$ möglich (vgl. hierzu auch Kap. 10).

Bei der Hochfrequenzveraschung mit aktiviertem Sauerstoff werden die Proben weniger hohen Temperaturen ausgesetzt. Aber auch dann sind Elementverluste nicht auszuschließen. Es ist daher empfehlenswert, die trockene Veraschung im geschlossenen System unter Sauerstoff durchzuführen (vgl. Kap. 10 und 14).

Bei Naßaufschlüssen werden zur oxidativen Zersetzung der organischen Matrix vorwiegend Salpetersäure, Perchlorsäure oder Wasserstoffperoxid verwendet. Die für Naßaufschlüsse benutzten Chemikalien müssen natürlich weitgehend blindwertfrei bezogen auf die zu bestimmenden Elemente sein. Es sollten daher bei geringen Gehalten entweder Suprapur-Chemikalien oder durch Verdampfung unter dem Siedepunkt gereignigte Säuren (vor allem Salpetersäure, vgl. Kap. 10) eingesetzt werden. Für Naßaufschlüsse in geschlossenen Systemen (Druckaufschluß) mit Salpetersäure bei Temperaturen bis ca. 180 °C (Außentemperatur) wird jedoch die organische Matrix nicht immer vollständig zerstört (vgl. Kap. 10 und [77]), was im Prinzip auch auf den Mikrowellen-unterstützten Aufschluß zutritt (vgl. Kap. 12 und [78, 79]. In diesen Aufschlußlösungen muß dann, ggf. durch Nachbehandlung mit Perchlorsäure enthaltenden Säuregemischen im offenen Gefäß, eine vollständige Veraschung störender organischer Bestandteile erfolgen.

Eine problemlose voltammetrische Bestimmung von Elementspuren ist jedoch nach Salpetersäure-Aufschluß mit dem Hochdruckveraschег (HPA) bei Temperaturen bis max 320 °C möglich [80], vgl. Kapitel 10. Der kürzlich beschriebene HPA-Aufschluß mit einem Gemisch von Salpetersäure und Perchlorsäure bei 280 °C [65], kann jedoch aufgrund der in den vorangehenden Kap. 9 und 11 ausgesprochenen Warnungen vor der Verwendung von Perchlorsäure in geschlossenen Systemen nicht empfohlen werden.

Beispiele zur Probenvorbereitung für die polarographische und voltammetrische Bestimmung von Elementspuren in Lebensmitteln und anderen biologischen Materialien sind in Tabelle 4 zusammengefaßt.

Tabelle 4. Elektrochemische Bestimmung von Spurenelementen in Lebensmitteln und anderen Biomatrices

Proben	Element	Methode	Probenaufschluß	Lit.
Milch-pulver	Cd, Pb, Cu	PSA/Fl sys.	Auflösen in Wasser, Verdünnung mit HCl	[81]
	Ni, Co	ADPV/HMDE	trockene Veraschung bei 580–780 °C	[82]
Wein	Pb	PSA/MFE	direkt, nach Ansäurerung mit HCl	[5]
	Zn, Cd, Pb	iDPV/HMDE	Naßaufschluß mit $HNO_3 + HClO_4$	[83]
	Cu, Ni, Co	SWV		
	Fe	ADPV/HMDE	direkt {Fe (II) und Fe tot.}	[84]
	Tl	iDPV/HMDE	Naßaufschluß mit $H_2SO_4 + H_2O_2$ und Extraktion als $TlBr_3$	[85]
	Cu	PSE/MFE	direkt; Zugabe von HCl; Zugabe von HNO_3	[86]
	Au	iDPV/RGC	Extraktion und Messung in nicht wäßriger Lösung	[87]
Tierisch	Se	ADPV/HMDE	Druckaufschluß mit $HNO_3 + H_2O_2$ und Nachbehandlung mit $HClO_4$	[88]
	Se	PSA/MFE	Druckaufschluß mit HNO_3, Nachbehandlung mit H_2O_2	[89]
	Zn, Cd, Pb	iDPV/HMDE	Naßaufschluß mit HNO_3 + HClO4	
	Cu, Ni, Co	ADPV/HMDE		[90]
	Cd, Pb, Cu	iDPV/HMDE	HPA-Aufschluß, $HNO_3 + HClO_4$	[65]
	Ni, Co	ADPV/HMDE		
	Zn, Cd, Pb	iDPV/HMDE	HPA-Aufschluß, HNO_3	[80]
	Cu	SWV/HMDE		
Pflanz-lich	Sn, Pb	DPP/MDE	$HCl + H_2O_2$, in Säften	[91]
	As, Bi, Cd, Co, Cu, Pb, Ni, Se, V, Zn	iDPV/HMDE	Vergleich zwischen verschiedenen Naßaufschlüssen und Trocken-aufschluß	[66]
	Zn, Cd, Pb	iDPV/HMDE	Naßaufschluß mit $HNO_3 + HClO_4$	
	Cu, Ni, Co	ADPV/HMDE		[90]
	Cd, Pb	PSA/HMDE	LUMATOM	[76]
	Zn, Cd, Pb, Cu, Ni, Co, Tl, Mn	DPP/MDE	Trockenveraschung bei 450–500 °C oder bei 700 °C; Naßaufschluß mit $H_2SO_4 + H_2O_2$	[92]
	Cd, Pb, Cu	iDPV/HMDE	HPA-Aufschluß, $HNO_3 + HClO_4$	[65]
	Ni, Co	ADPV/HMDE		

Literatur

1. Nürnberg HW (1985) Fresenius Z Anal Chem 320:741
2. Dorten W, Valenta P, Nürnberg HW (1984) Fresenius Z Anal Chem 317:264
3. Kolb M, Rach P, Schäfer J, Wild A (1992) Fresenius Z Anal Chem 342:341
4. Wang J, Li R, Huiliang H (1989) Elektroanalysis 1:417
5. Marin C, Ostapczuk P (1992) Fresenius J Anal Chem 343:881
6. Van den Berg CMG, Murphy K, Riley JP (1986) Anal Chim Acta 188:177
7. Wang J, Farias PAM, Mahmoud JA (1985) Anal Chim Acta 172:57
8. Buldini PL, Ferri D, Zini Q (1989) Mik Acta I:71
9. Hua C, Jagner D, Renman L (1987) Anal Chim Acta 201:263
10. Komorsky-Lovric S (1988) Anal Chim Acta 204:161
11. Bauer KH, Neeb R (1988) Fresenius Z Anal Chem 330:11
12. Bauer KH, Neeb R (1988) Fresenius Z Anal Chem 330:17
13. Gonzáles-Péres C, Gonzáles-Martin MI (1988) Anal Lett 21:1233
14. Mart L, Nürnberg HW, Rützel H (1985) Sci Total Environ 44:35
15. Mart L, Nürnberg HW (1986) Marine Chemistry 18:197
16. Weidenauer M, Lieser KH (1985) Fresenius Z Anal Chem 320:550
17. Hernández L, Melguizo JM, Blanco MH, Hernández P (1989) Analyst 114:397
18. Donat JR, Bruland KW (1988) Anal Chem 60:240
19. Eskilsson H, Heraldsson C, Jagner D (1985) Anal Chim Acta 175:79
20. Newton MP, Van den Berg CMG (1987) Anal Chim Acta 199:59
21. Hao Z, Vire J-C, Patriarche GJ, Wollast R (1988) Anal Lett 21:1409
22. Odashima T, Kawate Y, Ishi H (1988) Bunseki Kagaku 37:439
23. Golimowski J, Valenta P, Nürnberg HW (1985) Fresenius Z Anal Chem 322:315
24. Torrance K, Gatford C (1987) Talanta 34:939
25. Jindal VK, Khan MA, Bhatnagar RM, Varma S (1985) Anal Chem 57:380
26. Khoifets LY, Vasyukov AE, Kabanenko LF (1988) Zh Anal Khim 43:458
27. Hasebe K, Yamamoto Y, Ohzeki K, Kambara T (1986) Fresenius Z Anal Chem 323:464
28. Wang J, Mahmoud J (1987) Fresenius Z Anal Chem 327:789
29. Wang J, Zadeii JM (1986) Anal Chim Acta 185:229
30. Udisti R, Piccardi G (1988) Fresenius Z Anal Chem 331:35
31. Jaya S, Rao TP, Rao GP (1987) Anal Lett 20:1503
32. Fogg AG, Alonso RM (1988) Analyst 113:361
33. Pelzer J, Scholz F, Henrion G, Heininger P (1989) Fresenius Z Anal Chem 334:331
34. Jaya S, Rao TP, Rao GP (1987) Talanta 34:965
35. Dong S, Wang Y (1988) Talanta 35:819
36. Wang J, Varughese K (1987) Anal Chim Acta 199:185
37. Van den Berg CMG, Jacinto GS (1988) Anal Chim Acta 211:129
38. Palaniappan R (1989) Analyst 114:1043
39. Frank T, Neeb R (1987) Fresenius Z Anal Chem 327:670
40. Breyer Ph, Gilbert BP (1987) Anal Chim Acta 201:33
41. Stara V, Kapanica M (1988) Anal Chim Acta 208:231
42. Aydin H, Somer G (1989) Anal Sci 5:89
43. Weber G (1985) Fresenius Z Anal Chem 322:311
44. Wang J, Zadeii J (1987) Talanta 34:909
45. Van den Berg CMG, Khan SH, Riley JP (1989) Anal Chim Acta 222:43
46. Torres Llosa JM, Ruf H, Schrob K, Ache HJ (1988) Anal Chim Acta 211:317
47. Li H, Van den Berg CMG (1989) Anal Chim Acta 221:269
48. Van den Berg CMG, Nimmo M (1987) Anal Chem 59:924
49. Mlakar M, Branica M (1989) Anal Chim Acta 221:279
50. Wang EK, Sun W (1985) Anal Chim Acta 172:365
51. Camman K, Anderson JT (1982) Fresenius Z Anal Chem 310:45

52. Kurayasu H, Inokuma Y (1988) Bunseki Kagaku 37, 623 (1988)
53. Adeloju SB, Tran T (1986) Analyst 111:1355
54. Lanza P (1983) Anal Chim Acta 146:61
55. Hatle M (1987) Talanta 34:1001
56. Buldini PL, Ferri D, Nobili D (1988) Analyst 113:1317
57. Zhao Z, Cai X, Li P, Yang H (1986) Talanta 33:623
58. Locatelli C, Fagioli F, Garai T, Bighi C (1988) Anal Chem 60:2402
59. Hasebe K, Kakizaki T, Yoshida H (1985) Fresenius Z Anal Chem 322:486
60. Ostapczuk P, Froning M, Stoeppler M (1989) Fresenius Z Anal Chem 334:661
61. Hua C, Jagner D, Renman L (1987) Anal Chim Acta 197:257
62. Huang B, Zhang H, Pu G, Yin F, Zheng S, Yang H (1985) Anal Lett 18:279
63. Dabuo W, Jinghao P (1987) Anal Proc 24:329
64. Hoyer B, Florence TM (1987) Anal Chem 59:2839
65. Schramel P, Hasse S, Knapp G (1987) Fresenius Z Anal Chem 326:141
66. Ostapczuk P (1992) Clin Chem 38:1995
67. Almestrand L, Jagner D, Renman L (1987) Anal Chim Acta 193:71
68. Vandenbalck JL, Patriarche GJ (1987) Sci Total Environ 60:97
69. Blázquez LC, Garcia-Moncó RM, Cabanillas AG, Misiego AS (1989) Fresenius Z Anal Chem 334:166
70. Shearan P, Smyth MR (1988) Analyst 113:609
71. Leu M, Seiler H (1985) Fresenius Z Anal Chem 321:479
72. Huliang H, Jagner D, Renman L (1988) Anal Chim Acta 207:17
73. Huliang H, Jagner D, Renman L (1987) Anal Chim Acta 202:117
74. Ostapczuk P, Froning M, Stoeppler M, Nürnberg HW (1985) In: Brown SS, Sunderman Jr, FW (eds) Progress in Nickel Toxicology. IUPAC. ISBN 0-632-01355-9. S 129
75. Wu T, Xiang W, Zhang F, Deng J (1988) Analyst 113:1431
76. Rozali bin Othman M, Hill JO, Magee RJ (1987) Fresenius Z Anal Chem 326:350
77. Würfels M, Jackwerth E (1985) Fresenius Z Anal Chem 322:354
78. Buresch O, Hönle W, Haid U, v Schnering HG (1987) Fresenius Z Anal Chem 328:82
79. Nakashima S, Sturgeon RE, Willie SN, Berman SS (1988) Analyst 113:159
80. Würfels M, Jackwerth E, Stoeppler M (1987) Fresenius Z Anal Chem 329:459
81. Almestrand L, Jagner D, Renman L (1986) Talanta 33:991
82. Meyer A, Neeb R (1985) Fresenius Z Anal Chem 321:235
83. Stoeppler M, Apel M, Bagschik U, May K, Mohl C, Ostapczuk P, Enkelmann R, Eschnauer H (1985) Lebensmittelchem Gerichtl Chem 39:59
84. Wang J, Mannino S (1989) Analyst 114:643
85. Eschnauer H, Gemmer-Colos V, Neeb R (1984) Z Lebensm Unters Forsch 178:453
86. McKinnon A, Scollary G (1986) Analyst 111:589
87. Jakubec K, Sir Z (1985) Anal Chim Acta 172:359
88. Breyer Ph, Gilbert BP (1987) Anal Chim Acta 201:23
89. Eskilsson H, Haraldsson C (1987) Anal Chim Acta 198:231
90. Ostapczuk P, Valenta P, Rützel H, Nürnberg HW (1987) Sci Total Environ 60:1
91. Guinon JL, Garcia-Anton J (1985) Anal Chim Acta 177:225
92. Gemmer-Colos V, Neeb R (1987) Fresenius Z Anal Chem 327:547

14 Aufschlußverfahren für Stoffe des Klinkerbrennprozesses

GEORG BACHMANN und WOLFRAM RECHENBERG

14.1 Einleitung

Für Stoffe des Klinkerbrennprozesses sind je nach Art der Analysensubstanz und des zu bestimmenden Bestandteils verschiedene Verfahren verfügbar, welche sich bei der Analyse von Stoffen der Zementherstellung bewährt haben [1] und nachfolgend beschrieben werden. Im Rahmen von Untersuchungen verschiedener VDI-Arbeitsgruppen wurden die Verfahren teilweise auch an Stoffen anderer Industrien erprobt.

Wesentliche Voraussetzung für die Zuverlässigkeit der chemischen Analyse ist eine repräsentative Probennahme (vgl. Kap. 8). Danach wird die ggf. aus Teilproben erhaltene Durchschnittsprobe aufgeschlossen, d. h. die Substanz wird in eine Form gebracht, in der die zu bestimmenden Bestandteile analysiert werden können [2]. In der Regel handelt es sich dabei um eine Lösung.

14.2 Aufschlußarten

Einen Überblick über verschiedene Aufschlußverfahren zur Bestimmung von Spurenelementen in Stoffen des Klinkerbrennprozesses gibt Tabelle 1. In der Tabelle sind die verschiedenen Aufschlußarten, Angaben zu den einzelnen Methoden sowie Beispiele für deren Anwendung aufgeführt. So genügt z. B. für manche Zwecke das Extrahieren mit Wasser. Damit wird z. B. Nitrit aus Zementofenstäuben in Lösung gebracht [3].

Mit Säuren, speziell durch Kochen mit Salpetersäure am Rückfluß, lassen sich z. B. Quecksilber und Thallium aus Böden lösen [4]. Ein Beispiel für das Lösen mit Laugen ist der Soda-Auszug, der für den qualitativen Nachweis von Anionen hergestellt wird. Er wird auch für die quantitative Bestimmung von Anionen mit der Ionenchromatographie empfohlen [5].

Allen bisher angeführten Verfahren ist gemeinsam, daß die Matrix nicht notwendigerweise vollständig aufgeschlossen wird. Häufig bleibt sie sogar überwiegend unaufgeschlossen, obwohl der zu bestimmende Anteil vollständig in Lösung gebracht und abgetrennt wird.

Wird ein vollständiger Aufschluß angestrebt, so kommt ein Lösen unter Druck in Betracht. Dazu wird die Probe in einer mit PTFE ausgekleideten

Tabelle 1. Aufschlußverfahren für Stoffe des Klinkerbrennprozesses; Überblick

Aufschlußart	Methode	Beispiel
Auslaugen	Wasser	CrO_4^{2}, NO_2
	Säure	Hg, Tl
	Lauge	Anionen
Lösen	Druckbombe	As, Be, Pb, Cd, Cr
	HNO_3 + HF	Ni, Tl, V, Zn
Verbrennen	Tölg-Apparatur	As, Be, Hg, Pb, Cd, Cr
	Kalorimeterbombe	Ni, Tl, V, Zn
	Wickbold	Hg
Schmelzen	$Li_2B_4O_7$	F^-
Verdampfen	Verdampfen im Kieselglasrohr	Tl
	Verdampfen und Atomisieren im Nickelrohr	Hg

Stahl- oder Aluminiumbombe mit Salpeter- und Flußsäure durch Erhitzen aufgeschlossen. Die im Handel erhältlichen Berghof-, Bernas- und Parrbomben sowie der Autoklav 3 von Perkin-Elmer haben sich für den Aufschluß von Silicaten bewährt [6]. Bevorzugt wird derzeit der Autoklav 3, weil er besonders leicht zu bedienen ist. Mit diesem Aufschlußverfahren wurden die Herkunft und der Verbleib der Spurenelemente Arsen, Beryllium, Blei, Cadmium, Chrom, Nickel, Thallium, Vanadium und Zink in Stoffen des Klinkerbrennprozesses ermittelt [7–9].

Diese Elemente sind auch in verschiedenen Brennstoffen enthalten, die ebenfalls zu untersuchen waren. Dazu wurden die Proben in einem Verbrennungsautomaten [10], verschiedenen Kalorimeterbomben [11, 12] oder in einer Apparatur nach Wickbold [13] verbrannt. Der Verbrennungsrückstand wurde dann ggf. in Druckbomben aufgeschlossen.

Die Silicate lassen sich für die Bestimmung von Fluorid mit Lithiumtetraborat in Gold/Platintiegeln 5/95 aufschließen [14]. Das Fluorid wird mit überhitztem Wasserdampf von den übrigen Bestandteilen abgetrennt [15].

Verschiedene Spurenelemente, wie z. B. Thallium, können bei erhöhter Temperatur im Schutzgasstrom aus einer Probe verdampft und damit abgetrennt werden. Dieses Aufschlußverfahren wird als Verdampfungsanalyse bezeichnet [16–19]. In abgewandelter Form kann es in Kombination mit einem Zeeman-Atomabsorptionsspektrometer zur Direktbestimmung von Quecksilber in Stoffen der Zementherstellung verwendet werden [20].

14.3 Beispiele

Nach diesem Überblick über mögliche Aufschlußverfahren zur Spurenbestimmung in Stoffen der Zementherstellung werden im folgenden einzelne Aufschlußverfahren in Beispielen beschrieben. Dazu wurden aus dem Bereich „Lösen" die Elemente Chrom und Quecksilber ausgewählt. Beim „Lösen unter Druck" wird nochmals kurz auf die Aufschlußbedingungen eingegangen. Ausführlicher wird der Aufschluß von Brennstoffen mit verschiedenen Geräten beschrieben. Abschließend wird auf die Verdampfungsanalyse von Thallium und eine Variante in Kombination mit einer Direktbestimmung für Quecksilber eingegangen.

14.3.1 Lösen mit Wasser

Stoffe, die nach dem Abfallgesetz von 1986 nicht wiederverwendet werden können, müssen umweltsicher deponiert werden. Auf Deponien können sie der Atmosphäre, d. h. dem Regen, mehr oder weniger stark ausgesetzt sein. Verfahren zur praxisgerechten Untersuchung des Auslaugverhaltens von Abfallstoffen spielen deshalb eine bedeutende Rolle im Umweltschutz.

In der Bundesrepublik Deutschland verlangt das Abfallgesetz eine weitgehende Wiederverwendung von Abfallstoffen. Eine Wiederverwendung von Rückständen aus Kraftwerken und Müllverbrennungsanlagen ist im Straßenbau möglich, wenn die Rückstände, mit Zement gebunden, eine entsprechende Tragfähigkeit aufweisen und wenn von den darin enthaltenen umweltrelevanten Bestandteilen allenfalls nur unschädlich geringe Mengen ausgelaugt werden. Für diese Untersuchung wurden drei unterschiedliche Verfahren herangezogen (Tabelle 2). Das einzig derzeit genormte Verfahren zur Prüfung der Auslaugbarkeit von Schwermetallen aus Feststoffen ist das Verfahren S4 der Deutschen Einheitsverfahren zur Wasser-, Abwasser- und

Tabelle 2. Verfahren zur Prüfung der Auslaugbarkeit von Schwermetallen

Methode	Vorbereitung	Prüfung
Verfahren 1		
DEV-S4	Probe, zerkleinert	0/2 mm 100 g/l, 24 h
Verfahren 2		
DEV-S4 (mod.)	Probe, zerkleinert	5/10 mm 100 g/l, 24 h
Verfahren 3		
Durchfluß	Probe, unverändert	Proctorzylinder L/D = 120/96

Schlammuntersuchung nach DIN 38 414, Teil 4 (DEV S4) [21]. Es war ursprünglich für die Untersuchung von unverfestigten Schlämmen und Sedimenten vorgesehen. Nach diesem Verfahren ist das Material unzerkleinert in dem Zustand zu untersuchen, in dem es deponiert wird. In der Praxis wird jedoch eine gröbere Originalprobe häufig zerkleinert. 100 g der zerkleinerten Originalprobe werden mit 1 l entionisiertem Wasser versetzt und 24 h geschüttelt. Nach Abfiltrieren des ungelösten Rückstands werden im Eluat die ausgelaugten Schwermetalle bestimmt.

Die Auslaugbarkeit von Schwermetallen hängt offensichtlich stark von der Korngröße des zu untersuchenden Materials ab. In der Literatur finden sich jedoch selten Angaben zur Korngröße. Von Probenvorbereitung nach DEV S4 wird im folgenden gesprochen, wenn die Probe vor dem Auslaugen auf eine Kornfraktion von 0–2 mm zerkleinert wurde. Wurden größere Bruchstücke von etwa 5–10 mm verwendet, so handelt es sich um ein modifiziertes Verfahren nach DEV S4. Das eigentliche Prüfverfahren bleibt dabei unverändert. Beim dritten Verfahren handelt es sich um ein im Forschungsinstitut der Zementindustrie entwickeltes Durchströmungsverfahren, bei dem der Prüfkörper unzerstört untersucht werden kann [22].

Mit der letztgenannten Methode wurde die Auslaugbarkeit an zylindrischen Prüfkörpern, den sog. Proctorkörpern, untersucht. Die Prüfkörper besitzen eine Höhe von ca. 120 mm und einen Durchmesser von 96 mm. Für erste Untersuchungen wurden Modellmörtel aus Sand und Zement hergestellt. Für diese Versuche wurden verschiedene umweltrelevante Spurenelemente in definierten Konzentrationen zugesetzt. Sie waren im Anmachwasser gelöst.

Der feuchte Prüfkörper wird in die in Abb. 1 dargestellte Durchflußapparatur eingesetzt und mit dem Deckel druckdicht verspannt. Die Apparatur wird mit entionisiertem Wasser gefüllt. Danach wird über ein Druckventil ein Luftdruck von 1 bar auf die Wassersäule im Meßrohr angelegt und konstant gehalten. Die Messung beginnt, wenn die ersten Wassertropfen an der Oberfläche des Prüfkörpers austreten. Das Wasser aus dem Überlaufrohr wird aufgefangen und atomabsorptions-spektrometrisch (AAS) bestimmt.

Abbildung 2 zeigt einige Ergebnisse der untersuchten Modellmörtel. Die Prüfkörper wurden mit 6–11 Gew.-% Zement hergestellt. Die Mörtel enthielten 646–679 mg Chrom/kg. Die Zylinder erhärteten vor der Prüfung 7 Tage (offene Kreise) bzw. 28 Tage (geschlossene Kreise).

Der linke Teil der Abbildung zeigt die nach DEV S4 an zerkleinerten Mörtelproben mit einem Größtkorn von 2 mm ermittelte Auslaugrate. Im mittleren Teil ist die Auslaugrate nach DEV S4 an gröberen Bruchstücken von 5–10 mm und im rechten Teil der Abbildung die nach dem Durchflußverfahren bestimmte Auslaugrate dargestellt.

Die Untersuchungen führten für das Element Chrom, unabhängig vom gewählten Prüfverfahren, zu geringen Auslaugraten, die 1% des jeweiligen Gesamtschwermetallgehalts praktisch nicht überschritten. Außerdem nahm die Auslaugrate generell mit zunehmendem Zementgehalt der Mörtel ab. Sie

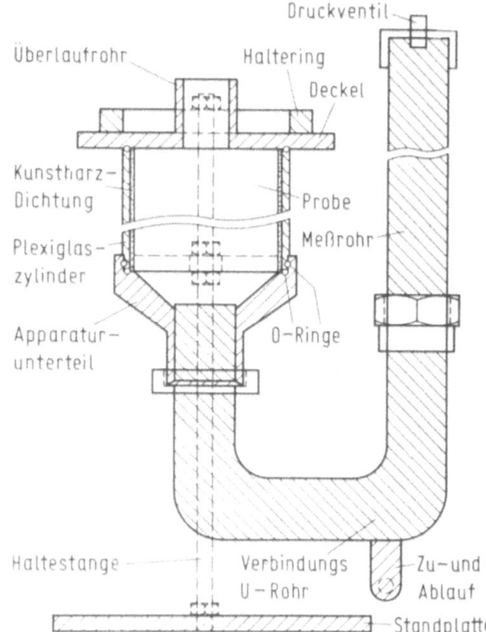

Abb. 1. Durchflußapparatur zur Prüfung der Auslaugbarkeit zementgebundener Prüfkörper

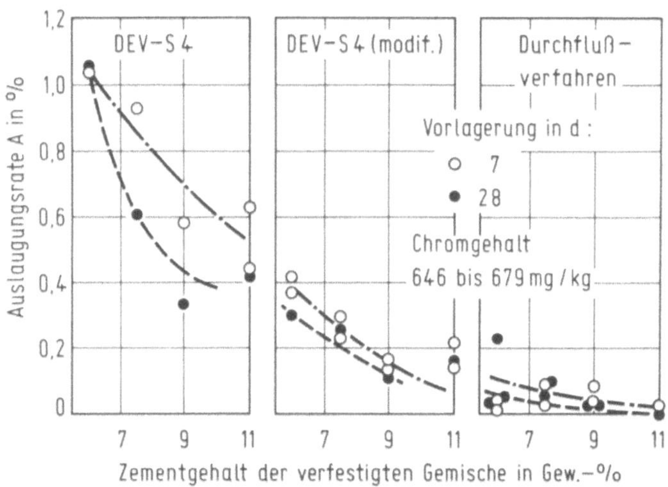

Abb. 2. Einfluß des Zementgehalts und der Hydratationsdauer auf die Auslaugrate von Chrom

verminderte sich darüber hinaus mit zunehmender Hydratation des Zements. Daraus geht hervor, daß offenbar das Gefüge der Prüfkörper um so dichter wird und dadurch das Chrom um so vollständiger eingebunden wird, je größer die Menge der aus dem Zement gebildeten Hydratationsprodukte ist.

Darüber hinaus geht aus den Untersuchungen hervor, daß die Höhe der Auslaugrate an Mörteln gleicher Zusammensetzung, Verdichtung und Hydratationsdauer deutlich vom angewendeten Prüfverfahren abhängt. Die Prüfungen nach DEV S4, bei denen das verfestigte Gefüge vor der Prüfung weitgehend mechanisch zerstört wurde, führten zu merklich höheren Auslaugraten als die Prüfung des ungestörten Gefüges. Für eine praxisgerechte Beurteilung der Schwermetallbindung in zementverfestigten Stoffen sollten die Prüfkörper deshalb unzerstört geprüft werden.

14.3.2 Lösen mit Säuren

Im Forschungsinstitut der Zementindustrie wurden gute Erfahrungen mit der Lagerung von Aufschlußlösungen in FEP-Flaschen gemacht [23]. Aus diesem Grund wurde geprüft, ob Silicate für die Quecksilberbestimmung mit einem Salpetersäure/Flußsäure-Gemisch auch in Fluorethylenpropylen (FEP)-Flaschen aufgeschlossen werden können.

Im Rahmen dieser Untersuchungen wurden 125 ml-FEP-Flaschen mit einem äußeren Durchmesser von 45 mm und einer Höhe von 110 mm verwendet. Die Einwaage von drei verschiedenen zertifizierten Referenzmaterialien wurde mit Salpetersäure und Flußsäure versetzt und in verschlossenen Flaschen in einem Wasserbad bis zu 5 h erwärmt. Die Temperatur des Wasserbads betrug 95 °C bzw. 100 °C. Die Untersuchungsergebnisse gehen

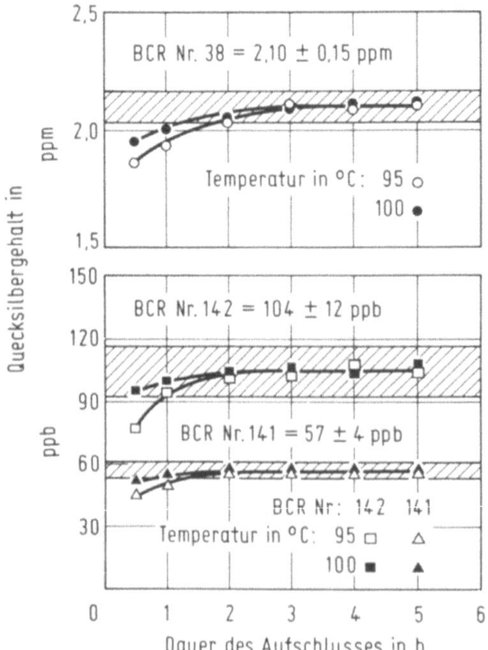

Abb. 3. Quecksilbergehalt von zertifizierten Referenzmaterialien in Abhängigkeit von Temperatur und Dauer des Aufschlusses in FEP-Flaschen

aus Abb. 3 hervor. Der ermittelte Quecksilbergehalt wurde für die Steinkohlenflugasche BCR 38 im oberen Bildteil in g/t sowie für den leichten Sandboden BCR 142 und den kalkhaltigen Lehmboden BCR 141 im unteren Bildteil in mg/t über der Dauer des Aufschlusses in Stunden aufgetragen. Die Abbildung enthält außerdem die Vertrauensbereiche der Referenzproben als schraffierte Flächen.

Man erkennt, daß die ermittelten Quecksilbergehalte bei kurzen Aufschlußzeiten bis zu etwa 1 h, unabhängig von der Temperatur, zu niedrig sind, mit der Aufschlußdauer aber ansteigen und nach 3 h in den Vertrauensbereich fallen. Die Ergebnisse können daher als statistisch gesichert gelten.

Das Verfahren wurde inzwischen mit Erfolg auf die Silicate der Zementherstellung angewendet. Dabei stellte sich allerdings heraus, daß die FEP-Flaschen altern, kenntlich an einer zunehmenden Versprödung der Wandungen. Bei FEP-Flaschen mit spröden Wänden kann es zu ähnlichen Adsorptions- und Desorptionseffekten kommen, wie dies bei PTFE-Einsätzen der Fall ist [23]. Im Einzelfall wurden in der Wandung gealterter Flaschen Quecksilbergehalte bis zu 1 g/t gefunden. Ob eine FEP-Flasche noch brauchbar ist, kann mit einem Leeraufschluß geprüft werden. Übersteigt der Quecksilbergehalt der Lösung dann 0,01 µg Hg/l, so sollten die Flaschen ausgedämpft werden. Fällt der Hg-Gehalt danach bei einem weiteren Leeraufschluß unter 0,01 µg Hg/l ab, so können die Flaschen weiter verwendet werden. Anderenfalls sind sie als Aufschlußgefäß für die Quecksilberbestimmung nicht mehr geeignet [20].

14.3.3 Lösen unter Druck

Zur Bestimmung von Schwermetallspuren werden die Stoffe der Zementherstellung gewöhnlich in einer mit PTFE ausgekleideten Stahl- oder Aluminiumbombe aufgeschlossen [1]. Häufig verwendete Druckaufschlußbomben dieser Art sind die Berghof-, Bernas-, Parr- und Perkin-Elmer-Bombe. Die Proben werden in die PTFE-Becher eingewogen und mit einer Mischung aus Salpeter- und Flußsäure versetzt. Gegebenenfalls können auch andere Säuren wie Schwefel- oder Salzsäure zusätzlich verwendet werden. Die Bomben werden sodann während etwa 12 h in einem Trockenschrank auf eine Temperatur von 150 °C erhitzt [6–9]. Nach Abkühlen auf Raumtemperatur wird das Gemisch in den Bomben mit kaltgesättigter Borsäurelösung versetzt und eine Stunde erwärmt. Dadurch wird vermieden, daß Calciumfluorid ausfällt. Danach liegt eine klare Lösung vor, aus der Arsen, Beryllium, Blei, Cadmium, Chrom, Nickel, Thallium, Vanadium und Zink atomabsorptions-spektrometrisch bestimmt werden können [6, 9].

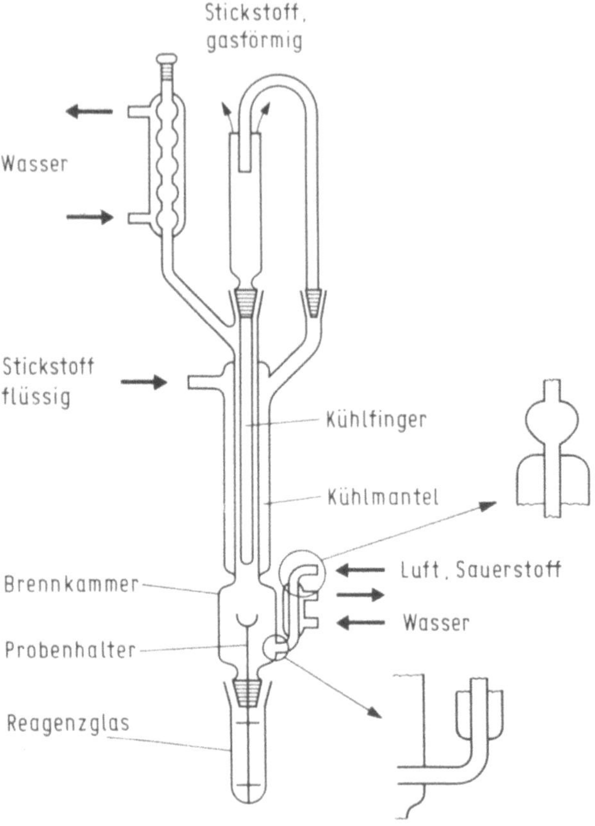

Abb. 4. Gerät zum Aufschluß von Brennstoffen im Luft- oder Sauerstoffstrom

14.3.4 Verbrennen

Die festen Brennstoffe wie Braun- und Steinkohle sowie Bleicherde, Gummi und Petrolkoks, werden in der in Abb. 4 dargestellten Apparatur aus Kieselglas verbrannt [10]. Diese Apparatur besteht im wesentlichen aus einer Brennkammer, in die ein Probenhalter hineinragt, und einem mit flüssigem Stickstoff gekühlten Abscheideraum, in dem diejenigen Bestandteile niedergeschlagen werden, die bei der Verbrennung verdampfen. Durch den seitlichen Einlaß wird in vielen Fällen auch Luft anstelle von Sauerstoff in die Apparatur eingeleitet, wenn es sich als erforderlich erweist, bei einigen Brennstoffen die Verbrennung zu verlangsamen. Nach der Verbrennung wird die Apparatur mit Salpetersäure ausgekocht, die bereits vor der Verbrennung in das Reagenzglas gegeben wird. Dabei verdampft der flüssige Stickstoff; anschließend werden die im Abscheideraum befindlichen Stoffe gelöst und im Reagenzglas gesammelt. Bei Brennstoffen mit hohem Ascheanteil verbleibt die Asche auf dem Probenhalter. Sie wird abgelöst, in einem

Achatmörser zerkleinert und in einer mit PTFE ausgekleideten Bombe unter Druck aufgeschlossen. Die Aufschlußlösungen werden danach vereinigt.

Beim Auskochen mit Salpetersäure wurde beobachtet [6], daß geringe Mengen der Salpetersäure im Luft- bzw. Sauerstoffeinlaß kondensierten, infolge der Kapillarwirkung aufwärts krochen und mit einem nachgeschalteten, in der Abbildung nicht dargestellten Metallröhrchen in Berührung traten. Nach Beendigung des Kochens verblieb die Salpetersäure in der Kapillare. Sie gelangte mit der Verbrennungsluft in die nachfolgende Bestimmung, in der sie erhöhte Chrom- und Nickelwerte verursachte. Aus diesem Grund wurde das Metallröhrchen durch einen Kunststoffschlauch ersetzt und die Kapillare am oberen Ende, wie im herausgezogenen oberen Teilbild dargestellt, erweitert. Außerdem wurde der Gaseinlaß, wie im herausgezogenen unteren Bildteil dargestellt, verlängert. Die Salpetersäure tritt jetzt nicht mehr in die Kapillare ein.

Die geänderte Apparatur hat sich zur Verbrennung von Braun-, Stein- oder Ballastkohle sowie von Petrolkoks, Gummi und Bleicherde für die nachfolgende Bestimmung von Arsen, Beryllium, Blei, Cadmium, Chrom, Nickel, Thallium, Vanadium und Zink bewährt [6–9].

Selbst Quecksilber konnte quantitativ wiedergefunden werden, wie aus der Tabelle 3 zu erkennen ist. Die Tabelle gibt die Quecksilbergehalte einiger Brennstoffe nach Aufschluß in der Apparatur wieder. Für die Verbrennung wurden immer etwa 0,1 g eingewogen. Verbrannt wurden 3 Kohle- und 2 Petrolkoksproben sowie 1 Braunkohle- und 1 Altreifenprobe. Jede Bestimmung wurde drei- bis fünfmal wiederholt. Der Quecksilbergehalt dieser Proben liegt danach zwischen 0,04 (Petrolkoks 1) und 0,29 mg/kg (Kohle 3). Die Standardabweichung variiert von 0,004 (Petrolkoks 2) bis 0,02 mg/kg (Altreifen). Die Richtigkeit des Verfahrens wurde mit der Referenzkohle NIST 1630 überprüft, für die ein Quecksilbergehalt von 0,13 ± 0,01 mg/kg zertifiziert ist. Der Mittelwert aus 17 Bestimmungen liegt innerhalb des angegebenen Fehlers beim zertifizierten Wert. Um die

Tabelle 3. Quecksilbergehalt in verschiedenen Brennstoffen sowie in einer zertifizierten Referenzkohle (NBS 1630)

Brennstoffe	Wiederholungsmessungen	Mittelwert in mg/kg	Standardabweichung in mg/kg	Sollwert in mg/kg
Steinkohle 1	3	0,05	0,006	–
Steinkohle 2	4	0,16	0,01	–
Steinkohle 3	3	0,29	0,01	–
Braunkohle	5	0,07	0,008	–
Petrolkoks 1	4	0,04	0,01	–
Petrolkoks 2	5	0,08	0,004	–
Altreifen	4	0,15	0,02	–
Kohle NBS 1630	17	0,12	0,01	0,13 0,01

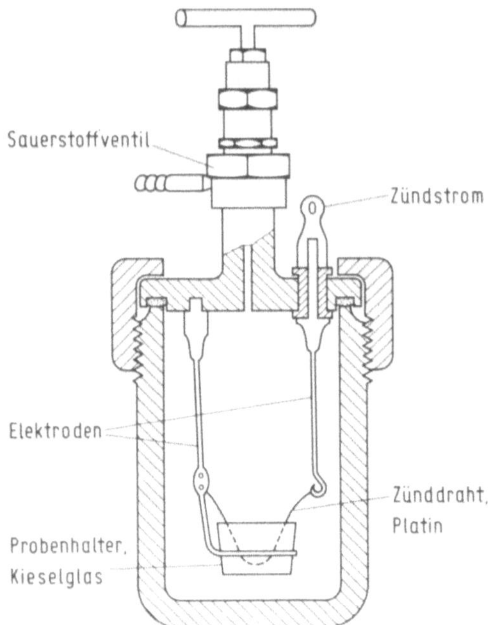

Abb. 5. Kalorimeterbombe zum Aufschluß von Brennstoffen in einer Sauerstoffatmosphäre

Ergebnisse zu erreichen, muß während der Verbrennung etwa alle 10 bis 15 Sekunden flüssiger Stickstoff nachgefüllt werden. Außerdem ist die Apparatur nach dem Auskochen durch die Abgasöffnung mit 5 bis 10 ml 0,2%iger Salpetersäure zu spülen [23], da sonst Minderbefunde eintreten.

Das Aufschlußverfahren versagte jedoch bei schwerem Heizöl oder Gaskohlen, die beim Zünden verpufften und sich im Abscheideraum unverbrannt sammelten, so daß ein vollständiger Aufschluß nicht sichergestellt war. Diese Brennstoffe wurden in einer Kalorimeterbombe verbrannt [11, 12].

In Abb. 5 ist eine Kalorimeterbombe schematisch dargestellt [11]. Die Bombe besteht aus einem Edelstahlkörper mit Deckel, der durch einen ringförmigen Schraubüberwurf gesichert wird. Die Probe wird in Zigarettenpapier in den Probenhalter aus Kieselglas gegeben und mit dem Zünddraht verbunden. Einige Zigarettenpapiersorten können höhere Cadmiumgehalte aufweisen. Die vorgesehene Sorte sollte daher zuvor überprüft werden. Als Material für den Zünddraht wählt man zweckmäßigerweise ein Metall, das nicht bestimmt werden soll. Für die Bestimmung von Arsen, Beryllium, Blei, Cadmium, Chrom, Nickel, Thallium und Zink hat sich Platin bewährt [6, 9]. Die Bombe wird mit 40 bar Sauerstoff gefüllt. Danach wird elektrisch gezündet. Die Verbrennung ist innerhalb weniger Sekunden beendet. Die Bombe wird abgekühlt und dann geöffnet. Im Fuß der Bombe sammelt sich eine Lösung, die den überwiegenden Teil der zu bestimmenden Elemente enthält. Die Innenteile der Bombe werden mit destilliertem Wasser ausgewaschen. Alle Lösungen werden vereinigt. Bei Brennstoffen mit einem hohen Ascheanteil verbleibt die Asche im Probenhalter. Sie wird in einer mit PTFE ausgekleideten Bombe unter Druck aufgeschlossen. Die beiden Aufschlußlösungen werden vereinigt.

Die abgebildete Bombe kann verwendet werden, wenn in einem Brennstoff der Gehalt an Arsen, Beryllium, Blei, Cadmium, Thallium und Zink bestimmt werden soll. Das Verfahren versagt jedoch bei Chrom, Nickel und Vanadium, da die Aufschlußlösung diese Elemente aus dem Bombenkörper aufnehmen kann. Sollen auch diese Elemente bestimmt werden, sollte die Bombe mit einem becherförmigen Einsatz aus Kieselglas versehen werden, damit die Aufschlußlösung darin gesammelt werden kann [12]. Außerdem ist anzumerken, daß die Elektroden aus Platin bestehen sollten. Bei den bisher damit durchgeführten Aufschlüssen konnte eine Verfälschung der Aufschlußlösung durch Chrom, Nickel und Vanadium nicht beobachtet werden.

Feste und flüssige Brennstoffe lassen sich auch in einer Wickbold-Apparatur [13] aus Kieselglas verbrennen (Abb. 6). Die Apparatur besteht im wesentlichen aus einem Vergasungsraum, einem Knallgasbrenner mit nachgeschalteter wassergekühlter Brennkammer, einem Dreihalskolben als Probensammler und einem wassergekühlten Absorptionsrohr.

In das Absorptionsrohr werden 20 ml einer schwefelsauren Kaliumpermanganatlösung gegeben. Die feste Brennstoffprobe von etwa 100–500 mg wird in einem Platinschiffchen im Vergasungsraum vorsichtig vergast. Die Probe soll dabei langsam verglimmen. Der Glimmprozeß kann dadurch

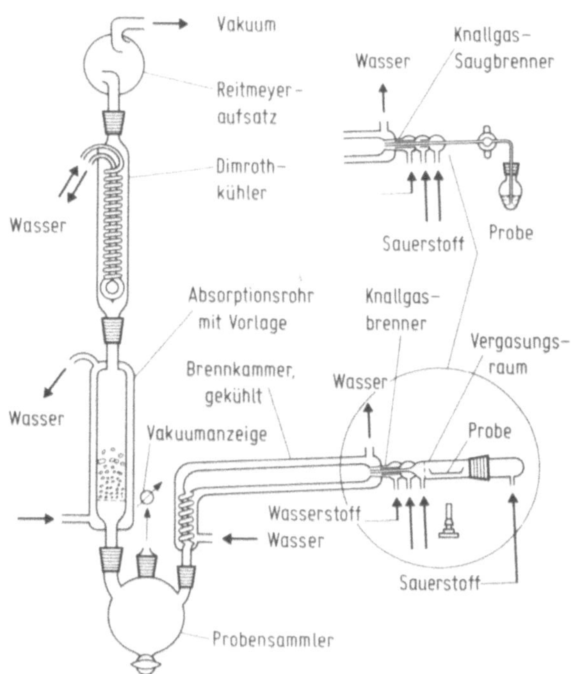

Abb. 6. Wickbold-Apparatur zum Aufschluß fester und flüssiger Brennstoffe

verlangsamt oder beschleunigt werden, daß der Sauerstoffstrom gemindert oder erhöht wird. Keinesfalls darf die Probe mit offener Flamme brennen oder verkoken. Nachdem die organische Matrix vollständig zerstört worden ist, wird der Rückstand in dem Platinschiffchen mit einer Flamme von außen etwa 10 min kräftig erhitzt. Während die Probe verglimmt, sollte eine scharfe, sauerstoffreiche Knallgasflamme brennen. Die Vorlage aus dem Absorptionsrohr und das Kondensat im Probensammler werden mit den Waschlösungen vereinigt und zu 200 ml aufgefüllt. Aus dieser Lösung kann das Quecksilber atomabsorptions-spektrometrisch nach dem Kaltdampf-Verfahren bestimmt werden. Nach unseren bisherigen Erfahrungen ist mit Minderbefunden zu rechnen, wenn sich im Knallgasbrenner oder in der Brennkammer Ruß ablagert.

Sollen flüssige Brennstoffe in der Wickbold-Apparatur aufgeschlossen werden, kann statt des Vergasungsraums ein Knallgassaugbrenner in die Brennkammer eingesetzt werden (Abb. 6, herausgezogener Bildteil). Der Brennstoff wird dabei mit Cyclohexan verdünnt, mit einer Kapillare angesaugt und in der Knallgasflamme verdüst [24].

14.3.5 Schmelzaufschluß

Zur Bestimmung des Fluorids können Einwaagen von 0,1–1,0 g der Silicate mit 4 g Lithiumtetraborat bei 1000 °C während 15 min in einem Gold/Platintiegel 5/95 aufgeschlossen werden. Nach dem Abkühlen liegt eine Schmelztablette vor, die durch leichtes Klopfen aus dem Tiegel gelöst werden kann [14].

Die Schmelztablette wird in den Destillationskolben der in Abb. 7 wiedergegebenen Apparatur übergeführt, mit Aerosil, einer hochdispersen Kieselsäure, und Perchlorsäure versetzt. Von den übrigen Bestandteilen wird das Fluorid mit überhitztem Wasserdampf abgetrennt und in einer Vorlage aufgefangen [15], in der es photometrisch bestimmt werden kann.

14.3.6 Verdampfen

Elemente, wie z. B. Thallium, die bei höherer Temperatur flüchtige Verbindungen bilden, können durch Verdampfen aus der Matrix ausgetrieben werden. Mit einem Treibgas können sie dann in Bereiche niedriger Temperatur transportiert werden, wo sie kondensieren [16–19]. Eine dafür geeignete Apparatur ist im oberen Teil der Abb. 8 dargestellt. In einem Kieselglasrohr mit Düse wird eine Probe von bis zu 100 mg in einem Stickstoff/Wasserstoff-Strom auf eine Temperatur von 1150–1200 °C erhitzt. Die Düse ist auf die Mitte des Kühlfingers zentriert, in dem Kühlwasser dem Treibgas entgegenströmt. Unter diesen Bedingungen verdampft Thallium in etwa 60–90 min vollständig und kondensiert ebenso vollständig in der Mulde des Kühlfingers [19].

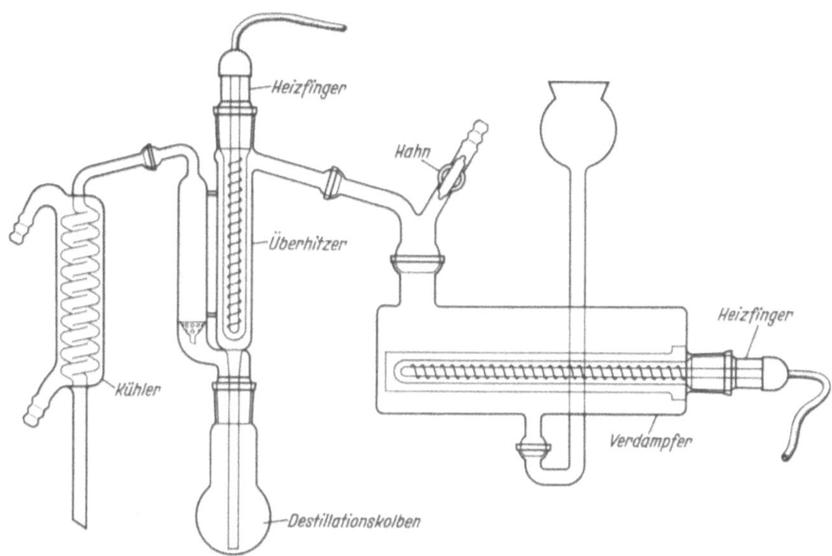

Abb. 7. Gerät zum Abtrennen von Fluorid

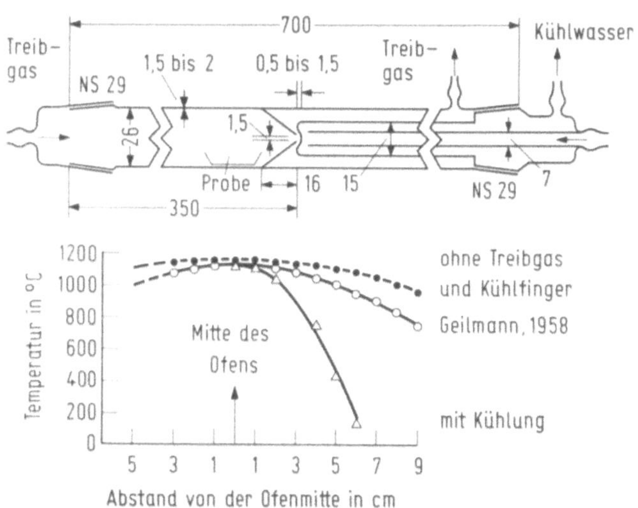

Abb. 8. Kieselglasrohr zum Abtrennen von flüchtigen Elementen aus einer Feststoffmatrix (oben); Temperaturverlauf im Kieselglasrohr in Abhängigkeit vom Abstand zur Ofenmitte

Im unteren Teil des Bildes ist die Temperaturverteilung über dem Abstand von der Ofenmitte aufgetragen. Die offenen Kreise wurden einer Mitteilung von W. Geilmann entnommen [16]. Die geschlossenen Kreise sind eigene Meßwerte, die an einem Kieselglasrohr ohne Treibgas und ohne Kühlfinger erhalten wurden. Der Unterschied beider Kurven ist vermutlich auf den uns zur Verfügung stehenden besseren oder längeren Ofen zurückzuführen. Er kann daher als bedeutungslos angesehen werden. Die offenen Dreiecke sind eigene Meßwerte, die mit Treibgas und mit Wasserkühlung im Gasraum ohne Berührung zu den Wandflächen erhalten wurden. Nach dem durch die Dreiecke gezogenen Kurvenverlauf beträgt die Temperatur des Gases vor der Mulde des Kühlfingers etwa 800 °C. Die Temperatur auf der Oberfläche der Kühlfingermulde muß jedoch deutlich niedriger sein, da die Thalliumverbindungen bei 600 °C bereits vollständig in der Gasphase vorliegen [25]. Bei 400 °C sind nur noch ca. 10% und bei 330 °C nur noch ca. 1% verdampft. Unterhalb 100 °C konnte Thallium in der Gasphase nicht mehr nachgewiesen werden [26].

Aus diesen Ergebnissen kann abgeleitet werden, daß die Oberflächentemperatur in der Mulde des Kühlfingers wahrscheinlich 100 °C nicht wesentlich überschreitet. Es ist daher erklärlich, warum das Thallium vollständig abgeschieden werden kann, obwohl die umgebende Ofentemperatur 1150 °C übersteigt.

Das Verfahren ist sehr zeitaufwendig und eignet sich daher nicht für Routineanalysen. Man kann damit jedoch die Richtigkeit der Aufschlußverfahren mit Druckbomben für die Bestimmung von Blei, Cadmium und Thallium überprüfen.

Abschließend soll kurz auf ein Verfahren der Quecksilberbestimmung eingegangen werden, bei dem das Quecksilber in einem Nickelrohrofen aus der Probe verdampft und mit einem Zeeman-Atomabsorptionsspektrometer direkt bestimmt werden kann. Die Einwaagen von ca. 0,03–200 mg werden in der Vorkammer eines Nickelrohrofens bei 1000 °C atomisiert. Der freigesetzte Quecksilberdampf wird mit Sauerstoff als Trägergas in das Nickelrohr übergeführt, und die Absorption wird gemessen.

Vor der Bestimmung an einer Probe unbekannten Gehalts ist eine Eichgerade aufzunehmen (Abb. 9). Dazu werden gleiche Volumina von Lösungen mit unterschiedlichem und bekannten Quecksilbergehalt mit Calciumcarbonat überschichtet und atomisiert. Wie aus der Abbildung hervorgeht, können dafür auch verschiedene zertifizierte Referenzmaterialien eingesetzt werden. Aus der jeweiligen Einwaage ergibt sich zunächst die absolute Quecksilbermenge bei der Atomisierung. In der Abbildung wurde der Meßwert in Absorptionseinheiten · s, also die Signalfläche, über der eingewogenen absoluten Quecksilbermenge in ng aufgetragen. Die offenen Kreise geben die Meßwerte wäßriger Hg-Lösungen wieder. Die Meßwerte verschiedener zertifizierter Referenzproben wurden mit unterschiedlichen Symbolen gekennzeichnet. Die Hg-Gehalte dieser Stoffe lagen im Bereich von ca. 0,06–31 g/t. Man erkennt, daß zwischen dem Meßwert und der eingewogenen Hg-Menge eine lineare Abhängigkeit besteht, die jedoch oberhalb von etwa 0,4 Meßwerteinheiten in Richtung auf die Abszisse abknickt. Ähnliches gilt auch für den Bereich unterhalb von 0,1 Meßwerteinheiten. Die Meßwerte realer Proben werden daher nur im Bereich zwischen 0,1 und 0,4 Meßwerteinheiten ausgewertet [6].

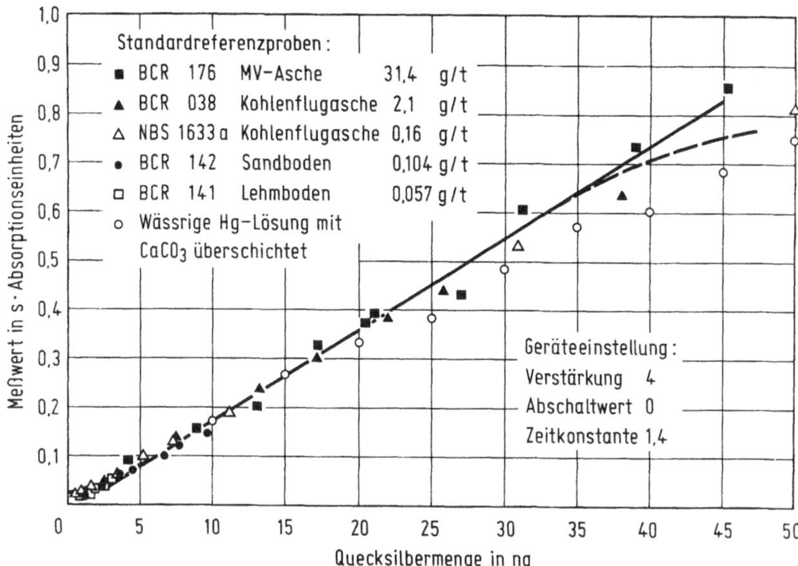

Abb. 9. Quecksilberbezugskurve mit wäßriger Hg-Lösung und verschiedenen zertifizierten Referenzmaterialien für die Feststoffatomisierung

In der Abbildung sind ebenfalls die Geräteeinstellungen angegeben. Die dargestellte Eichgerade gilt ausschließlich bei dieser Einstellung. Geringste Änderungen, insbesondere der Verstärkung, verlagern die Eichgerade zum Teil deutlich. Die Eichgerade ist daher täglich neu aufzustellen und häufig zu überprüfen.

Nach den bisherigen Erfahrungen kann das Quecksilber in silicatischen Stoffen der Zementherstellung sowie in den Brennstoffen richtig bestimmt werden [18].

Literatur

1. AK „Analytische Chemie" (1993) Bestimmung von Spurenelementen in Stoffen der Zementherstellung. Verein Deutscher Zementwerke e.V. (Hrsg), Beton-Verlag, Düsseldorf
2. Bock R (1972) Aufschlußmethoden der anorganischen und organischen Chemie. Verlag Chemie, Weinheim
3. Rechenberg W (1976) Zement-Kalk-Gips 29:254
4. Scholl W (1981) Landwirtschaftl Forschung 34:275
5. Weiß J (1985) Handbuch der Ionenchromatographie. Dionex GmbH, Weiterstadt
6. Rechenberg W (1986) Fortschritte in der atomspektrometrischen Spurenanalytik. Verlag Chemie, Weinheim, Vol 2 S 292
7. Sprung S, Rechenberg W (1978) Zement-Kalk-Gips 31:327

8. Sprung S, Kirchner G, Rechenberg W (1984) Zement-Kalk-Gips 37:513
9. Kirchner G, Rechenberg W (1986) Fortschritte in der atomspektrometrischen Spurenanalytik. Verlag Chemie, Weinheim, Vol 2 S 299
10. Morsches B, Tölg G (1966) Z Anal Chem 219:61
11. Berthelot M (1892) Ann Chim Phys 26:555
12. Lindahl PC, Bishop AM (1982) Fuel 61:658
13. Wickbold R (1952) Angew Chem 64:134
14. Rechenberg W (1972) Zement-Kalk-Gips 25:410
15. Seel F, Steigner E, Burger J (1964) Angew Chemie 76:532
16. Geilmann W (1958) Z Anal Chem 160:410
17. Geilmann W, Neeb K-H (1959) Z Anal Chem 165:251
18. Heinrichs H, Lange J (1973) Z Anal Chem 265:256
19. Walk H (1982) Die Gehalte der Schwermetalle Cd, Tl, Pb, Bi und weiterer Spurenelemente in natürlichen Böden und ihren Ausgangsgesteinen Südwestdeutschlands. Dissertation Universität Karlsruhe
20. Bachmann G, Rechenberg W (1991) 6. Colloquium Atomspektrometrische Spurenanalytik. Bodenseewerk Perkin-Elmer, Überlingen, S 699
21. DIN 38 414, Teil 4 (1984) Deutsche Einheitsverfahren zur Wasser-, Abwasser- und Schlammuntersuchung. Schlamm und Sedimente (Gruppe S). Bestimmung der Eluierbarkeit mit Wasser (S4). Beuth, Berlin
22. Rechenberg W, Sprung S (1987) 4. Colloquium Atomspektrometrische Spurenanalytik. Bodenseewerk Perkin-Elmer, Überlingen, S 295
23. Bachmann G, Rechenberg W (1989) 5. Colloquium Atomspektrometrische Spurenanalytik. Bodenseewerk Perkin-Elmer, Überlingen, S 573
24. Bachmann G, Rechenberg W (1989) 5. Colloquium Atomspektrometrische Spurenanalytik. Bodenseewerk Perkin-Elmer, Überlingen S 583
25. Kirchner G (1986) Schriftenreihe der Zementindustrie 47. Beton-Verlag, Düsseldorf
26. Haegermann B (1982) Dampfförmige Schwermetallverbindungen im Zementofenabgas. Diplomarbeit, Clausthal

Sachverzeichnis

Zeitfracht Medien GmbH
Ferdinand-Jühlke-Straße 7
99095 Erfurt, Deutschland
produktsicherheit@kolibri360.de